国家社科基金资助

数字经济时代网络综合治理研究

张　彬　主编

北京邮电大学出版社
www.buptpress.com

内 容 简 介

本书是关于数字经济背景下网络综合治理研究成果的汇集。本书重点讨论四个方面的内容,包括数字经济发展对网络综合治理的影响、数字经济时代的数据治理、不良信息和网络犯罪治理、数字经济素养教育。

本书各个章节既围绕一个主题展开论述,体现在数字经济时代高新技术不断发展的作用下对数据治理问题的深入思考,同时每篇文章又是一个相对独立的主题,是每位专家对解决相应问题所需政策、策略和措施的积极探索。

本书既介绍了国外相关发展政策和推进措施,又提供了解决国内关键治理问题的思路和方法,适合于从事数字经济和网络产业工作的各类读者阅读。

图书在版编目(CIP)数据

数字经济时代网络综合治理研究 / 张彬主编. -- 北京:北京邮电大学出版社,2020.1(2020.11 重印)
ISBN 978-7-5635-5945-9

Ⅰ.①数… Ⅱ.①张… Ⅲ.①互联网络—治理—研究 Ⅳ.①TP393.4

中国版本图书馆 CIP 数据核字(2019)第 282624 号

策划编辑:姚　顺　刘纳新　　　　责任编辑:满志文　　　　封面设计:七星博纳

出版发行:北京邮电大学出版社

社　　　址:北京市海淀区西土城路 10 号

邮政编码:100876

发 行 部:电话:010-62282185　传真:010-62283578

E-mail:publish@bupt.edu.cn

经　　　销:各地新华书店

印　　　刷:北京九州迅驰传媒文化有限公司

开　　　本:787 mm×1 092 mm　1/16

印　　　张:16.5

字　　　数:405 千字

版　　　次:2020 年 1 月第 1 版

印　　　次:2020 年 11 月第 2 次印刷

ISBN 978-7-5635-5945-9　　　　　　　　　　　　　　　　　　　定　价:82.00 元

· 如有印装质量问题,请与北京邮电大学出版社发行部联系 ·

序

全球信息化经过七十几年的发展，催生了一个出乎人们意料的全球网络空间。这个网络空间正在成为人类在物理空间的各种政治、经济、社会、文化、军事、科技活动在数字世界的映射；虽然这个映射是同态的，还不是同构的、一对一的，数字空间与物理空间尚不是孪生（twins）关系，但是，随着全球信息化继续广泛、深入地发展，数字空间的内涵将无限地逼近物理空间。

网络空间的数据，是数字化（digitized）的数据，不是书刊、档案之类的物理（模拟）形态的数据。随着信息化的不断发展，网络空间还会越来越庞大、越来越复杂。物理空间的活动会越来越多地、实时地映射至网络空间；人们也将不断地利用网络空间大量的有用数据和信息，改造和优化物理空间。这个过程是一个"反馈"的过程：网络空间既是人类赖以生存的，工作、学习和生活的空间；也是人类认识、改造和完善物理空间的基本工具，以各种不同的形态和方法，影响和控制物理空间的运行。

如果 20 世纪的经济增长依靠的是物理空间的货物和货币的流动，那么，21 世纪全球的经济增长则主要依赖于数据的流动。学生可能依赖于跨境的教学平台（e-learning），企业可能依赖于跨境的产品售后跟踪和服务，医生可能需要利用域外的人工智能平台，对病人进行最佳的治疗等，人类的工作、学习和生活，将无不依赖于数据。在国与国日益互联的时代，云计算、全联网、人工智能、区块链等技术正在广泛地普及，有效的跨境数据流动，对于创新、贸易及经济增长越来越重要。随着信息化的发展，特别是云计算和全

1

联网的应用，个人日常生活和商业活动的数据无须人为输入，只要相关设备直接接入网络，数据便有可能自行在全球范围内传输。事实上，数据全球化与数据跨境流动，已经无日、无时、无处不在。

规模越来越庞大的、反映人类在物理世界的各种活动的、海量的数据，存储于网络空间。网络空间数据的急剧增长和日益广泛的应用，正在引发一场数据革命。谁掌握了网络空间及其数据，谁更好地应用了网络空间的数据，谁就有可能掌握和控制物理空间。

全球数据流对经济的变革性冲击已经非常明显①。随着数据流量的不断攀升，数据已经成为全球经济增长的不可或缺的组成部分。某些评估表明，数据流对于全球经济增长的贡献，已经超过了货物流对 GDP 增长的贡献。麦肯锡全球研究院估计，迄今为止，数据的跨境流动已经为全球的 GDP 贡献了2.8 万亿美元。数据跨境流动并不局限于发达经济体和大型跨国公司，也已经影响到发展中国家、小企业和初创企业、以及数十亿的个人；大约全球货物贸易的 12% 通过国际电子商务进行。麦肯锡报告发现，即使是最小的初创企业也需要全球化，即使是最小的企业也能与大型跨国企业竞争。

在这样的背景下，我们不难理解，为什么数据治理，特别是跨境数据流的全球治理，正在成为当前网络空间国际治理的重大问题之一，受到世界各国的广泛地关注和重视。也正是在这样的背景之下，《数字经济时代网络综合治理研究》一书应运而生。

本书汇集了国内外学者在网络综合治理领域的基础理论、经验和方法的研究思想和成果，特别是包含了一些来自美国和欧盟等国家和地区的学者的见解和观点，有利于开拓我国读者的视野。本书的中外作者，以新一代信息技术（大数据、云计算、5G、全球物联网、人工智能、量子计算、区块链等）为背景，从不同的角度向读者介绍了数字时代网络空间综合治理中所涉及的

---

① Manyika, J, S Lund, J Bughin, J Woetzel, K Stamenov and D Dhringra (2016), "Digital Globalization: The New Era of Global Flows", McKinsey Global Institute Report, March, 2016.

各种问题，如数据开放、数据产权、数据隐私保护、数据跨境流动、数据治理策略选择、不良信息和网络犯罪治理、数字经济素养教育等，所引用的大量数据、各国政策和事实案例，比较深入地介绍和分析了全球网络空间综合治理的现状和难点问题。

本书虽然没有全面地、系统性地描绘数字经济时代全球网络综合治理的全貌，但也从不同的侧面，就如何应对网络空间数据治理的各种挑战，如隐私保护、网络安全、消费者保护、数据流信息访问、产权、伦理道德等，向读者提供了观察这些问题的全球性、前瞻性的视角，富于可读性和启发性。

本书的出版，无疑将有助于广大的专家学者、公务员、企业家，以及对相关主题各领域有兴趣的读者，尽快进入相关的研究领域，把握相关问题的要点和难点。

网络空间数据治理的研究，是网络空间治理的重要一环，在我国还处于起步时期，需要研究的问题不仅非常之多，而且非常紧迫。借此机会，衷心地祝愿本书的出版有助于吸引更多的专家学者和高等学校的研究生，加入网络空间数据治理的理论和学术研究队伍，共同推动中国网络空间数据治理的战略和政策研究的发展。

周宏仁

2019 年 12 月 18 日

前　　言

本书是国家社会科学基金委员会2018年"国家治理与全球治理"重大专项项目《提高网络综合治理能力研究》的研究成果论文集。在项目首席专家、北京邮电大学经济管理学院教授、博士生导师张彬的组织倡导下，于2019年6月13日在北京召开一个关于提高网络综合治理能力的国际研讨会。会议邀请了国内外知名专家就"数据治理"等问题展开学术讨论，在业界获得极大关注。为此我们将相关论文整理出版，供大家阅读参考，旨在为提高我国网络综合治理能力贡献一份力量。

《提高网络综合治理能力研究》重大专项项目的主要研究内容包括：第一，回顾国内外网络综合治理的相关基础理论，包括党、政府、企业、社会、网民等多参与主体的治理机制，以及相应的法律法规、经济措施、技术措施等治理手段。第二，调查我国网络综合治理的现状和面临的关键问题，借鉴国际社会在网络综合治理方面的共同规范，提出我国网络综合治理重点在于解决数据隐私泄露、不良信息传播、网络诈骗犯罪三大问题，并提出大数据、人工智能、物联网和云计算等四大新兴技术对网络综合治理体系和治理手段都带来极大的影响。第三，对数据隐私泄露、不良信息传播和网络诈骗犯罪三大问题及其治理机制进行深入分析。对每个问题都详细分析其治理体系、治理手段和应对新兴技术挑战的改进方向。第四，进行对标分析，系统梳理国外网络综合治理的体系、手段、问题和措施。最后，提出综合建议，包括网络综合治理能力提升的机制、策略和路径。

解决国内问题还需了解国际动向，为此我们及时组织了"网络综合治理能力国际研讨会"，会议主要议题涉及数据开放、数据安全治理、数据隐私保护、跨境数据流、数据主权、欧洲数据保护法规变革、数据产权法等。研讨会上，专家针对大数据、人工智能、物联网（5G）等最新技术发展背景下的数据开放和数据治理等国内外主要关注的前瞻性法律法规等方面进行了讨论，专家学者分享了各自观点并进行了充分交流，为探寻我国在网络综合治理关键问题上形成治理体系、治理能力及治理方向提供了有益启示，极大地丰富了网络综合治理理论，对解决困扰我国网络综合治理实践中的重大难题颇有助益，产生了较大的学术影响力。

本书内容共分为四大部分，包括数字经济发展对网络综合治理的影响、数字经济时代的数据治理、不良信息和网络犯罪治理以及数字经济素养教育等。在数字经济时代，由于大数据、云计算、物联网、人工智能、量子计算等新兴技术的出现，网络综合治理迎来新的机遇与挑战。大数据、人工智能、物联网、云计算、量子计算等新兴技术是一把"双刃剑"，如何认清利弊，如何在解决网络空间目前存在的负面问题的同时，通过治理更好地发挥网络空间正面作用为国民经济和社会发展服务是网络综合治理需要重点关注的问题。这是本书设计第一板块的目的。"数据"作为数字经济发展过程中至关重要的生产要素，成为国家社会、经济、生活等各类活动中不可或缺的资源，因此数据治理是焦点问题。数据治理的内容涉及面很广，包括数据开放、数据交易、数据产权、数据隐私保护、数据安全保障、数据跨境流动、数据产业发展与数据人才创新驱动等，国际上在数据治理的研究方面已经引起足够重视，美国、英国、日本、韩国以及欧盟等国家和组织出台数据开放与数据管理政策较早，并已逐渐趋于成熟。数据治理相关议题也需要我国政府、企业、研究学者甚至包括个人用户纷纷重视起来。本书将全面展现各相关研究内容。而本书提出的国内外如何应对数字经济时代数据治理等一系列挑战的战略措施则有助于全面提高我国网络综合治理能力。这是本书设计第二板块的目的。随着大数据、人工智能、物联网、云计算等新兴技术协同运作带来海量数据聚集与使用，网络诈骗犯罪、不良信息传播与个人隐私泄露等数字风险不断加大，直接影响数字经济市场有序发展，进而阻碍新兴数字技术进一步应用，有必要运用网络综合治理的新观念、新技术和新方法推动社会经济良性发展。这是本书设计第三板块的目的。从很早之前人们就在讨论人与计算机谁更厉害的问题，不得不承认，人工智能在很多方面比人类更具有优势，物联网也比人类的感知能力更强。人类与其想赢过物联网、人工智能等高新技术，不如把重点放在对它们的维护和运用上。充分发挥其非人类能力，借助可连接性和可更新性带来的巨大优势，以实现全球知识共享。要想做到这一点，人类必须拥有比机器更全面的数字经济素养，须全面提高全人类以德为先的综合教育水平，建立数字经济教育体系，迎接智能革命新挑战。这是本书设计第四板块的目的。

关于数字经济发展对网络综合治理的影响，本书聚焦 5G、人工智能和量子计算等新兴技术。

在 5G 发展方面，鉴于 5G 网络背后的移动蜂窝技术既存在重大风险又具有潜在回报，而物联网的海量应用在被炒作的同时可能会对基于 5G 网络环境的关键基础设施、普通民众隐私等构成威胁。为此需要新的 5G 信任模型来打造 5G 网络增强型安全的范例，即模型应涵盖对物理基础设施和个人生活环境的保障，因为有关 5G 的最终研究结论是 5G 网络本身可能将很快成为核心关键基础设施中最为脆弱的部分。

在人工智能发展方面，由于人工智能的日益普及和巨大商业潜力刺激了政府和企业大量投资人工智能项目，美国、英国、日本、中国、欧盟等国家和地区均高度重视人工智能的发展，人工智能已经成为全球发展战略布局的重点。人工智能正日益显著地影响着社会的各个方面，需要政府制定有效的公共政策和法律法规以应对人工智能带来的在安全、隐私、公平、经济发展、知识产权和网络安全等方面的挑战，并确保公众充分受益于人工智能从而增加福祉体验。

在量子技术发展方面以美国国家政策为案例展开论述，研究发现，量子技术正在成为从技术、市场到国家安全等领域的潜在重要影响因素，虽然美国政府曾经确定了政策基调和方向，但在当前（特朗普）政府执政期间，科学和技术并未成为优先事项，并且普遍存在对专业知识的不信任。最近美国国会给予越来越多的关注，即便如此，政府将发挥的作用仍非常有限。私营企业和学术界有望率先采用"科学优先"的做法，市场将成为主要驱动力，而政府缺乏足够的行政紧迫感和整体协调与指导。人们对量子技术和应用产生了新的兴趣。未来全球对量子技术的发展和治理还有待更加足够的关注。

关于数字经济时代的数据治理这个主题，本书以一半篇幅予以关注。

本部分首先对政府数据开放程度进行国际比较，审视了度量各国数据开放成果的三种不同做法。对数据开放质量的决定因素进行了探讨。

美国学者认为在数据产权方面政府要在两方面发挥作用，一是保护个人数据，二是必要时获取个人数据。数据的收集、分析和出售亦对人们长期秉持的传统国家安全和执法形成挑战，也以各种方式挑战着个人隐私、维持匿名的能力以及守法者对独处权和自身数据免遭未经许可的商业利用的期望。数据带来了一系列不断增加且丰富多样的财产权，与传统的知识财产及其所有权的概念有很大不同。在全球范围内，尚无法律监管框架或模式可指导以数据为资产的交易。这一法治空白不可再被忽视。

在数据权益方面的研究上，中国学者认为数据在商业或者非商业领域的运用已经产生了很多数据乱象，包括数据大战、数据黑产、数据泄露、数据犯罪以及数据沉睡等。中国已颁布相关法律法规，但在国内外震慑力不大。欧洲GDPR出来之后为什么中国所有互联网企业都在做"合规"，非常值得思考。

在数据隐私保护方面，数据隐私的概念目前还没有形成国际共识，且随着时间的演进而不断变化。在大数据和人工智能时代，已经越来越难以治理，在美国，越来越多的人担心数据分析和预测可能被用来歧视那些受美国民权法保护的个人。本书中美国学者探讨了大数据和人工智能时代的隐私与数据保护挑战，归纳了造成美国隐私保护论战的社会和道德伦理问题，概述了美国的数据保护法规及政策，探讨了美国联邦政府整合隐私监管规定的努力。最后对美国的隐私政策进行了展望。

在跨境数据流动方面，协调数据主权和跨境数据流的必要性是显而易见的，但这个问题似乎难以解决，没有简单的短期解决方案。对于自由经济体而言，未来似乎将通过政策趋同走向规则兼容，伴随差异化的数据保护级别和允许缺省。联合国关于跨境"自由流动"的"宣言"将可能被持续贯彻执行。不管是聚集丰富的数据流还是新兴技术的发展，各国越是最大限度地减少数据本地化，未来可能获得的好处越多。

在数据治理的策略选择方面，面对更加严格的监管要求，大企业拥有更多的资源进行"合规"和新技术、新系统的研发，行业的准入门槛将越来越高，部分中小企业迫于压力可能会选择退出市场。世界主要国家和地区在构建数据治理体系时，都会将数据治理的经济影响纳入考量范围，但是由于发展阶段和基本国情的各不相同，数据治理的路径和策略的选择存在较大差异。通过求同存异、增进信任、面向未来的数据治理理念，不断加强数据治理的国际合作，既可满足数字经济不断向前发展的需要，也可共享全球数字经济发展的成果。

关于不良信息和网络犯罪治理方面，本书收集两篇文章。

在"假新闻"治理方面，我们需要治理的应该是治理作为标签的假新闻，对作为标签的假新闻所存在的土壤——社会语境进行整体性分析，特别对其中衍生的公众情绪和感知进行分析。从用户对假新闻的接收、接受、扩散来看，更应该考察其不一致背后存在的社会心理机制。假新闻接触状态会影响人们的政治认知，主要是通过假新闻的社会真实的感知程度起作用的。而假新闻的社会真实感知又受到"硬新闻"的调节，可以通过增加党和政府主导的大众媒体"硬新闻"的传播力度以消除媒介生态环境的不确定性，减少公众因好奇而传播假新闻的可能性。

在电信网络诈骗治理方面，跨境电信网络诈骗行为产生的关键影响因素包括经济因素诱惑、个别人格特征驱使和外部环境刺激三大因素。作者利用内容分析法对法院判决书、相关案例的新闻报道进行客观、系统、结构化的研究，分析诈骗者个体行为特征和具体影响因素，然后利用聚类分析法研究跨境电信网络诈骗行为的主要共性因素。作者提出政策建议，认为应从扶贫济困，保障教育和就业，防范出境信息获得；扩大普法宣传教育，坚定法制观念，阻断诈骗行为产生；加强行业监管力度，挤压诈骗团伙生存空间，打击诈骗行为保持。

最后，在数字经济素养教育方面本书收集了一篇文章。作者首先针对智能革命新时代对数字人才需求的迫切性进行分析，接着结合国际先进国家数字人才培养国家战略的对比研究和智能革命新时代数字人才需求结构变化趋势研究，进而提出中国推进"智能＋"社会数字经济教育体系建设的基本路径，针对全民数字素养终生教育、培养以德为先综合数字人才和促进产学研资源聚合等方面提出具体政策建议。

总而言之，本书对国内外在网络综合治理方面的战略政策以及适用的现状进行梳理，重点关注于数据隐私泄露，不良信息传播，以及网络诈骗犯罪等问题的数据治理措施。通过国内外案例总结和案例分析等方法展现出各国战略和政策的共性和差异，有助于业界学者通过阅读此书进一步与中国目前的做法做深入的比较研究，具体情况具体分析，结合中国目前数字经济发展现状，获取中国可借鉴的经验和可吸取的教训。

本书由国家信息化专家咨询委员会常务副主任周宏仁担任特别高级顾问，在此表示衷心感谢！

希望本书能对中国在数字经济产业和网络综合治理领域工作的同事和朋友提供有益帮助，由于水平有限，书中不妥之处恳请读者予以批评指正。谢谢！

编　者

目　　录

第三部分　不良信息和网络犯罪治理

第四部分　数字经济素养教育

第一部分
数字经济发展对网络综合治理的影响

5G 网络安全能力需求：实现物联网隐私、信任和安保的端到端安全

作者：埃里克·波林(Erik Bohlin)博士

瑞典查尔姆斯理工大学教授

西蒙·弗吉(Simon Forge)

SCF Associates 公司董事

翻译：金晶

摘　要： 5G 网络背后的移动蜂窝技术既存在重大风险又具有潜在回报。但物联网的海量应用在被炒作的同时可能会对基于 5G 网络环境的关键基础设施构成威胁。此外，随着数据泄露事件日益严重及其敏感性日益增加，5G 可能加剧对普通民众的危害，威胁其隐私和福祉。此类趋势使得人们有必要量化 5G 的隐私风险。为做出充分响应，需要新的 5G 信任模型来打造 5G 网络增强型安全的范例。模型应涵盖对物理基础设施和个人生活的威胁——因为有关 5G 的最终结论是 5G 网络本身可能将很快成为核心关键基础设施中最为脆弱的部分。

1. 5G 网络安全水平需再上新台阶

随着移动技术令设备日趋互联，影响人们的健康、福祉乃至日常财务，高效的 5G 网络安全保护将成为关键目标。

实现此目标需重新审视传统的网络安全以纳入 5G 的额外挑战。对 5G 网络操作漏洞的模拟和当前网络(UMTS 和 LTE-A)实际攻击的研究都凸显了无处不在的 5G 宽带存在的漏洞，威胁着未来的工业和消费基础设施。因此，国家主管部门和监管机构越来越开始认识到风险暴露和责任威胁的真正意义。

需要对 5G 的安全性进行充分建模，广泛分析事件和攻击的类型，预测主要故障点以及恶意运营商可能用来破坏 5G 网络及其附属系统和管理控制的入侵策略。

因此，我们认为有必要区分当今安全实践可能存在的缺陷和无法预测的未来现实。将 5G 用于行业应用时，风险暴露只会增加，甚至急剧增加。因此，为了保护生命、环境和日常生活，5G 网络的防护需从研究进化至可能的对策，以安全保护 5G 系统，提升防护水平。

2. 5G 的挑战并非仅在于技术层面的实现

虽然 5G 承诺提供众多功能和新服务，但也存在各类安全新挑战。考虑网络安全已经不甚稳定的特性，5G 网络和服务将放大若干纬度和情况下的挑战。

本文将简要概述 5G 对安全和隐私带来的特殊和升级的网络安全挑战,并就其解决方案提供一些初步想法。因此,本文将涉及以下议题:

- 5G 新技术——风险和机遇;
- 5G 世界中的海量物联网基础设施和关键基础设施;
- 隐私敏感性——量化隐私风险的需求;
- 5G 网络的信任和安全新范例;
- 结论——5G 网络本身是否会成为核心关键基础设施中最为关键的部分?

3. 5G 技术提供的使用案例选择更为丰富但亦更具风险

国际电联对 5G(IMT-2020)①商业模式的观点认为,应用程序的可能性远远超过移动产业的传统语音应用,通过 IP 数据包结构和消息快速推动数据发展。

通过移动互联网引入的"过顶"业务形成了当今主要的社交网络平台和搜索平台。此类平台的设计明显服务于连接数十亿设备的高速无线网络。图 1 展示了国际电联商业模式的三大主要概念。

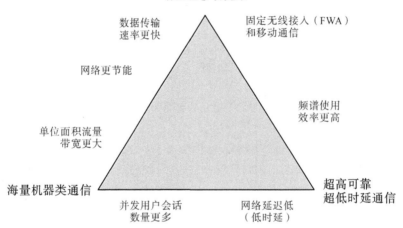

图 1 国际电联对 5G 商业模式特定使用案例的愿景

图 1 亦强调了宽带速率(10 Gbit/s 左右)和传输的大量数据将带来诸多不同的安全关切。未来的 5G 标准终须将此类关切与 5G 的新颖特性和功能相协调。从设计之初便考虑安全性而非后续增加安全性,这是主要的一大关切,即标准制定组织是否充分考虑了这一点。

国际电联 IMT-2020 商业模式的三大主要使用案例为,一是增强型移动宽带(eMBB);二是 MTC/V2V/V2X(机器类通信,包括车辆到其他车辆和车辆到路边基础设施);三是

---

① ITU-R. "IMT Vision - Framework and overall objectives of the future development of IMT for 2020 and beyond." Recommendation ITU-R M. 2083-0. September 2015. Available at: http://www.itu.int/rec/R-REC-M. 2083.

URC/LL（超高可靠、超低时延通信）。

各使用案例的挑战各异。以美国当前移动网络运营商（MNO）为例，最常见的应用是 eMBB，将流媒体视频作为其主要商业模式。与其他两大场景相比，eMBB 对网络性能的需求相当低，且网络安全威胁可能更少，风险更低。其他两大使用场景下各类应用的社会经济下行风险则高得多。就网络安全角度而言，另外两类要求更高的商业模式对核心网和无线接入网（RAN）的影响亦不相同。

举例而言，URC/LL 需要 RAN 的高带宽（此为 5G 空中传输的主要挑战）以及核心网的低延迟，要求具备相应水平的并行交换能力。这对电子卫生等应用至关重要，可能需要边缘缓存以及多样化的设施和路由以实现弹性。由于边缘缓存尤其意味着更为分散的漏洞点，网络防护安全的问题亦随之而来。

MTC 使用案例在时延和数据量方面的变化可能要多得多，因为部分应用所需的通信速度较慢，数据负载相对较小，可能仅限于特定（孤立的）位置。如何从安全角度处理此三类不同需求是一个问题，可能需针对不同安全策略重新设计互联网结构以满足不同应用的需求，MTC 商业模式尤为如此。我们将在文中偏后的部分重新审视用于实现 5G 安全性的互联网基本面。

4. 现有的网络安全水平在 5G 时代有何影响？

前几代移动技术基本仅用于语音通话和发送消息。但 LTE-A 如今可为社交网络、网上购物等电子商务、电子银行和任何形式的线上交易提供移动宽带。然而，LTE 确实存在安全漏洞。5G 承诺搭建更为互联互通的宽带高速公路。但随着物联网和行业应用的实时部署，此种能力天然放大了新的应用领域带来的风险。

我们可总结一下主要的风险和回报。除非威胁被消除，否则其将成为现代社会严重的下行风险。若 5G 网络得不到充分保护，伴随回报而来的主要风险有以下两点。

• 数量远胜以往的设备都可能通过互联网接入网络。绝大多数设备的形式可能非常简单（如物联网传感器和执行器），因安全性能较低而难以保护。但最终数以十亿乃至千亿计的设备可能与数十亿人类用户共用相同的网络（和空口及频谱）进行通信并开展控制数字基础设施的服务。

• 通过无线链路传输的数据多达千倍。2G GSM 移动网的数据传输速率为 kbit/s、3G（UMTS）为 Mbit/s，LTE-A 的速率则可高达 100 Mbit/s 甚至更快。但 5G 的数据传输速率可能在百倍到千倍之间，即 10～100 Gbit/s。若不采取有效措施，数据丢失和侵入的范围只会更大。

大量使用无线数控系统作为基础设施结构的控制平面意味着将非常复杂的高安全性设备与大量非常简单的低成本物联网应用设备混合在一起，所有设备的数据交换速率都是传统安全技术难以驾驭的。响应时延达到 5G 水平的实时安全措施将是必不可少的。有关的风险分析水平将是以往几代移动技术难以企及的。这意味着尚待规划的保障措施必须到位。

5G 各论坛标准化工作的水平和能量尚不足以应对 5G 的高速移动互连及其连带的中高级网络安全攻击风险。5G 的数据传输协议可能需从网络安全角度重新设计。现行标准对未来未必具有指导意义,例如,现有的 SS7 信令协议已被用于通过智能手机访问攻击银行账户,更为先进的 Diameter 协议可能需要加强。

5. 5G 世界中的大规模物联网和关键基础设施

5G 网络在关键基础设施方面的潜在应用可说明此类风险的严峻程度——能源、卫生、工业流程、运输和物流。大规模物联网可能令关键基础设施陷入危险境地,因为我们所依赖的基础物理环境将与互联网及其主要漏洞更为紧密地相互交织在一起。

5G 的潜在广泛应用带来的网络安全挑战多种多样——联网汽车和自动驾驶汽车、智慧城市、实时电子卫生、新的移动金融支付和银行系统,所有这些都要求更高的可靠性,部分应用严格要求低时延。

图 2　对大规模物联网基础设施的攻击模糊了网络空间和物理空间的界限

因此,风险在于我们对 5G 的依赖将远远超过对 LTE 等过去几代移动技术的依赖。这可能是由于 5G 提供了更高性能,且可能伴随更高的危险性,为支撑社会和推动经济的关键任务应用提供显著动力,因为:

- 对 5G 物联网网络的攻击将模糊网络空间和物理空间的界限,并非仅限于网络域。
- 物联网网络中的传感器和执行器设备简单、价格低廉且缺乏网络安全功能——因此用其构建安全的网络是一项重大挑战。
- 5G 的真正风险实际上来自 5G 的互联网形式。
- 5G 可能更为依赖基于云的处理和存储,不光针对应用程序,还针对自身的网络管理,为确保安全的运营环境带来了一系列新问题。
- 5G 在一定时间内仍将是一组不甚成熟的技术,对支持关键基础设施的职能可能并未进行充分的入侵测试。

因此,5G 网络可能更易放大物联网和个人交互进程、程序和策略中存在的任何不安全因素。必须等比例加大 5G 的网络安全防护，与物联网漏洞和隐私风险相适应，在安全复杂度方面进一步提升。

然而，当前各项标准阐释的 5G 网络基本架构包括新型漏洞，例如：

- 基于软件定义无线电的可重构无线电系统，要求仔细监控供应链和后续软件及固件更新。
- 网络功能虚拟化，可能形成单点故障。
- 网络切片使多个应用能在同一网络运行，即便有相应措施，不同应用仍可能相互干扰。
- 具有用户平面的结构可能需在基本概念和加密中强化消息和管理保护。
- 管理和数据的云操作。

6. 5G 可能需要新形式的互联网

为应对上文提到的关切，可能是时候推动未来互联网向 5G 发展，将安全内嵌于其中而非后续（甚至更久后）新增。这意味着丢弃由受信通信、简易操作算法和易伪装名称与地址构成的模式。目标须是在拟议的 5G 架构内创建新的安全环境，在边缘保护易受攻击的敏感资产的互连。

此新模式将有赖于分离旧的互联网与新型 5G 互联网，底层安全结构将成为新模式的基础。无线承载的使用将是主要挑战。其中一个新方向可能是各类分布式安全认证服务。[①]

但若物联网由缺乏网络安全机制的低成本组件搭建，5G 组网可能需要一套新的安全结构，可能重新定义持久控制平面。这对为关键基础设施应用和个人隐私创建以无线为中心的总体环境提出了重大挑战。

修改 5G 互联网的概念意味着对从命名寻址到路由算法再到控制点的众多基本交互进行重新审视。还要求制定从传统互联网迁移的策略。此类修改互联网以扩大其职能的提案，特别是有关总体结构和目的的提案，并非新鲜事物[②]。

重新考虑以无线为中心的架构意味着更密切地审视 RAN 技术。安全挑战在于 5G 的基本传输技术。利用多输入多输出（MIMO）阵列天线的波束成形是新型传播模式的核心概念。由于 5G 的传播特性，拟议的 5G 毫米波频段中的信号基本用于视距（LoS）传输，利用有源天线系统实现动态空间复用。

理论上而言，此类视距波束的安全性更高，因为信号的泄露被限制在狭窄的天线操作区域内。但尚不清楚波束是否可能被暗中偏转或是否可检测到微弱信号。理论上而言，视距传输可能有助防止窃听，但波束形成大规模 MIMO 阵列可能会带来漏洞。

---

① Kaufman C. "Distributed authentication security service." The Internet Engineering Task Force. September 1993. Report No. RFC1507. Available at: https://tools.ietf.org/html/rfc1507.

② European Commission, (2010), Towards a Future Internet, Interrelation between Technological, Social and Economic Trends, DG INFSO, Project SMART 2008/0049, November 2010, Oxford Internet Institute, with SCF Associates Ltd.

5G的风险实为5G互联网的风险——以无线信道高速传输数据

- 智能手机成为武器，用于
  大规模互联网破坏行动（MID）——如作为僵尸机

- 利用5G物联网对产业构成威胁

- 分布式拒绝服务（DDoS）攻击数量可能大幅上升

- 可重构无线电系统（RRS）——可修改数据、无线信道和数据目的地

需从多个途径确保安全：
- 5G的关键数据必须具备更高的安全保障
- 故应使用多层级安全——打造防护性更高的互联网模式

图3　迈向无线技术的5G商业应用意味着互联网以前所未有的方式发生变化

7. 从敏感到隐私——量化隐私风险的需求

现在，我们转向个人世界及其为实现各类社会交流与互联网日益密切的联系。私营和公共部门机构从互联网收集的个人数据不断增加，日益引起公众关注和与日俱增的对信息隐私的关切。[①]

网络犯罪持续快速扩大，由于当今互联网的固有漏洞被欺诈和恶意软件利用，更多人受到了影响。犯罪的驱动因素在于普通人使用移动设备和网络存储并发送的个人和财务数据越来越多。因此，若5G作为移动交易主要渠道的安全性未得到解决，5G的普及将出现重大障碍。随着个人生活对线上环境的依存度日益升高，各人的安全和隐私变得至关重要。拒绝解决此问题可能导致公众拒绝接受5G。[②]

公共世界和个人世界间的此类联系即将扩大至少百倍（若假设高性能 LTE 上传/下载链路为 100 Mbit/s，未来可能达到 10 Gbit/s 或更高）。

隐私侵入的敏感性与5G网络的数据泄露事件将呈正比例增加的趋势。因此需要以可量化的方式更为精确、现实地评估隐私风险。一种传统方法是估算私密数据的丢失率作为单位时间泄漏的比特率，然后依此度量对计算和通信环境进行评估。但此为静态度量，不会通过交叉引用数据集进行关联恢复以评估风险。

---

① Brooks S, Nadeau E, eds. "Privacy risk management for federal information systems (Draft)." May 2015. NIS-TIR Document 8062. Available at: http://www.csrc.nist.gov/publications/drafts/nistir-8062/nistir_8062_draft.pdf.

② Madden M. (2014) "Public perceptions of privacy and security in the post-Snowden era." Pew Research Center. 12 November 2014.

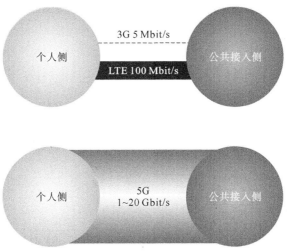

图 4　引入 5G 意味着连通个人世界的网络链接比以往任何时候都更为广泛和快速

需采取对策防止个人信息（在交易或数据库中）的丢失。随着欧盟 GDPR[①] 等个人数据保护法的颁布，隐私的丧失和法律规定义务未履行亦构成人身伤害。

若无充分的保护措施，5G 的诉讼成本可能过于高昂。故 5G 需要的是扩大隐私研究以找出对策。其中一项重要工作是量化隐私数据丢失的各类风险。这已引发对隐私新模式的探索[②] 以最终应对泄漏事件。终极目标在于找到保护大型个人信息数据集的方法。当今的互联网漏洞环境揭示了数据关系和数据使用之间的相互作用，增加了隐私风险。

在此情况下，隐私的敏感性不会停留在个体的个人数据参数上。与其他数据类别一起应用时，私密数据通常更具破坏性，因为通过将数据分析用于分类、过滤和交叉关联，可从挖掘大规模数据泄露中推断出新的数据类型。因此，数据类型的关联可能变得更强或更弱，甚至可能人为形成关联。这可能产生更多的个人数据类型。

例如，收入、状态和物理位置可纯粹通过揭示购买习惯和交付的在线购物数据推断而来。数据分析可评估特定数据类型的风险值。

对策意味着从设计着手确保隐私和面向服务的隐私保护。对后者的乐观响应是呼吁在数据使用和存储方面达成各种形式的相互协议，希望信任模型能在各利益攸关方（用户、MNO、互联网 OTT 平台提供商、应用和应用开发人员以及制造商）之间取得成果。现实中，业界的响应可能不够充分或迅速。相反，拥有数据保护和隐私权的国家监管机构可能期望对 5G 网的数据流进行更多的访问控制，可能对数据存储和处理结构及物理实现提出要求。

一般而言，5G 可能需改进技术以实现问责，同时尽量减少承载的数据并扩大访问控制[③]，以比现在更容易和准确的方式追溯泄露源头。在此环境下，5G 网络运营商的安全压力将大大增加，监管机构的外部监督加剧，泄露事件的财务影响难以恢复，运营商的业务流

① European Union's General Data Protection Act，2018.

② Einfeld. D. (2017) Models for Organizing the Quantification of Privacy Risk，NSA，The Next Wave，Vol. 21 No. 4 2017.

③ Ijaz Ahmad et al. (2017)，"5G security：Analysis of Threats and Solutions," 2017 IEEE Conf. Standards for Commun. and Networking，Sept 2017, pp. 193-99.

程和财务结构将因此受到影响。随着人们呼吁将罚金数额提高至超越欧盟 GDPR 设定的年收入 4% 的水平,影响可能进一步增加。使用基于云的方法,移动网络运营商可远程集中存储个人或商业敏感数据并可能对数据进行处理[①],此做法可能不再被接受。新的隐私规则对 5G MNO 的压力可能改变当前云资产现有商业处理架构的使用方式。访问使用 5G 组网的数据库可能需要更为强健的安全性,因为如今远程服务器级的保护可能被认为与流量的预期不相匹配。因此,国家监管机构和数据保护机构可通过新的监管机制加大对 5G 网络数据流和数据库访问的控制。

在此情形下,对隐私损失的风险和后果展开更多分析至关重要。此类风险评估的途径之一是列出各隐私类别的矩阵及由此产生的个人信息类型的丢失。该矩阵展示了隐私的级别和信息丢失的各种个人影响,如图 5 所示。

隐私——量化风险:影响矩阵

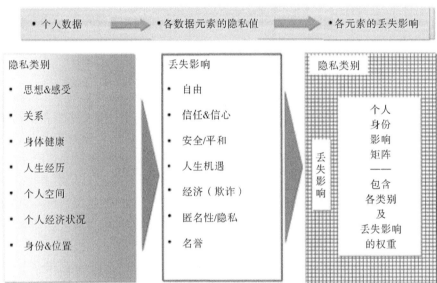

图 5 将信息类型分为三个主要类别进而对个人信息丢失的影响进行评估

图 5 矩阵从根本上表明了所需的安全和隐私策略。估计风险值需评估丢失的可能性及其货币和其他影响——个人和货币层面的下行影响。

考虑 5G 网络入侵可能导致的数据泄露的广度,主要威胁在于使用相当标准化的分析可能由一种类型的数据揭示其他类型的数据。在网络犯罪的个人和经济损失方面,初始数据和推导数据可能具有更高价值。

8. 5G 网络信任和安全新范例

物联网应用的集成可能加剧 5G 的安全威胁,具体到隐私和关键基础设施方面尤为如此。

---

① Ijaz Ahmad, Tanesh Kumar, Madhusanka Liyanage, Jude Okwuibe, Mika Ylianttila, and Andrei Gurtov (2018) Overview of 5G Security Challenges and Solutions, March 2018, DOI: 10. 1109/MCOMSTD. 2018. 1700063.

由于 5G 需要强安全性(且还提供不与国家网络互连的 5G 独立组网)，必须摆脱当前的单一集中管理模式——传统的多层级移动电信模式，此仍为标准化工作的焦点所在。集中式移动网络模型为关键基础设施攻击者提供了单一故障点。举例而言，LTE 确保网络及其用户具备信任模型以用于各组建间的相互认证，亦为部分数据、语音和消息提供行之有效的全网隐私保护。

对 5G 而言，应避免单点故障。取而代之的可能是一套具有特定授权限制的 5G 分布式控制中心。一系列分布式的信任模型对边缘功能及多个中心控制点(冗余点，同样是为了避免单点故障)进行管理，如图 6 所示。

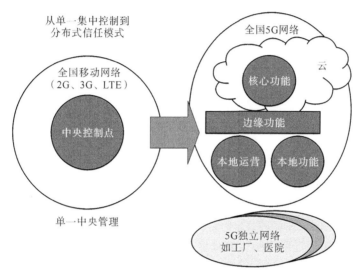

图 6　可能需要从中央控制点转向分布式模型以抵御预期攻击

然而，多控制中心意味着在若干中心间建立信任，考虑到伪造身份和凭证的恶意技术的进步速度，这显然是不可攻克的任务。此重大问题仍是重要的研究领域，若该问题得到解决，可能形成 5G 控制点的新信任模式。在此模式下的将是可操作的各类用户和管理控制层，各层均须围绕端到端安全层设置。

针对攻击的单独对策在攻击事件发生后十分有用。更为有用的是从设计出发确保安全，以对弱点的预判和第一次攻击的经验为基础，提高防御性网络设计的情境感知。第一步是对相关结构的风险分析。例如，虚拟化(NFV)[①]的使用和运行中的软件定义网络(SDN)的可编程性便是明显的漏洞。安全性必须扩展到网络边缘，因此在启用网络功能时需进行安全服务检查和结构插入。

9. 结论——5G 网络本身成为核心关键基础设施最为关键的部分?

基本结论总结如下：

---

① Briscoe B. "Network functions virtualization (NFV); NFV security; problem statement." European Telecommunications Standards Institute. October 2014. Report No. GS NFV-SEC 001 v1.1.1.

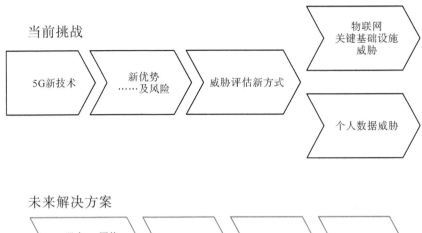

图 7　当前和未来的挑战

5G 尚未大规模部署和调试,更不用说与主要的物联网应用互连。因此,5G 网络到目前为止仍处于安全运营的初级阶段。重大安全威胁尚未出现或未被了解。

标准化组织已形成对进一步安全措施的部分考量,当然,只有在发生重大攻击后方会根据所受攻击(特别是用户平面内的攻击——尤其是与隐私泄露和危及生命的关键物联网应用相关的攻击)对关键的运营网络层充分展开重新设计。

因此,初始的网络部署可能必须予以更替。只有当安全取代性能成为主要关切,才可能部署新的 5G 管理结构标准和运营层,更好地抵御攻击。

5G 的端到端安全需要新的安全模式:

• 用于所有联网人员和设备交互的新的信任模式;

• 重视隐私丧失的隐私新模式,用以衡量安全性——隐私从根本上被视为安全的固有结果,并进行对标;

• 受信任的多层级安全模式;

• 可能对当前的互联网及其安全模式表示拒绝。

有必要从根本上提一个问题——5G 网络本身会否成为核心关键基础设施漏洞最为关键的一环?

关于如何做好准备迎接即将到来的 5G 安全和隐私威胁,高级选项至少应包括:

• 将互联网视为远不可信赖的网络,新的运营模式具有垂直和水平安全区域且受到信任;

• 从大规模攻击的角度审视 5G 的全部网络操作;

• 关于个人隐私——新的保障措施可阻止偷偷附加在用户环境中的各类内容,对未告知的跟踪应用尤为必要。

从本质上而言,这表明确实需要重新设计互联网,这与未来 5G 网络的网络安全内部基础息息相关。

人工智能发展的机遇、挑战与多方治理策略

张　彬*　隋雨佳　关闻达

*作者:张彬博士

北京邮电大学经济管理学院教授

摘　要: 本文针对人工智能发展的机遇与挑战进行研究。本文首先介绍人工智能技术发展背景、发展特征,进而分析人工智能所带来的法律和治理挑战,在此基础上分别从市场、社会和经济、公共政策和国家安全等角度分析人工智能产生的影响,最后帮助政府、产业、公众、学者、国际组织等多方治理主体梳理各自责任与义务。

关键词: 人工智能　算法　法律　治理　社会　经济　市场　机遇　挑战　影响　公共政策　国家安全

人类当下生活在智能革命时代,人工智能(Artificial Intelligence,简称 AI)正在逐渐渗透到人们的日常生活中。自动驾驶汽车已在部分地区获准上路,已越来越被消费者青睐,并很可能彻底改变公路交通运输模式;自主学习机器可以执行复杂的金融交易[1];AlphaGo 可以打败世界最强大的人类玩家;"机器人记者"可以自主写出文章……人工智能的日益普及和巨大商业潜力刺激了政府和企业大量投资人工智能项目。美国、英国、日本、中国、欧盟等国家和地区均高度重视人工智能的发展,人工智能已经成为全球发展战略布局的重点。谷歌、Facebook、亚马逊和百度等互联网巨头已加入人工智能竞赛的阵营,招募研究人员并建立实验室。人工智能正逐渐向各行各业渗透,且这种趋势在可预见的未来似乎将继续下去。[2]

人工智能的快速发展也同时引起了社会各界的警觉,甚至有观点认为政府应监管人工智能开发或限制人工智能应用[3]。科技行业精英如 Elon Musk、Bill Gates 等均对人工智能的潜在风险表达了担忧,认为政府监管是必要的。当自动驾驶汽车发生事故时责任由谁来承担? 医生在多大程度上可以将医疗诊断的任务委托给智能系统? 甚至还存在一些关乎人类命运大事的顾虑,如机器人将取代人类吗? 人工智能最终是否将危及人类物种? 随着人工智能技术不断得到广泛应用,关于人工智能给未来带来负面影响的猜测和纷争也随之出现。

---

[1]　Timothy Williams, Facial Recognition Software Moves from Overseas Wars to Local Police, New York Times. (2015-08-12) http://www. nytimes. com/2015/08/13/us/facial-recognition-software-moves-from-overseas-wars-to-local-police. html.

[2]　Kevin Kelly, The Three Breakthroughs That Have Finally Unleashed AI on the World, WIRED (2014-10-27), http://www. wired. com/2014/10/future-of- artificial-intelligence/.

[3]　John Frank Weaver, We Need to Pass Legislation on Artificial Intelligence Early and Often, SLATE (2014-09-12), http://www. slate. com/blogs/future_ tense/2014/09/12/we_need_to_pass_artificial_intelligence_laws_early_and_often. html.

人工智能日益显著地影响着社会的各个方面。需要政府制定有效的公共政策和法律法规以应对人工智能带来的在安全、隐私、公平、经济发展、知识产权和网络安全等方面的挑战,并确保公众充分了解人工智能的潜在影响。人工智能作为一种快速发展的新兴技术,必须给予足够重视并加以规范引导,制定能有效保护公众的监管规定,否则很可能发生重大甚至危及生命的事件。此类事件很可能让政策制定者做出不必要的过激反应以至于扼杀整个行业。认为人工智能很可能带来生存风险的人更倾向于政府对人工智能进行严格监管,而认为人工智能带来的风险可控或者根本不存在风险的人很可能反对政府干预人工智能或支持政府对人工智能进行有限监管。人工智能技术很可能极大地造福人类,但同时也应认真考虑其潜在的挑战和风险。无论如何,人类正在进入人工智能时代,人类将越来越依赖自主学习机器完成诸多工作。鉴于此,我们有必要了解清楚人工智能潜在影响以及人工智能监管利弊,采取有效政策措施在最大限度地利用人工智能发展机遇的同时及时应对人工智能带来的挑战。

1. 人工智能技术发展背景

人工智能是一个新兴学科,既继承了哲学、推理理论、学习理论、物理学、数学等一些非常古老的学科,又融会了逻辑概率论、决策学、计算学、心理学、语言学和计算机科学等一些相对较新的学科,其思想、观点和技术具有前所未有的综合性。[1] 关于人工智能目前并没有一个精确的、一致的定义。尼尔斯·尼尔森(Nils J. Nilsson)认为:"人工智能是致力于让机器变得智能的活动,而智能是一种品质,能够让一个实体在其环境中恰当而有远见地发挥作用。"[2]此外,风险投资家 Frank Chen 将人工智能划分为五大类,即逻辑推理、知识表示、规划与导航、自然语言处理和感知等。[3]

1.1 起源

在计算机发展的初始阶段,电子计算机的出现使信息存储方式发生了巨大变化。使用电子方式处理信息是人工智能发展的基本条件。在 20 世纪 40 年代至 50 年代,一些来自不同领域的科学家们开始讨论创造人造大脑的可能性。沃伦·麦卡洛克(Warren McCullough)和沃尔特·皮茨(Walter Pitts)在 1943 年发表文章《神经活动中内在思想的逻辑演算》(A Logical Calculus of Ideas Immanent in Nervous Activity),首次提出构建神经网络的数学模型[4]。1950 年,精通计算机、数学、逻辑学、密码分析学和理论生物学的英国科学家艾伦·图灵(Alan Turing)发表了一篇题为《计算机和智能》(Computing Machinery and Intel-

---

① Stuart J. Russell, Peter Norvig, Artificial Intelligence: A Modern Approach (3 ed.)[M]. Upper Saddle River, New Jersey: Prentice Hall, 2009.

② Nils J. Nilsson, The Quest for Artificial Intelligence: A History of Ideas and Achievements (Cambridge, UK: Cambridge University Press, 2010).

③ Chen, Frank. AI, Deep Learning, and Machine Learning: A Primer[EB/OL]. Andreesen Horowitz, (2016-06-10), http://a16z.com/2016/06/10/ai-deep-learning-machines.

④ 杜淼. 神经网络的权值规范化研究[D]. 吉林大学, 2017.

ligence)的论文,提出了"图灵测试",这是一种确定机器是否智能化的方法,具有里程碑意义[①]。哈佛大学本科生马文·明斯基(Marvin Minsky)和迪恩·埃德蒙兹(Dean Edmonds)在 1951 年合作设计出第一台神经网络计算机 SNARC。随后,在 1956 年夏季,由约翰·麦卡锡、马文·明斯基、罗切斯特和香农等 4 人组织,在麦卡锡工作的达特茅斯学院,召开了"达特茅斯夏季人工智能研讨议",参加者还有包括赫伯特·西蒙和艾伦·纽维尔在内的 6 位年轻科学家。会议讨论了包括人工智能、自然语言处理和神经网络等在内的当时计算机科学领域有待解决的若干问题。此次会议首次使用"人工智能"的提法,标志着"人工智能"这门新兴学科正式诞生。[②]

1.2 发展

从 20 世纪 40 年代至今,随着人类对人工智能研究兴趣的变化,从繁荣期到萧条期,进而又回归繁荣,其发展历程跌宕起伏。表 1 展示了人工智能发展沉浮史。

表 1 人工智能发展重要事项

20 世纪 40 年代	1943 年: 沃伦·麦卡洛克(Warren McCullough)和沃尔特·皮茨(Walter Pitts)提出"神经网络"这一概念。 1949 年: 唐纳德·赫布发表(Donald O. Hebb)《行为组织:神经心理学理论》。
20 世纪 50 年代	1950 年: 艾伦·图灵(Alan Turing)提出"图灵测试"。 1951 年: 马文·明斯基(Marvin Minsky)和迪恩埃德蒙兹(Dean Edmonds)合作研制了第一台神经网络计算机 SNARC; 艾萨克·阿西莫夫(Isaac Asimov)发表了"机器人三法则"; 克劳德·香农(Claude Shannon)发表了"为国际象棋编程的计算机"一文。 1952 年: 亚瑟·塞缪尔(Arthur Samuel)开发了一个玩跳棋的自学习程序。 1954 年: Georgetown-IBM 机器翻译实验自动将 60 个精心挑选的俄语句子翻译成英语。 1956 年: 达特茅斯人工智能夏季研究项目提出"人工智能"这一概念,标志着"人工智能"学科正式诞生。 1958 年: 约翰·麦卡锡(John McCarthy)开发了 AI 编程语言 Lisp。

---

① Shahriari K, Shahriari M. IEEE Standard Review-Ethically Aligned Design: A Vision for Prioritizing Human Wellbeing with Artificial Intelligence and Autonomous Systems[C]. 2017 IEEE Canada International Humanitarian Technology Conference (IHTC).

② Campos, Ivan. Artificial Intelligence: Fourth Industrial Revolution or Robot Apocalypse: AI & Robophobia Go Hand in Hand [EB/OL]. Slalom, (2018-02-20) [2019-05-09]. https://medium.com/slalom-technology/artificial-intelligence-fourth-industrial-revolution-or-robot-apocalypse-2be8ed0ac8f0.

20 世纪 60 年代	1963 年： 约翰·麦卡锡(John McCarthy)在斯坦福大学启动了 AI 实验室。 1969 年： DENDRAL 成功开发了第一个专家系统。
20 世纪 70 年代	1972 年： 创建逻辑编程语言 PROLOG。 1974 年： 英国政府发布"Lighthill 报告"导致人工智能项目的资助资金严重削减。
1974—1980	AI 第一个冬季： 由于人工智能资金减少和投资领域兴趣降低,AI 迎来史上第一次寒潮。
20 世纪 80 年代	1980 年： Digital Equipment Corporations 开发了商业专家系统 R1(也称为 XCON)。 1983 年： 美国政府启动战略计算计划,由国防高级研究计划局(DARPA)资助先进计算和人工智能研究。 1985 年： 各公司每年在专家系统上花费超过 10 亿美元,整个行业称为 Lisp 机器人市场。
1987—1993	AI 第二个冬季： 随着计算技术的改进,出现了更便宜的替代品,1987 年 Lisp 机器人市场崩溃,迎来了"第二次 AI 冬季"。
20 世纪 90 年代	1997 年： IBM 公司的"Deep Blue"电脑击败了世界象棋冠军加里卡斯帕罗夫。
20 世纪 00 年代	2005 年： Stanford 开发的一款自动驾驶汽车(STANLEY)赢得了 DARPA 挑战大赛头奖。 美国军方开始投资波士顿动力公司的"大狗"和 iRobot 的"PackBot"等自动机器人。 2008 年： 谷歌公司在语音识别领域取得突破,并在其 iPhone 应用程序中引入了该功能。
21 世纪 10 年代	2011 年： IBM 公司研发的人工智能系统"Watson"在 Jeopardy 打败了前世界冠军并赢得了比赛。 2012 年： 神经网络学会了在不被告知猫是什么的前提下识别出猫,开启神经网络和深度学习的突破时代。 2014 年： 谷歌公司首款自动驾驶汽车通过州驾驶考试。 2016 年： 谷歌公司旗下 DeepMind 机构研发的人工智能机器人"AlphaGo"击败了世界围棋冠军 Lee Sedol。

回顾历史可以看到,虽然人工智能在其发展历程中经历一些受挫事件,但相关技术研究却从未停下脚步。从 1956 年正式创建人工智能学科至今已经过去 60 多年,通过几代学者的不懈努力,人工智能已经取得长足发展,如今已成为一门重要的前沿交叉学科。

人工智能领域正在复兴,研究机构和研发巨头正在挑战人工智能的极限。现阶段人工智能的主要应用领域有语音识别、图像识别、自然语言应用、专家系统、仿真系统、机器人等。人工智能目前的能力与年幼的孩子相同,可以检测目标、翻译语言、识别面孔、分析情绪等。虽然没有人能详细预测人工智能的未来,但很明显,具有人类智能水平(或更高)的人工智能将对我们的日常生活和未来文明进程产生巨大的影响。[①]

1.3 狭义人工智能与广义人工智能

狭义人工智能(Narrow AI)只关注在完成某种特定任务时表现优于人类的认知能力子集。[②] 在人工智能发展历史上,狭义人工智能最早出现。如今,狭义人工智能在人脸识别、语音翻译、战略游戏、智能商业决策等方面已经超越人类并产生巨大社会效益,为提升国家经济活力做出了重要贡献。

广义人工智能(General AI)则可以执行人类很可能无法完成的任务,至少能够将类似人类的灵活思维和推理与其计算优势结合起来,使其具有情感、智力、直觉、推理和创造力等。[③] 如人工智能使计算机经过自然语言处理写出新闻和小说,正越来越接近人类的思维。

可见,从机械性到生物性,从被动学习到主动学习,人工智能从狭义过渡到广义是必然趋势,但狭义人工智能是一个相对更容易实现的目标,而考虑到人类大脑的复杂性,广义人工智能在其发展道路上正面临重重挑战。

2. 人工智能发展特征

现阶段人工智能的发展特征可归结为以下几个方面。

2.1 与“大数据”的整合

2.1.1 与“大数据”的关系

人工智能与大数据关系紧密。一方面人工智能拉动了数据需求;另一方面人工智能增加了数据供应。一个系统的成功往往取决于是否“尽可能多地吸收和训练数据”,不断增长的人工智能发展需求促使各种各样商业实体将关注点放在收集更多数据上。随着人工智能系统与越来越多可连接设备结合,数据集正不断扩大。例如,嵌入人工智能的数字助理、智能音箱和智能相机具有更多更强的功能,吸引更多消费者购买,进而从各种渠道收集了更多数据。更重要的是,人工智能可以从原始信息中提取、处理进而生成更多有用数据,比如人工智能可以自动识别监控视频中的人脸并对其进行分类获得更多衍生数据。

---

① Stuart J. Russell, Peter Norvig, Artificial Intelligence: A Modern Approach (3 ed.) [M]. Upper Saddle River, New Jersey: Prentice Hall, 2009.

② Narrow Artificial Intelligence (Narrow AI) [EB/OL]. Techopedia. [2019-05-14] https://www.techopedia.com/definition/32874/narrow-artificial-intelligence-narrow-ai.

③ Nick Heath. What is artificial general intelligence? [EB/OL]. Zdnet. https://www.zdnet.com/article/what-is-artificial-general-intelligence/.

大数据和人工智能的关系如图 1 所示。[①]

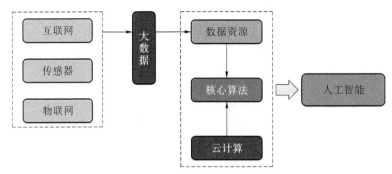

图 1　大数据与人工智能关系图

2.1.2　数据处理的算法

如图 1 所示,大数据与人工智能的核心结合点在于算法,算法可分为机器学习、深度学习和神经网络。

1. 机器学习

机器学习(Machine Learning,简称 ML)是人工智能的核心,是研究如何让机器模拟人类学习活动的科学,可以从一组数据推导出特定规则进而对未来数据进行预测[②]。汤姆·M·米切尔(Tom M·Mitchell)在其著作《机器学习》(Machine Learning)中指出,机器学习是"计算机利用经验积累自动改善系统自身性能的过程"。机器学习是在没有明确编程指导、仅提供既定算法和已知数据、通过创建模型并进行判断和分析的情况下让计算机自动运行。计算机设备需要大量数据来训练模型。如亚马逊的推荐引擎使用机器学习算法,通过分析用户浏览或购买历史记录等数据,推介用户感兴趣的其他项目。[③]

机器学习可以为用户提供各种信息、产品和服务。从机器翻译、医学诊断到无人驾驶汽车,无所不能。如视频网站推荐电影自动符合用户口味;火车站面部识别系统自动检查乘客是否持有当天的车票;医疗系统获得病人的 DNA 信息后自动定制治疗相应疾病的药品。[④]正如佩德罗·多明戈斯(Pedro Domingos)在其《主算法(The Master Algorithm)》一书中所说:"机器学习是一种新兴的自我创建技术"。摩尔定律(Moore's Law)效应带来更强大的

---

① 2017 年中国人工智能行业发展概况及未来发展趋势分析[EB/OL],中国产业信息网(2017-03-04). http://www. chyxx. com/industry/201703/500670. html.

② Holdren,J. and M. Smith(2016). "Preparing for the Future of Artificial Intelligence," Executive Office of the President,national Science and Technology Council,2016-10. A Report. Washington,D. C. https://obamawhitehouse. archives. gov/sites/default/files/whitehouse_files/microsites/ostp/NSTC/preparing_for_the_future_of_ai. pdf.

③ Kai Jia and Tao Tong (2017). AI Regulation:Understanding the Real Challenges[EB/OL]. Paris Innovation Review,(2017-05-25)[2019-05-11]. http://parisinnovationreview. com/articles-en/ai-regulation-understanding-the-real-challenges.

④ Kai Jia and Tao Tong (2017). AI Regulation:Understanding the Real Challenges[EB/OL]. Paris Innovation Review,(2017-05-25)[2019-05-11]. http://parisinnovationreview. com/articles-en/ai-regulation-understanding-the-real-challenges.

计算能力,加之谷歌和 Facebook 等公司从大量用户行为中获得指数级增长的数据,使机器学习进入了方兴未艾的新时代。[①]

2. 深度学习

深度学习(Deep Learning,简称 DL)是机器学习的一个分支。深度学习由一组单元组成,每个单元结合一组输入值产生一个输出值,此输出值再传递给下游其他单元。例如,在图像识别应用中,第一层单元可以组合图像的原始数据以识别图像中的简单图案;第二层单元可以组合第一层的结果以识别图案模式;第三层单元可以组合第二层的结果等;依此类推。深度学习通常由许多层(有时超过 100 层)组成,并且常常在每一层使用大量单元,以便能够识别出极其复杂的、精确的数据模式。[②] 深度学习不是试图将规则编写成模拟人类行为的系统,而是将数据输入到基于人类大脑的模型中,并让计算机从这些数据中学习,[③]使计算机拥有自我学习、自我总结、自我提高的能力,拓展了人工智能众多应用领域,使得图像识别、语音识别甚至作品创造均得以实现。2019 年图灵奖获得者便是深度学习的三位创造者 Yoshua Bengio,Yann LeCun,以及 Geoffrey Hinton。如今,无论是政府机构如美国国防部等,还是众多高科技公司如谷歌、微软和亚马逊等,都积极参与关于深度学习技术的研究,这将加速推进人工智能技术的发展。

3. 神经网络

人工神经网络(Artificial Neural Network,简称 ANN),也被称为神经网络,是基于生物神经网络结构和功能的计算模型。神经网络根据输入和输出信息进行修正或学习,进而影响神经网络的结构。人工神经网络被认为是可对输入和输出非线性统计数据之间复杂关系进行建模的工具。[④]

人工神经网络最大的优点是可以通过观察数据集进行学习。因而人工神经网络常被用来逼近一个随机函数。人工神经网络基于数据样本而不是整个数据集来获得解决方案,既经济又有效。因此,人工神经网络被认为是可用于加强现有数据分析技术的简化数学模型。[⑤]

人工神经网络的成功经验极大地推动了机器学习的发展,如今已经被应用于机器视觉、语音识别和信息处理等领域。神经网络模仿生物大脑运作方式,由其驱动的机器学习才是

① Levy,Steven. How Google is Remaking itself as a Machine Learning First Company [EB/OL]. Backchannel. (2016-06-22). https://backchannel.com/how-google-is-remaking-itself-as-a-machine-learning-first-company-ada63defcb70.

② Holdren,J. and M. Smith (2016). "Preparing for the Future of Artificial Intelligence," Executive Office of the President,national Science and Technology Council,2016-10. A Report. Washington, D. C. https://obamawhitehouse.archives.gov/sites/default/files/whitehouse_files/microsites/ostp/NSTC/preparing_for_the_future_of_ai.pdf.

③ Campos,Ivan. Artificial Intelligence:Fourth Industrial Revolution or Robot Apocalypse:AI & Robophobia Go Hand in Hand [EB/OL]. Slalom,(2018-02-20) [2019-05-09]. https://medium.com/slalom-technology/artificial-intelligence-fourth-industrial-revolution-or-robot-apocalypse-2be8ed0ac8f0.

④ Artificial Neural Network (ANN)[EB/OL]. Techopedia. [2019-05-14] https://www.techopedia.com/definition/5967/artificial-neural-network-ann.

⑤ Artificial Neural Network (ANN)[EB/OL]. Techopedia. [2019-05-14] https://www.techopedia.com/definition/5967/artificial-neural-network-ann.

赋予计算机人类能力的真正途径。[①] 在某些情况下,人工神经网络甚至可以通过庞大数据集和大规模计算进行训练获得超人的能力[②]。

2.1.3 人工智能对数据量的要求

当前人工智能执行逻辑算法,需要大量数据训练模型,使机器不断进行自我优化,逐渐接近甚至超过人类智能。数据数量和质量影响人工智能表现,如果数据不完整或有偏差,人工智能将加剧偏差问题。如图 2 所示,在一定程度上,训练模型的数据越多,其性能表现就越好。[③]

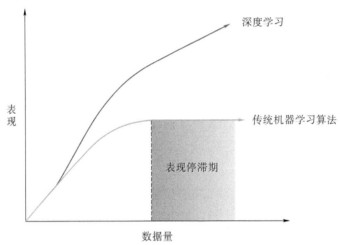

图 2　深度学习随着数据量的增加可大幅提高性能表现

图片来源:参考文献[④]

2.2　本质上是全球性的

近期人工智能的一些突破性研究进展均直接或间接与各国、多边机构和其他利益攸关方的资源整合有关。人工智能应用具有解决全球问题的潜力,如防灾抗灾、气候变化、野生动物贩运、数字鸿沟等。据美国国务院预计,隐私问题、自动驾驶汽车的安全问题以及人工

① Levy, Steven. How Google is Remaking itself as a Machine Learning First Company [EB/OL]. Backchannel. (2016-06-22). https://backchannel.com/how-google-is-remaking-itself-as-a-machine-learning-first-company-ada63defcb70.

② Peter Stone, Rodney Brooks, Erik Brynjolfsson, Ryan Calo, Oren Etzioni, Greg Hager, Julia Hirschberg, Shivaram Kalyanakrishnan, Ece Kamar, Sarit Kraus, Kevin Leyton-Brown, David Parkes, William Press, AnnaLee Saxenian, Julie Shah, Milind Tambe, and Astro Teller. "Artificial Intelligence and Life in 2030." One Hundred Year Study on Artificial Intelligence: Report of the 2015-2016 Study Panel, Stanford University, Stanford, CA, (2016-09-06). Doc: http://ai100.stanford.edu/2016-report.

③ Campos, Ivan. Artificial Intelligence: Fourth Industrial Revolution or Robot Apocalypse: AI & Robophobia Go Hand in Hand [EB/OL]. Slalom, (2018-02-20) [2019-05-09]. https://medium.com/slalom-technology/artificial-intelligence-fourth-industrial-revolution-or-robot-apocalypse-2be8ed0ac8f0.

④ Campos, Ivan. Artificial Intelligence: Fourth Industrial Revolution or Robot Apocalypse: AI & Robophobia Go Hand in Hand [EB/OL]. Slalom, (2018-02-20) [2019-05-09]. https://medium.com/slalom-technology/artificial-intelligence-fourth-industrial-revolution-or-robot-apocalypse-2be8ed0ac8f0.

智能对未来就业趋势的影响问题等将成为国际背景下人工智能相关政策领域值得关注的问题。为了探索人工智能在医疗保健、制造业自动化、信息通信和智慧城市中的应用,国际社会的参与是必要的。类似制定其他数字政策,各国需要通过共同努力寻找合作机会,协商构建有助于促进人工智能研发和应对重大挑战的国际框架。①

尽管美国仍是人工智能创新研发的引领者,但并非唯一。很多国家均积极参与人工智能霸主地位的竞争。日本以使用模糊逻辑人工智能控制国家铁路而闻名,相对其他任何国家而言,日本机器人产业被放在更加重要的地位。欧洲人工智能协调委员会(European Co-ordinating Committee for Artificial Intelligence,简称 ECCAI)成立于 1982 年,负责协调欧洲人工智能研发,促进人工智能应用。中国拥有巨大的人工智能应用市场,风险投资正在大规模注入初创企业以支持人工智能研发,例如,中国招商银行等十多家国有银行和保险公司为 4Paradigm 提供资金,帮助企业开发人工智能软件以提供高效服务。百度等中国科技公司也在大量投资人工智能技术研发。中国发展人工智能并不局限于民用,中国正寻求利用高水平人工智能和自动化技术制造新一代反舰巡航导弹。中国已经认识到人工智能对国家安全和经济增长的重要战略意义,将致力于成为人工智能领域的世界领跑者。②

美国意图通过政府间对话和伙伴关系继续在协调全球人工智能研发中发挥关键作用。美国政府与包括日本、韩国、德国、波兰、英国和意大利在内的其他国家进行双边协商,并在多边论坛上就人工智能的研发和政策问题进行研讨。联合国、七国集团、经济合作与发展组织(OECD)和亚太经合组织(APEC)也针对人工智能的经济影响问题提出了国际政策。人工智能将成为国际社会越来越感兴趣的话题。③

2.3 算法不透明

透明度问题不仅涉及数据和算法,还涉及任何基于人工智能的决策。④ 人工智能专家警告称,试图理解和预测人工智能系统的行为存在固有局限性,因为算法模型往往过于复杂而使大多数人根本无法理解。加州大学伯克利分校信息学院詹娜·伯雷尔(Jenna Burrell)给出了算法不透明的三种表现形式:①故意不予透明,例如政府或企业希望对某些专有算法保密;②技术文盲,即算法复杂性超出了公众理解能力;③应用程序规模庞大而复杂,既涉及"机器学习"算法,又涉及大量不同种类程序,抑或两者兼而有之,使得算法即使对程序员也不透明。因此,新的人工智能监控程序尚待开发以便人类易于理解并使系统遵循人类期望

---

① Holdren, J. and M. Smith (2016). "Preparing for the Future of Artificial Intelligence," Executive Office of the President, national Science and Technology Council, 2016-10. A Report. Washington, D. C. https://obamawhitehouse. archives. gov/sites/default/files/whitehouse_files/microsites/ostp/NSTC/preparing_for_the_future_of_ai. pdf.

② L. Yuan, China Gears Up in Artificial-Intelligence Race[C], Wall Street Journal, 24 August 2016.

③ Holdren, J. and M. Smith (2016). "Preparing for the Future of Artificial Intelligence," Executive Office of the President, national Science and Technology Council, 2016-10. A Report. Washington, D. C. https://obamawhitehouse. archives. gov/sites/default/files/whitehouse_files/microsites/ostp/NSTC/preparing_for_the_future_of_ai. pdf.

④ Fogg, Andrew. Artificial Intelligence Regulations: Let's not Regulate Mathematics! [EB/OL]. Import. io, (2016-10-13) [2019-05-10]. https://www. import. io/post/artificial-intelligence-regulation-lets-not-regulate-mathemat-ics/.

有序运行。①

我们承认人类思想是一个不可思议的黑匣子,但对于人工智能决策过程这种新型黑匣子,我们一直试图探究其内在机理。同样的悖论也存在于无人驾驶汽车,我们承认人类思维的局限性,接受全球每年有 130 万人死于交通事故而其中大部分是人为失误造成的,但我们本能地要求人工智能做到完美。②

试图从现代深度学习模型中获取一个可被理解的解释将注定要失败。比如,要想知道为什么人工智能驱动的搜索引擎决定显示哪个广告或建议播放哪个视频并非易事。搜索引擎公司应用人工智能解决这些问题时可以访问其相关用户的大量个人信息、浏览和搜索历史、年龄、性别、受教育程度以及他们知道或能轻易推断出来的更多个人特征,吸收并有效利用成千上万种变量以及从数百万人中提取数据获取的经验,建立人工智能模型,进而决定推荐什么。从这个意义上说,这个过程往往不再思路清晰,人类也不再能够审查清楚。我们无法用一种能让人类满意的方式解释一个从海量数据中学到的非常复杂的数学函数。这就是我们所面临的挑战。对解释必要性做出立法并不会化解这些矛盾。③

2.4 自主技术

人工智能最新技术越来越多地融入我们的日常生活,在无人工协助的情况下独立决策的嵌入式能力是这些新技术的主要标志。人工智能这种自主技术最终将赋予机器类似人类的思维能力。④ 为了实现这一目标,机器必须具备学习能力⑤。实现机器学习离不开两大基本要素:算法和数据。算法本质上是由计算机执行的一系列命令,但机器学习算法与传统算法有很大不同,传统算法须事先设定好精确且详细的操作范式,而机器学习算法允许机器人根据数据历史更改这些规则。以行走运动为例,程序员需要为传统算法设置好每一步流程,而机器学习算法则具有分析学习人类行走方式独立应对陌生场景的能力。⑥

人工智能自主技术应用广泛。如:Siri、微软小娜和亚马逊 Alexa 等人工智能助手从用户行为中学习如何更好地为他们提供服务;所有主要信用卡公司都在使用人工智能进行欺诈检测;人工智能应用于安全系统通过安全摄像头监视多个屏幕并检测出人类警卫经常遗

---

① Etzioni,Amitai and Oren Etzioni. Should Artificial Intelligence Be Regulated? [J]. Issues in Science and Technology,2017(4):32-36. https://issues. org/perspective-should-artificial-intelligence-be-regulated/.

② Fogg,Andrew. Artificial Intelligence Regulations:Let's not Regulate Mathematics! [EB/OL]. Import. io,(2016-10-13)[2019-05-10]. https://www. import. io/post/artificial-intelligence-regulation-lets-not-regulate-mathematics/.

③ Fogg,Andrew. Artificial Intelligence Regulations:Let's not Regulate Mathematics! [EB/OL]. Import. io,(2016-10-13)[2019-05-10]. https://www. import. io/post/artificial-intelligence-regulation-lets-not-regulate-mathematics/.

④ Shahriari K , Shahriari M. IEEE Standard Review-Ethically Aligned Design:A Vision for Prioritizing Human Wellbeing with Artificial Intelligence and Autonomous Systems[C]. 2017 IEEE Canada International Humanitarian Technology Conference (IHTC).

⑤ Levy,Steven. How Google is Remaking itself as a Machine Learning First Company [EB/OL]. Backchannel. (2016-06-22). https://backchannel. com/how-google-is-remaking-itself-as-a-machine-learning-first-company-ada63defcb70.

⑥ Kai Jia and Tao Tong (2017). AI Regulation:Understanding the Real Challenges[EB/OL]. Paris Innovation Review,(2017-05-25)[2019-05-11]. http://parisinnovationreview. com/articles-en/ai-regulation-understanding-the-real-challenges.

漏的物品;配备人工智能的机器人帮助看护儿童、老年人和病人;机器人"宠物"可根据老年痴呆症患者积极和消极的反馈不断学习并以不同方式对待不同病人;人工智能被开发用于虚拟心理治疗;人工智能可以为老年人、盲人和残疾人拓展活动能力。另外,人们似乎更愿意与电脑面试官分享信息以避免出现在人类面试官面前被评判的尴尬局面。无人驾驶汽车预计在不久的将来将大量涌现以至于今天出生的孩子将永远不需要会开车。①

3. 法律挑战

法律规范人类行为,人类驾驶汽车也受法律约束。但当汽车这些机器变得像人类一样自动驾驶时法律将面临新的挑战。从法律意义上讲,人工智能是一个棘手的问题,不仅仅因为现如今"人工智能"没有明确定义,其职责权限无法界定,而且还因为人工智能具有自主学习能力,通常能够在一定程度上自主完成不需要人工协助的很多任务,包括制造业机器人、自动驾驶汽车、个人代理、医疗诊断、股票交易等。② 此外,设计、开发和扩散人工智能引发了许多复杂的伦理问题,这些伦理问题随时都有可能转化为严峻的法律挑战。

3.1 管辖权

云计算的数据管辖范围和权限已经成为人们关心的重要话题,尤其是涉及域外管辖权,例如用户在澳大利亚申请云存储服务,但是数据很可能存放在美国的某个数据中心。③ 此外,当人工智能系统是由组织上、地理上或者司法上独立的研究团队共同开发时将出现管辖权扩散问题,管辖权扩散有可能被用来逃避监管。

3.2 责任

从交通运输到医疗保健再到执法,几乎所有涉及人工智能技术的行业均存在着一种潜在问题,即人工智能出错时谁将负有责任?④ 例如,使用机器人做手术造成的伤害和死亡所面临的法律诉讼难题如何解决?⑤ 香港地产大亨 Samathur Li Kin-kan 聘请一家公司使用人工智能管理其账户造成数百万美元损失由谁承担责任?⑥

人工智能面临的核心伦理问题之一就是明晰责任承担主体。在侵权法(一种因损害而要求赔偿的民事诉讼)中,诸如"知识""意图""可预见性""合理谨慎义务"和"疏忽"等术语对于确定责任主体至关重要,但在一些涉及自主技术的案例中却变得非常难以解决。人工智能系统通常具有自主学习能力,大多数问题的产生没有人为的过错,也没有对损害后果的可

---

① B. Brown, NHTSA autonomous car guidlines coming by July[EB/OL]. Digital Trends. (2016-06).

② Sam Daley. 19 Examples of Artificial Intelligence Shaking up Business an Usual[EB/OL]. (2019-06-14) https://builtin. com/artificial-intelligence/examples-ai-in-industry.

③ Danaher, John, Is Regulation of Artificial Intelligence Possible? [EB/OL]. Hplus Magazine, (2015-07-15) [2019-05-10]. http://hplusmagazine. com/2015/07/15/is-regulation-of-artificial-intelligence-possible/.

④ Kristin Houser. Investor Sues After an AI's Automated Trades Cost Him $20 Million[EB/OL]. (2019-05-06) https://futurism. com/investing-lawsuit-ai-trades-cost-millions.

⑤ Robotic Surgery Lawsuits[EB/OL]. https://www. klinespecter. com/robotic-surgery-lawsuits. html.

⑥ Kristin Houser. Investor Sues After an AI's Automated Trades Cost Him $20 Million[EB/OL]. (2019-05-06) https://futurism. com/investing-lawsuit-ai-trades-cost-millions.

预见性，因此传统的侵权法将认定人工智能创造者不承担责任。当发生事故甚至致人死伤时，责任最终将在法庭上得到界定，法律判决要么遵循现行规则，要么做出改变。如果人工智能继续在不负责任的情况下扩散将使人类处于类似"终结者"的危险境地。[①]

更加棘手的问题是这些技术并非真正自治，仍有人为因素参与其中。例如，有人编程、有人建造、有人卖掉、有人更新或更新失败、有人使用不正确等。如果由于此类技术对人身或财产造成伤害而提起诉讼，法院（或陪审团）将必须决定哪些人类主体承担责任。如果确实存在一个真正自主的人工智能技术，这将产生一个更深层次的新问题，即是否应将其视为一个"人"？[②]

此外，自动驾驶汽车正在彻底改变车辆"驾驶"和"所有权"的概念，将"司机"变成"乘客"。尽管专家认为这项新技术比普通人类驾驶员更安全，但自动驾驶汽车仍有可能发生撞车事故。据报道，特斯拉的 Model S 已经造成两起死亡事故，特斯拉面临对其自动驾驶方案的共同诉讼，原告认为他们买到的是缺乏安全性能标准的自动驾驶汽车。然而，除特斯拉之外，优步（Uber）、谷歌和通用汽车（General Motors）的自动驾驶车辆也发生了撞车事故，这些进一步证实制造商声称自动驾驶比人类驾驶更安全的说法不具可信性。[③] 当无人驾驶汽车意识到无论怎样撞车都是不可避免的时候程序如何设计？是把司机暴露在最大危险之下以保护附近其他人？还是保护司机但很可能夺去其他汽车乘客或行人的生命？明晰车辆决策者、车辆所有者与责任承担者之间的关系是法律界需要解决的紧迫问题。

自动驾驶汽车的生产速度超过了相关法律的制定速度。例如，2016 年 9 月，美国联邦政府首次制定了联邦自动驾驶车辆政策。随后出现了各种各样的州立法，如亚利桑那州的立法只要求车辆经过测试符合标准进行登记即可，而纽约州的立法则要求汽车在警察的护送下需沿着批准的路线行驶。截至 2018 年 11 月，美国共有 29 个州通过了自动驾驶汽车立法。为了解决这些法规不一致的问题，美国参众两院商务委员会（U. S. House and Senate Commerce Committee）通过了一项联邦立法，赋予美国国家公路交通安全管理局（National Highway Traffic Safety Administration，简称 NHTSA）对自动驾驶汽车的监管权。[④]

3.3 反歧视规则

在刑法中使用算法和人工智能其不透明性很可能导致违反歧视规则的争议。例如，美国公民自由联盟（ACLU）在加州针对一桩案件提交了一份非当事人意见陈述。该案件检察官根据一个名为 TrueAllele 的复杂算法得出执法依据做出审判结果，算法从大量的混合人类 DNA 样本中提取的 DNA 样本表明 Billy Ray Johnson 涉嫌入室盗窃和性侵犯，尽管 Johnson 否认犯罪，但仍被判终身监禁且不得假释。美国公民自由联盟的这份陈述使得该案件引发了在刑事审判中使用算法和人工智能的讨论。此外，在保释和量刑决定中使用算

---

① Arkin R C. Ethics and Autonomous Systems：Perils and Promises［Point of View］［J］. Proceedings of the IEEE，2016，104(10):1779-1781.

② 观点来自与 Richard Taylor 教授的交流与沟通.

③ Brad Templeton. Lawsuit Over Tesla Autopilot Fatality Unlikely To Win But It Uncovers Real Issues［EB/OL］. (2019-05-03) https://www. forbes. com/sites/bradtempleton/2019/05/03/lawsuit-over-tesla-autopilot-fatality-unlikely-to-win-but-it-uncovers-real-issues/#470947060349.

④ Self-driving Cars Lawsuit［EB/OL］. (2018-11-12) https://www. classaction. com/self-driving-cars/lawsuit/.

法和人工智能时也出现了类似的问题。[①]

3.4 知识产权

人工智能控制的自主系统既有可能侵犯知识产权（Intellectual Property，简称 IP）又有可能生成知识产权，因此需要知识产权法附加条款。侵犯版权的常见例子包括非法复制受保护的软件或内容。因此，在人工智能独立于其创造者自主学习并以侵犯他人知识产权的方式使用这些知识的情况下，立法者将需要决定如何明晰责任。[②] 人工智能也可以产生知识产权，这些知识产权就像现行各国专利和版权法所定义的那样可以被称为"发明"或"创造"，但其保持知识产权的时间可能比专利或版权申请所需处理时间更短。因此法律必须更新以解决在技术快速发展背景下各种短期技术专利的受理问题，同时保护好当前已授予的知识产权（专利、商标和版权）。[③]

3.5 反垄断法

人工智能反垄断是一个潜在问题。之所以强调"潜在"是因为大多数观点都停留在猜测层面，只是提出很可能出现的问题，但提供不了实际案例。他们主要担心人工智能和算法很可能以某种方式被用来违反与垄断、密谋垄断、不公平竞争、勾结、固定定价或欺骗消费者等相关的法律法规。

传统的反垄断法在很大程度上适用于石油和钢铁等传统行业如公司规模等关注广泛的监管问题。然而，在人工智能领域，人们关注的是人工智能技术因其特定能力和潜力而产生的新挑战。例如，基于人工智能定价工具可以在互联网上搜索竞争对手的价格、搜索相关历史数据、建立数据库、分析数字化信息集、建立数据驱动业务模型、预测市场、达成定价解决方案等。[④] 这将有助于在线交易平台实时处理大数据，从而做出更准确的决策。[⑤] 表面看起来在线平台市场上商业巨头使用复杂定价算法似乎在促进信息对称和价格透明，为市场带来更多竞争和为消费者带来更多选择。然而，当人工智能被明确设计为与竞争对手的价格变化并行或设计为与其他人工智能或计算机程序相互沟通时，很可能增加了他们暗中勾结的潜在风险。[⑥]

人工智能技术的本质将迫使人们对反垄断法进行彻底反思。现在，监管机构在分析合并交易的影响时将不得不考虑其他因素，如公司数据资产规模、覆盖范围以及数据使用性

---

① Georgia State University. Artificial intelligence gets its day in court[EB/OL]. (2018-03-20) https://phys. org/news/2018-03-artificial-intelligence-day-court. html.

② G. Hallevy, "AI v IP - Criminal Liability for Intellectual Property Offenses of Artificial Intelligence Entities," 2015. http://dx. doi. org/10. 2139/ssrn. 2691923.

③ IEEE/USA (2017). "Artificial Intelligence Research, Development and Regulation". IEEE-USA Position Statement. https://ieeeusa. org/wp-content/uploads/2017/07/FINALformattedIEEEUSAAIPS. pdf.

④ Artificial Intelligence and Antitrust Law(2017-06-06) https://www. ktmc. com/blog/artificial-intelligence-and-antitrust-law.

⑤ FE Bureau. Antitrust enforcement: Emergence of artificial intelligence poses new challenges for courts[EB/OL]. （2018-10-17）https://www. financialexpress. com/opinion/antitrust-enforcement-emergence-of-artificial-intelligence-poses-new-challenges-for-courts/1351529/.

⑥ Artificial Intelligence and Antitrust Law(2017-06-06) https://www. ktmc. com/blog/artificial-intelligence-and-antitrust-law.

质,而不仅仅只涉及数据数量。此外,还可在用户同意的情况下增加某些类型数据的透明度,在某些特殊情况下还要强制共享各种类型数据。其他方法还包括为公司创建一套人工智能共享原则,甚至创建一个非政府中立组织监督活动和调查冲突。在大数据和人工智能相关问题变得愈加复杂的情况下,反垄断法必须持续创新发展,才能使处于经济核心地位的市场竞争得到有效保护。[1]

4. 治理挑战

4.1 新法律法规?

是否需要新法律法规监管人工智能存在两种观点。一种观点认为发展速度日益增长的人工智能很可能使社会关系和国家结构受到严峻挑战,甚至有可能以不可预测的方式使其破裂,人工智能将对人类生存产生威胁,应及时推进人工智能监管[2]。斯蒂芬·霍金(Stephen Hawking)声称人工智能有可能成为人类文化的终结者。2016年10月19日,他在剑桥大学莱弗休姆未来智能中心的开幕仪式上说,"这可能是人类有史以来发生的最好的事情,也可能是最坏的事情"。早在2014年他在接受BBC采访时就已表达了类似的观点。之后,霍金积极倡导引入人工智能研究的必要规则,Leverhulme中心的成立主要是为了应对人工智能带来的风险。[3] 特斯拉(Tesla)和SpaceX的创始人埃隆·马斯克(Elon Musk)也曾多次对人工智能技术发出了警告。在麻省理工学院航空航天百年研讨会上,他声称人工智能很可能是人类生存的最大威胁。两年后,在全球代码大会上,他再次警告称,人类很可能将沦为人工智能的"宠物"。律师和法律学者Matthew Scherer呼吁制定人工智能发展法案,并建立政府机构用以保证人工智能研发项目的安全性。[4] 2016年,白宫举办了四场人工智能研讨会。其中一个主要话题便是人工智能是否需要监管。随后,包括霍金和马斯克等在内的892名人工智能研究人员和1445名专家共同签署并发表了《阿西洛玛人工智能23条原则》(Asilomar AI Principles),以防止人工智能的研究和应用出现偏差。[5]

另一种观点则认为对人工智能的过度担忧是没有必要的,人类不需要担心人工智能对人类生存构成威胁,在异常情况发生之前人类有足够多的方式摧毁自己生产的机器人。[6] 人工智能让机器变得更聪明、更有能力,但这并不等于允许其完全自主。我们习惯性认为如

---

① Artificial Intelligence and Antitrust Law(2017-06-06) https://www.ktmc.com/blog/artificial-intelligence-and-antitrust-law.

② Danaher, John, Is Regulation of Artificial Intelligence Possible? [EB/OL]. Hplus Magazine, (2015-07-15) [2019-05-10]. http://hplusmagazine.com/2015/07/15/is-regulation-of-artificial-intelligence-possible/.

③ Levy, Steven. How Google is Remaking itself as a Machine Learning First Company [EB/OL]. Backchannel. (2016-06-22). https://backchannel.com/how-google-is-remaking-itself-as-a-machine-learning-first-company-ada63defcb70.

④ Etzioni, Amitai and Oren Etzioni. Should Artificial Intelligence Be Regulated? [J]. Issues in Science and Technology, 2017(4):32-36. https://issues.org/perspective-should-artificial-intelligence-be-regulated/.

⑤ Kai Jia and Tao Tong (2017). AI Regulation: Understanding the Real Challenges[EB/OL]. Paris Innovation Review, (2017-05-25) [2019-05-11]. http://parisinnovationreview.com/articles-en/ai-regulation-understanding-the-real-challenges.

⑥ Arkin R C. Ethics and Autonomous Systems: Perils and Promises [Point of View][J]. Proceedings of the IEEE, 2016, 104(10):1779-1781.

果一个人被赋予过多自主权将有可能做错事,如从监狱里释放出来的囚犯、没有受到监管的青少年等,因为他们将放纵自己满足其不良欲望。相比之下,不管人工智能变得如何聪明,都不可能有一己目标或动机不与人类合作。① 回顾历史,每一项革命性技术,无论是原子能还是基因工程,都是在疑虑和担忧中崛起,但没有一项技术真正扰乱了人类社会。

巴拉克·奥巴马(Barack Obama)在接受《连线》(Wired)杂志采访时曾表示,人工智能仍处于初级阶段,过度监管既没必要也不可取,目前需要的是加大研发投入并促进科技成果转化。此外,人工智能带来的所有新挑战并非都需要出台新法规加以应对,现有法律体系已经应对了其中许多新挑战。事实上,与人工智能事故有关的诉讼不可避免,随着人工智能应用案例越来越多,新判例法将不断出台应对。应给予司法机构一定空间根据真实情景处理类似案例。人工智能已经历经 60 多年的风风雨雨,最近由于互联网、大数据和机器学习逐渐趋于成熟,才使其应用实现飞跃发展。可以预见,未来人工智能将发挥更重要作用,操之过急地增加不合时宜的监管政策将不仅可能加剧当前问题,还有可能将阻碍进步扼杀创新。②

4.2 事前监管? 事后监管?

监管问题既出现在人工智能研发(事前)阶段,也出现在人工智能扩散(事后)阶段。

人工智能研发过程与信息技术设备、组件和人员的组合方式密切相关,从这个意义上说,人工智能研发带来的事前监管问题与其他软件开发系统并没有本质上的不同。然而,人工智能项目利用许多分散的、已有的硬件和软件组件在线组装,其中一些组件拥有专有技术,使用大多数人都能轻易获得的设备,并使用位于不同地区的开发人员小团队编写的人工智能程序,表现出离散性、扩散性和不透明性的特点。显然,人工智能研发既不需要在所使用的基础设施上花费巨额投资,经营所需组织结构也可以比较分散,对于常常与大型工业制造商和能源生产商打交道的监管机构来说,面对这些名不见经传的小公司,想事先了解清楚所有这些组成部分结合在一起所产生的效果将可能非常困难,对于此类体系可能带来的问题以及如何解决这些问题,很可能要到事后才能得到充分认识。因此,监管风险可能比预期高出很多,须谨慎对待。③

关于事后监管主要存在两大问题,即可预见性问题和控制问题。

传统法律责任标准认为,如果某产品对某人造成某种伤害,而这种伤害是可事先预见的,那么该产品设计制造者需要为此承担责任。对于大多数工业产品来说该法律标准已经足够,制造商需要对所有可合理预见的伤害负责。然而,人工智能通常被设计成自主的并以创造性方式工作的系统,也就是说,最初的设计师和工程师并不总是能合理地预见未来会有什么后果产生。因此,人工智能所做的事情可能无法合理预见,如果人工智能程序执行过程

---

① Etzioni, Amitai and Oren Etzioni. Should Artificial Intelligence Be Regulated? [J]. Issues in Science and Technology, 2017(4): 32-36. https://issues. org/perspective-should-artificial-intelligence-be-regulated/.

② Carroll, Matt. Artificial Intelligence Doesn't Require Burdensome Regulation[EB/OL]. The Hill, (2017-12-20)[2019-05-09]. https://thehill. com/opinion/cybersecurity/365834-artificial-intelligence-doesnt-require-burdensome-regulation.

③ Danaher, John, Is Regulation of Artificial Intelligence Possible? [EB/OL]. Hplus Magazine, (2015-07-15)[2019-05-10]. http://hplusmagazine.com/2015/07/15/is-regulation-of-artificial-intelligence-possible/.

中造成了一些伤害,人们可能无法获得法律赔偿。显见,人工智能对传统法律责任标准之可预见性的先决条件提出了挑战。

当人工智能的行为方式不再能够被其人类制造者所控制时将出现所谓的控制问题。原因可能很多,最极端的原因可能是人工智能比人类更聪明而不受人类控制,不那么极端的原因可能是编程和设计中存在缺陷,当人工智能和程序员设计初衷存在矛盾时,将出现非常严重的失去控制问题。而控制问题又可分为两种,一种是局部控制问题,另一种是全局控制问题。当某特定人工智能系统不再由该系统法律责任人控制时将出现局部控制问题;当人工智能不再被任何人类所能控制时将出现全局控制问题。这两种控制问题都将带来监管困境,但后者显然将比前者更令人担忧。①

4.3 如何监管?

人工智能正在应用于汽车和飞机等多种产品中,人工智能的融入将对相关监管方法产生影响。人工智能既可能减少一些风险还可能增加另一些风险,一般来说需对两者同时评估才能了解如何监管人工智能以保障公共安全。此外,管制者在讨论监管政策时应首先考虑现有法规(或者加以微调)是否适用于解决人工智能融入问题。如果监管部门制定人工智能监管政策可能反而增加"合规"成本或不利于创新研发,政策制定者应考虑如何调整政策以保证在降低成本和消除阻碍的同时又不会对公共安全或公平竞争造成不利影响。②

人工智能系统的工作方式很可能比以前的任何技术都更具有不透明性的特点。这可能是因为整个系统是由受专利保护的不同组件汇编而成,也可能是因为系统本身具有创新性和自主性,因此很难进行逆向追溯。这同样将给监管机构带来严峻挑战,因为监管机构对于此类系统可能带来的问题无法获得清晰认识,因此对于如何解决这些问题也无从下手。随着各种人工智能新型技术的不管涌现,人们必须深入理解人工智能系统产生解决方案和做出决策的机制将显得尤为重要。目前一个重要研发重点是为人工智能提供可解释机制,帮助人类用户理解人工智能输出其结果的缘由。例如,美国国防高级研究计划局(Defense Advanced Research Projects Agency,简称 DARPA)的可解释人工智能(Explainable AI,简称 XAI)项目旨在创建新型机器学习技术,使其在保持系统高性能和适当信任级别的同时产生更多可解释解决方案。美国国家科学基金会(National Science Foundation,简称 NSF)与亚马逊合作的人工智能公平项目将资助人工智能公平性研究,其目标是设计出可靠的人工智能系统,使这些系统易于得到认可并加以部署,以应对在社会公平信任方面遇到的重大挑战。③

4.4 全球治理政策?

人工智能时代全球治理问题目前无疑是热门话题。首先,由于人工智能技术两大重要

---

① Danaher, John, Is Regulation of Artificial Intelligence Possible? [EB/OL]. Hplus Magazine, (2015-07-15) [2019-05-10]. http://hplusmagazine.com/2015/07/15/is-regulation-of-artificial-intelligence-possible/.

② Holdren, J. and M. Smith (2016). "Preparing for the Future of Artificial Intelligence," Executive Office of the President, national Science and Technology Council, 2016-10. A Report. Washington, D. C. https://obamawhitehouse. archives. gov/sites/default/files/whitehouse_files/microsites/ostp/NSTC/preparing_for_the_future_of_ai. pdf.

③ Artificial Intelligence for the American People. [EB/OL]. https://www. whitehouse. gov/ai/.

基础(大数据和算法)具有全球性,自然涉及一些跨国跨境治理问题;其次,考虑到不同国家和地区之间的文化差异,普适性将成为人工智能发展的必备要素之一。人工智能的兴起对世界政治、经济、文化和社会发展等各方面带来多重影响,这将意味着人工智能可能导致出现新的全球性问题[①]。如人工智能在军事领域的开发应用,甚至恐怖组织非法利用人工智能开展恐怖活动等,都需要国际社会共同承担其各种未知风险[②]。尽管目前很多国家政府都针对人工智能的发展制订了国家发展规划和最佳实践方针,但现实中并未出台任何人工智能治理的国际规则和国际政策。

目前,关于人工智能全球治理的探索之火不曾熄灭,一些政府间国际组织以及社会和民间团体构成了全球治理中坚力量。联合国下属的国际电信联盟(The International Telecommunication Union,简称 ITU)目前正成为联合国讨论人工智能社会影响的重要平台[③]。ITU 分别在 2017 年和 2018 年召开了"人工智能促进全球峰会"(AI for Good Global Summit),致力于推动人工智能发展和制定相关政策。社会研究机构则大多依托美国和英国顶尖级研究型大学,如美国哈佛大学、南加州大学、斯坦福大学、加州大学伯克利分校以及英国牛津大学、剑桥大学等。这些英美人工智能研究机构从多元化角度对人工智能发展和治理进行研究。此外,一些大型科技公司如谷歌、微软、亚马逊等也积极赞助一些科研机构进行人工智能研究,并合作建立人工智能研究网络。

人工智能全球治理研究目前还处于初级阶段,人工智能相关全球治理研究主要包括撰写研究报告、召开国际会议和组织学术论坛等。其中包括生命未来研究所在 2017 年提出的《阿西洛马人工智能原则》,该报告致力于塑造人工智能有益于人类未来发展的最佳实践,目前已成为人工智能领域广为接受的基础性原则[④]。此外,一些国际会议和论坛对于人工智能发展也有着重要影响,如联合国围绕人工智能话题举办的一系列国际会议以及达沃斯世界经济论坛把人工智能列入重要议题的近年年会。

5. 市场机遇与挑战——美国案例

5.1 主要工业部门

各国政府正在积极消除安全研发人工智能技术的监管壁垒和其他屏障,以创建基于人工智能技术的新产业,并让现有产业更好地应用人工智能技术。政府各机构正在制定有利于人工智能创新应用和维护公民自由、隐私安全和社会价值观的各种监管或非监管措施。

例如,美国运输部(Department of Transportation,简称 DOT)致力于将无人驾驶汽车安全地整合到传统公路上;美国食品药品监督管理局(Food and Drug Administration,简称 FDA)批准了首款基于人工智能技术的医疗诊断设备;美国联邦航空局(Federal Aviation Administration,简称 FAA)采取措施加速无人机系统融入国家空域;美国专利商标局

---

① 巩辰. 全球人工智能治理——"未来"到来与全球治理新议程[J]. 国际展望,2018,10(05):36-55.

② 俞晗之,王晗晔. 人工智能全球治理的现状:基于主体与实践的分析[J]. 电子政务,2019(03):9-17.

③ AI for Good Global Summit 2018[EB/OL]. 2019-01-30. https://www.itu.int/en/ITU-T/AI/2018/Pages/default.aspx.

④ Future of Life Institute. Asilomar AI Principles [EB/OL]. 2019-02-02. https://futureoflife.org/ai-principles/.

(U. S. Patent and Trademark Office)积极探讨人工智能相关知识产权政策。①

5.1.1 运输②

无人驾驶飞机(无人机)和自动驾驶汽车等自主系统为社会和经济发展带来了巨大机遇。自主系统能够改变家居用品的配送方式;为老年人和残疾人提供出行方案;改进危险职业的安全性;以及扩大医疗救生用品的供应范围。

例如,特朗普政府正与各州地方政府通力合作通过美国运输部(DOT)和国家航空航天管理局(National Aeronautics and Space Administration,简称 NASA)让这些系统在国家公路和领空安全运行。为保障无人机安全可靠,美国联邦航空管理局(FAA)宣布制定《保障无人机系统安全可靠规则》,规则指出:鉴于无人机已被纳入国家领空管理系统,而无人机可能对其他飞机、地面人员或国家安全构成威胁,美国联邦航空管理局(FAA)因此正在征集减少安全风险的方案。美国联邦航空管理局(FAA)已经建立了无人机数据交换系统(UAS Data Exchange),这是一种旨在促进政府部门和产业界之间空域数据共享的协作方式,缩短了无人机系统运营商获得空域授权的处理时间。在美国联邦航空管理局(FAA)的协调下,美国国家航空航天管理局(NASA)继续开发无人机交通管理(UAS Traffic Management,简称 UTM)系统,并于 2018 年 5 月发布了 UTM 运营理念(UTM Concept of Operations)1.0 版。2019 年 1 月,美国联邦航空管理局(FAA)宣布了一项新规定,允许无人机在特定条件下可以在夜间飞行以及在人群上空飞行,并将"保证无人机安全飞行"纳入国家空域管理系统。

5.1.2 医疗保健③

在美国,特朗普政府正通过不同渠道积极投资推进尖端医学研究。美国卫生和公众服务部(Department of Health and Human Service,简称 HHS)下属的研究、创新和创业事业部(Division of Research, Innovation, and Ventures,简称 DRIVe)负责推动医疗保健创新发展。败血症(Sepsis)每年夺去 25 万美国人的生命,严重威胁着国民健康安全。卫生与公众服务部(HHS)试图通过与公私机构合作研发,引入机器学习算法改进治疗效果,从而为败血症患者的治疗提供更好的解决方案。美国卫生与公众服务部(HHS)还积极参与健康技术冲刺(Health Tech Sprint)项目,研究如何利用人工智能技术处理联邦数据开发医疗保健应用产品。

美国医疗保险和医疗补助服务中心(Centers for Medicare & Medicaid Services,简称 CMS)、美国医疗保险和医疗补助创新中心(Center for Medicare and Medicaid Innovation,简称 Innovation Center)与美国家庭医生学会(American Academy of Family Physicians)以及劳拉和约翰·阿诺德(Laura and John Arnold)基金会合作发起了"人工智能健康成果挑战赛"活动。医疗保险和医疗补助服务中心(CMS)准备为此拨款 165 万美元,鼓励将更多人工智能技术应用于健康和卫生保健领域。

美国食品和药物管理局(FDA)采取多项举措消除人工智能创新壁垒。包括:2018 年 4

---

① Artificial Intelligence for the American People. [EB/OL]. https://www.whitehouse.gov/ai/.
② Artificial Intelligence for the American People. [EB/OL]. https://www.whitehouse.gov/ai/.
③ Artificial Intelligence for the American People. [EB/OL]. https://www.whitehouse.gov/ai/.

月,允许出售能够帮助检测糖尿病眼部并发症的人工智能技术;2018 年 5 月,允许销售可以帮助医疗服务提供商更快检测手腕骨折的人工智能软件。此外,美国食品和药物管理局(FDA)与疾病控制和预防中心(Centers for Disease Control and Prevention,简称 CDC)合作,通过创建免费临床数据收集系统进而推进机器学习和语言处理等方面的人工智能研究。

美国国立卫生研究院(National Institutes of Health,简称 NIH)正在探寻人工智能加速生物医学研究领域医学进步的契机。美国国立卫生研究院(NIH)在其人体微生物组项目和 All of Us 研究项目进行过程中产生大量数据,这些数据集将有利于挖掘人工智能的巨大潜力。2019 年 1 月,美国国立卫生研究院(NIH)发布的研究报告显示,研究人员能够使用人工智能捕捉不规则心跳,表明人工智能技术的应用有助于提高心电图(EKG)读数的准确性和效率。美国国立卫生研究院(NIH)最近(2019 年)还成立了人工智能工作组,探索如何充分利用现有数据和人工智能推进生物医学研究和医学最佳实践。

5.1.3 制造业①

在美国,国家标准与技术研究院(National Institute of Standards and Technology,简称 NIST)正致力于为产业进入智能制造时代提供有力保障。特朗普政府希望通过开发自动化设备、分布式传感器和自主控制系统提高美国各地工厂的运营效率。2018 年 4 月,首次发布了将无线技术引入智能制造的指导方针和最佳方案。发展先进制造业有助于促进经济振兴。面对激烈的全球竞争,特朗普总统于 2018 年 10 月公布了一项先进制造业国家战略计划(National Strategic Plan on Advanced Manufacturing),保护经济、扩大就业、建立强大制造业和国防工业基地以及弹性供应链被指定为发展重点。

美国在现代制造业中的领导地位带来了与网络安全相关的诸多威胁。2018 年 7 月,国家反间谍安全中心(National Counterintelligence and Security Center,简称 NCSC)将化工、先进机器人和人工智能、飞机零部件、集成电路、空间探索等制造业领域列为重点防范外国间谍威胁的领域。

5.2 主要产品系列

5.2.1 无人机系统(Unmanned Aircraft Systems,简称 UAS)②

2017 年 10 月 25 日,特朗普总统签署总统备忘录,授意交通部长赵小兰(Elaine Chao)制定无人机系统集成驾驶计划(integration pilot program,简称 IPP),该计划经总统签署加入《2018 年联邦航空管理局(FAA)授权法案》成为法律。两周后,赵小兰部长宣布开始执行无人机系统集成驾驶计划(UAS IPP),在一些州、地方和部落管辖区对无人机系统进行进一步整合,并进行研究开发以及安全测试。在接下来的几个月里,美国联邦航空管理局(FAA)收到了 2500 多个相关团体的来信,吸引了 300 多个州政府、地方政府和部落政府参加。2018 年 5 月 10 日,赵小兰部长选出十名获奖者。他们横跨美国大陆和阿拉斯加州,正在进行包括将无人机嵌入 5G 测试网络、根除瘟疫蚊子种群以及在紧急情况下提供医疗救

---

① Artificial Intelligence for the American People. [EB/OL]. https://www.whitehouse.gov/ai/.
② Artificial Intelligence for the American People. [EB/OL]. https://www.whitehouse.gov/ai/.

生设备的一系列创新性无人机系统操作。这些试点项目收集到的数据将为建立新监管框架打下良好基础。正如特朗普总统所说："无人机系统有助于增强美国公众安全,提高美国工业效率和生产力,创造数万个美国新工作机会。"

5.2.2 自动驾驶系统(Automated Driving Systems,简称 ADS)[①]

根据美国国家公路交通安全管理局(National Highway Traffic Safety Administration,简称 NHTSA)的数据显示,90%以上的车祸是人为失误造成的。开发和部署自动驾驶系统旨在减少车祸的数量和严重程度,防止造成人身伤害和挽救生命。预计到 2025 年,自动驾驶汽车的市场规模将超过 400 亿美元,到 2035 年将超过 750 亿美元。此外,全自动汽车有潜力为美国老年人和残疾人提供新的交通选择,增强他们接触外面世界和独立生活的能力。

5.2.3 数字导师(Digital Tutor)

人工智能有助于帮助培养数字人才。如应用基于人工智能的"数字导师"技术,可以帮助非大学相关专业毕业生提高技能和增加收入。该技术使用人工智能来模拟专家和新手之间的互动。一项对数字导师计划的评估得出结论,海军新兵使用数字导师成为 IT 系统管理员的表现往往优于拥有 7~10 年书面知识测试和实际问题解决经验的海军专家。[②] 基于数字导师试点项目的初步结果还表明,完成了使用数字导师培训项目的员工更有可能获得一份高科技工作,从而大幅增加他们的收入。[③] 数字导师等人工智能方法的使用将带来一个新兴行业,这将有助于工人获得所需技能。[④]

5.3 人才可用性挑战

具有一定专业技术知识的人员才能有效管理人工智能和人工智能相关技术,这在产业界和学术界已经达成明确共识。而美国联邦政府目前并不拥有这样的专家。[⑤] 目前技术变革速度太快,以至于现有培训(重新培训)劳动力的方法和就业结构根本无法跟上人工智能的发展速度。[⑥]

为使美国做好准备迎接新经济挑战,特朗普总统于 2018 年 7 月发布行政命令,成立了美国国家工人委员会(National Council for the American Worker)。该委员会呼吁提高对劳动力短缺问题的认识,将美国熟练工人视为国家宝贵资源,制定国家战略,为美国工人提

---

① Artificial Intelligence for the American People. [EB/OL]. https://www.whitehouse.gov/ai/.

② "Winning the Education Future: The Role of ARPA-ED," The U. S. Department of Education, March 8 2011, https://www.whitehouse.gov/sites/default/files/microsites/ostp/arpa-ed-factsheet.pdf.

③ The President's Council of Advisors on Science and Technology, letter to the President, September 2014, https://www.whitehouse.gov/sites/default/files/microsites/ostp/PCAST/pcast_workforce_edit_report_sept_2014.pdf.

④ Holdren, J. and M. Smith (2016). "Preparing for the Future of Artificial Intelligence," Executive Office of the President, national Science and Technology Council, 2016-10. A Report. Washington, D. C. https://obamawhitehouse.archives.gov/sites/default/files/whitehouse_files/microsites/ostp/NSTC/preparing_for_the_future_of_ai.pdf.

⑤ IEEE/USA (2017). "Artificial Intelligence Research, Development and Regulation". IEEE-USA Position Statement. https://ieeeusa.org/wp-content/uploads/2017/07/FINALformattedIEEEUSAAIPS.pdf.

⑥ Shahriari K, Shahriari M. IEEE Standard Review-Ethically Aligned Design: A Vision for Prioritizing Human Wellbeing with Artificial Intelligence and Autonomous Systems[C]. 2017 IEEE Canada International Humanitarian Technology Conference (IHTC).

供负担得起的教育和技能培训,帮助工人拥有胜任当前和未来工作的能力。特朗普总统倡导来自全国各地的公司和贸易组织签署承诺,共同致力于扩大美国工人受教育、培训和重新获得技能的机会。截至 2019 年 2 月,超过 200 家公司承诺将为超过 650 万人重塑技能。2019 年 3 月 6 日,商务部长 Wilbur Ross 和特朗普总统顾问 Ivanka Trump 正式宣布成立了美国劳动力政策咨询委员会(American Workforce Policy Advisory Board)。该委员会将与美国国家工人委员会合作制定国家战略,确保所有美国人都有机会重塑技能和高薪就业,并成功应对技术分化带来的工作性质快速演变的挑战。[①]

特朗普政府还发起了多项倡议拓展学徒制,其中包括于 2017 年 6 月 15 日签署的建立"学徒制拓展专责小组"的行政命令。该计划旨在确定促进拓展学徒制的战略措施和建议,致力于促进政府联合私营企业,发展业界认可的学徒制,重点关注学徒计划欠缺的部门。2018 年 5 月 10 日,专责小组向特朗普总统提交了最终报告,提出了 26 项拓展美国工人学徒制的建议。

2017 年 9 月,特朗普总统签署了《致教育部长总统备忘录》(Presidential Memorandum for the Secretary of Education),强调将 STEM(科学、技术、工程和数学)教育作为行政当局的一个重要优先事项,确立了每年至少投入 2 亿美元的目标,以促进高质量的 STEM 和计算机教育。2018 年 12 月,国家科学技术委员会 STEM 教育委员会(National Science and Technology Council's Committee on STEM Education,简称 NSTC CoSTEM)发布了《联邦五年 STEM 教育战略计划》(Federal 5-Year STEM Education Strategic Plan),该计划概述了美国 STEM 教育目标,该目标包括建立坚实的 STEM 知识基础、增加 STEM 职业多样性以及为 STEM 员工做好未来规划等。国家科学技术委员会 STEM 教育委员会(NSTC CoSTEM)作为政府管理部门负责执行与美国人工智能领导地位核心要素相关的政策、解决各级 STEM 教师短缺问题和扩展 STEM 和计算机教育范围。[②]

自动化技术和人工智能将变得越来越普及,将使美国人更高效、更安全地工作,同时也迫使美国劳工未来必须将终身学习视为常态。特朗普政府正致力于实施智能劳动力培养计划,如同保护重要国家资产一般保护美国工人,与此同时促进未来新兴技术发展。将机器学习视为一种仅限少数精英通识的时代已经结束。谷歌正致力于让每个工程师至少学习一些人工智能知识以扩展其内部精英数量并希望使其成为常态。[③] 为了确保美国拥有能够推动未来人工智能技术发展的高技能人才,美国人工智能特别委员会(Select Committee on AI)重点资助培养下一代美国人工智能研究人员。联邦研发机构将大量奖学金用于支持研究生和博士后在人工智能领域的研究。美国国家科学技术委员会(NSTC)建议,"各机构领导层应采取措施招募必要技术人才或在现有机构工作人员中培养所需技术人才,并应在监管政策讨论中对此予以足够重视"[④]。斯坦福大学在其"百年人工智能研究"(AI100)中建议,鉴

---

① Artificial Intelligence for the American People. [EB/OL]. https://www.whitehouse.gov/ai/.

② Artificial Intelligence for the American People. [EB/OL]. https://www.whitehouse.gov/ai/.

③ Levy, Steven. How Google is Remaking itself as a Machine Learning First Company [EB/OL]. Backchannel. (2016-06-22). https://backchannel.com/how-google-is-remaking-itself-as-a-machine-learning-first-company-ada63defcb70.

④ Holdren, J. and M. Smith (2016). "Preparing for the Future of Artificial Intelligence," Executive Office of the President, national Science and Technology Council, 2016-10. A Report. Washington, D. C. https://obamawhitehouse.archives.gov/sites/default/files/whitehouse_files/microsites/ostp/NSTC/preparing_for_the_future_of_ai.pdf.

于有效治理需要更多了解人工智能技术并能够分析规划目标和整体社会价值之间相互作用关系的专家,政策制定者须确定在各级政府机构中积累人工智能专业技术人员的途径。[①]

快速增长的人工智能迫切需要大量高技能人才支持和推动其发展。政府可培养一支技术精湛且多元化的员工队伍在推动人工智能研究和发展方面发挥重要作用。一个重视人工智能发展的社会需要其公民具备数据素养,能够阅读、使用、解释和通识数据,以便参与有关人工智能影响事项的政策辩论。全民计算机科学教育也是人工智能教育的一个组成部分,要让从幼儿园到高中的所有美国学生都有机会学习计算机科学,并具备相应的计算思维以适应目前这个由智能技术驱动的信息社会。[②]

5.4　数据资源和算力资源的挑战

对于训练多种类型人工智能系统来说拥有高质量数据资源至关重要。联邦政府通过投资建设共享公共数据集以促进人工智能创新。"美国人工智能倡议"呼吁各机构为美国人工智能研发领域的专家、学者和行业机构提供更多可用的联邦数据、模型和算法,让其充分体现价值促进人工智能研发,同时还要保证数据资源安全和稳定,保护公民的自由、隐私和机密,获得公民信任。2018年3月,总统管理议程提出了一个新的跨部门优先(Cross-Agency Priority,简称CAP)事项,视数据为重要战略资产,制定了联邦数据战略(Federal Data Strategy),定义了战略原则和最佳实践行动计划,产生了更加协同一致地使用、访问和管理联邦数据的方式方法。此外,美国国家科学基金会(NSF)正通过树立数据革命理念,采用一种全国性的、联合的、具有凝聚力的方法,牵头开发建设联邦数据基础设施,这将为包括人工智能在内的所有科学与工程研究提供重要转机,为共同推动人工智能新技术取得突破性研究进展、促进科学发展、提高经济竞争力和保护国家安全提供可靠保障。[③]

"美国人工智能倡议"呼吁联邦机构为与人工智能相关的研发和创新配置高性能计算机资源。美国在开发人工智能研究所需高性能计算基础设施方面处于世界领先地位。2018年6月,美国能源部在橡树岭国家实验室推出了代号"顶点"(Summit)的超级计算机,为包括人工智能、能源和先进材料等广泛领域在内的科学研究提供了前所未有的计算能力。2019年5月,美国能源部宣布计划建造代号"前沿"(Frontier)的E级超算,预计2021年首次亮相,成为全球最强大超级计算机,有望使美国在高性能计算和人工智能领域保持领先地位。美国国家航空航天局(NASA)也有一个强大的高端计算项目,并在Pleiades超级计算机上增加了专门为MLAI(机器学习与人工智能委员会)工作负载设计的新节点。2018年,美国国家科学基金会(NSF)斥巨资用于探索、开发和部署一系列促进人工智能技术研发的网络基础设施,其中包括下一代超级计算机Frontera,Frontera位于得克萨斯大学奥斯汀分

---

① Levy, Steven. *How Google is Remaking itself as a Machine Learning First Company* [EB/OL]. Backchannel. (2016-06-22). https://backchannel.com/how-google-is-remaking-itself-as-a-machine-learning-first-company-ada63defcb70.

② Holdren, J. and M. Smith (2016). "Preparing for the Future of Artificial Intelligence," Executive Office of the President, national Science and Technology Council, 2016-10. A Report. Washington, D. C. https://obamawhitehouse. archives. gov/sites/default/files/whitehouse_files/microsites/ostp/NSTC/preparing_for_the_future_of_ai. pdf.

③ Artificial Intelligence for the American People. [EB/OL]. https://www. whitehouse. gov/ai/.

校,是世界上最快的大学超级计算机。[①]

6. 对社会和经济的影响

6.1 对经济的影响

人工智能的短期核心经济效应将是实现前所未有的全面自动化,提高劳动生产率,以及创造更多财富。2015 年在对 17 个国家的机器人进行了一项调查研究后发现,在 1993 年至 2007 年期间,这些国家的机器人平均为这些国家的年 GDP 增长贡献了 0.4 个百分点,占这些国家同期 GDP 总增长的十分之一左右[②]。根据最新一项研究预测,未来 10 年由于人工智能开发利用而产生的全球经济影响将在 1.49 万亿美元到 2.95 万亿美元之间。[③] 在不久的将来,社会可能需要适应一个机器人将成为主要工人阶级的世界,人们将把更多的时间花在他们的孩子和家庭、朋友和邻居、社区活动以及精神和文化的追求上。[④]

6.2 对就业的影响

人工智能技术快速发展带来很多潜在收益,包括产生新行业、新职业、新机遇,提高劳动生产率等。人工智能还使工人工作环境更安全,完成工作更有效。

但另一方面,人工智能也正在摧毁很多工作。首先是蓝领工人(如在流水线上使用机器人),然后是白领阶层(如银行减少后台工作人员),再到专业人员(如法律文件处理)。

例如,美国劳工统计局(Bureau of Labor Statistics)发现,服务行业的就业岗位正在"被科技淘汰"。从 2000 年到 2010 年,秘书职位减少了 110 万个,会计和审计职位也减少了 50 万个,其他工作职位如旅行社导游和数据录入人员的需求量也出现了急剧下降。法律是最新"受害"领域,电子识别技术的应用已经减少了对大型律师和律师助理团队检查数百万份文件的需求。Autonomy 公司创始人迈克尔·林奇(Michael Lynch)估计,从人类识别文档到电子识别文档的转变最终将使一名律师能够完成过去由 500 人完成的工作。这些变化本身并不是主要问题,从织布机取代手工织布,到蒸汽船取代帆船,再到汽车取代马车,人类历史上一直在摧毁着旧的工作岗位并创造着新的工作岗位。而这一次令人担忧的是新技术发展在淘汰旧工作岗位的同时却创造很少新就业机会。一个由几个程序员编写的软件可以完成以前由几十万人完成的工作。面对如此尴尬局面,人们有理由相信世界正面临就业崩溃,甚至地球经济末日将要到来。[⑤] 令人欣慰的是《人工智能和美国工人战略》正在提供教育和培训机会,帮助美国劳动力在新经济中茁壮成长。然而,除了满足当前教育需求之外,还需

[①] Artificial Intelligence for the American People. [EB/OL]. https://www.whitehouse.gov/ai/.

[②] Georg Graetz and Guy Michaels, "Robots at Work," CEPR Discussion Paper No. DP10477, March 2015, http://papers.ssrn.com/sol3/papers.cfm? abstract_id=2575781.

[③] "Estimating Projected Global Economic Impacts of Artificial Intelligence," Report of Analysis Group Team led by L. Christensen, 2016.

[④] Etzioni, Amitai and Oren Etzioni. Should Artificial Intelligence Be Regulated? [J]. Issues in Science and Technology, 2017(4): 32-36. https://issues.org/perspective-should-artificial-intelligence-be-regulated/.

[⑤] Etzioni, Amitai and Oren Etzioni. Should Artificial Intelligence Be Regulated? [J]. Issues in Science and Technology, 2017(4): 32-36. https://issues.org/perspective-should-artificial-intelligence-be-regulated/.

更好地适应未来不断变化的工作格局和工作环境。为了满足这一需求,国家科学基金会(NSF)正在研究如何将前沿技术与人类未来更好地融合。这项研究将帮助美国更好地理解正在出现的人类—技术合作和社会—技术合作,创造新技术提高人类工作效率的同时再通过技术本身促进人类终生普及教育。①

6.3 对财富分配的影响

人工智能将以不同方式影响某些特定类型的工作,减少对某些可自动化技能需求的同时增加对人工智能相关技能的需求,致使职业需求与劳动力技能之间产生不匹配现象。人工智能技术正在改变传统工作本质特性,已经引起人们对失业可能性的担忧。欧洲持续居高不下的失业率是导致社会动荡不安的主要因素,例如暴力事件、政治分裂和两极分化、反移民情绪、仇外心理和种族歧视等。白宫经济顾问委员会(CEA)的分析表明,人工智能驱动的自动化对低收入工作的负面影响最大,而往往从事低收入工作的工人受教育程度较低,使他们与受教育程度较高的从业者之间的工资差距加大,潜在地加剧经济不平等,并由此加大社会等级差异。② 当下社会贫富差距已经很大,目前这种差别仅仅体现在社会地位、政治地位、经济地位和法律地位等上的不平等。然而,人工智能还可能将这些不平等转变为生物学上的不平等,人们具备更强能力将可能跻身于上层社会。③

显见,失业和日益扩大的收入差距可能导致严重的社会财富分配不均。人工智能有可能消除或压低某些工作的工资,尤其是低技能和中等技能的工作,因此可能需要政策干预,如确保工人得到再培训,并能够在与自动化互补而非竞争的职业中取得成功,而不是试图保住衰落行业的工作。公共政策应当确保人工智能的经济利益得到广泛分享,从而减少而不是恶化财富分配差距,以确保人工智能负责任地引领全球经济进入一个新时代。④

6.4 意外后果

监管机构在进行干预之前既要考虑收益也要考虑风险,不应随意实施监管而阻碍人工智能发展。人工智能具有自主技术、算法不透明的特点,不可避免地将产生意料之外的结果。⑤ 社会各界关于何为人工智能风险、风险何时发生以及是否构成人类生存风险等方面存在分歧,但几乎没有人认为人工智能不存在任何风险。针对食品、药品、汽车和航空等行业处于开发阶段的任何技术,相关管制条例通常是在不良事件发生后才得以应用。针对人工智能人们期待出台当预期其具有某种危险时可以应用的法规。人工智能发展迅速,潜在影响力巨大,即使人们倾向于事先制定好相关管制条例,明确各方治理主体的责任和义务,

---

① Artificial Intelligence for the American People. [EB/OL]. https://www.whitehouse.gov/ai/.

② Georg Graetz and Guy Michaels, "Robots at Work," CEPR Discussion Paper No. DP10477, March 2015, http://papers.ssrn.com/sol3/papers.cfm?abstract_id=2575781.

③ 尤瓦尔·赫拉利.《今日简史》中信出版集团. 2018.

④ Etzioni, Amitai and Oren Etzioni. Should Artificial Intelligence Be Regulated? [J]. Issues in Science and Technology, 2017(4):32-36. https://issues.org/perspective-should-artificial-intelligence-be-regulated/.

⑤ Fogg, Andrew. Artificial Intelligence Regulations: Let's not Regulate Mathematics! [EB/OL]. Import. io, (2016-10-13)[2019-05-10]. https://www.import.io/post/artificial-intelligence-regulation-lets-not-regulate-mathematics/.

而不是等待事故发生后再从错误中学习,但也很难预料所有可能会出现的结果。[1]

7. 对公共政策和国家安全的影响

人工智能日益显著地影响着社会的方方面面,需要政府出台有效的人工智能公共政策和法律法规以保障公民的安全、隐私、知识产权和网络空间,并让公众了解人工智能对社会的潜在影响。[2]

7.1 数据开放和隐私安全

数据和算法是人工智能的核心。提供给机器的数据将决定其机器学习的效果,不完整数据输入可能导致其自动学习到的结果是错误的,而广泛数据收集将引起对隐私泄露和利益冲突的担忧。因此,相关立法需要重点关注数据本身。在保护个人数据权利的基础上,人们应该规范和鼓励数据共享和开放,以更好地指导人工智能发展。[3] 联邦机构应该优先考虑发布"人工智能开放数据"倡议,其目标是发布大量政府数据集以加速人工智能研究,并建立促进政府部门、学术界和私营部门使用开放数据的标准,以利于获得最佳实践。[4]

数据算法复杂且不透明的人工智能系统给人们带来对安全问题的担忧,特别是人工智能的某些技术设计特点使其具有一些固有的网络安全风险,必须解决这些安全问题才能确保人工智能系统值得信赖。例如,美国国防部高级研究计划局(DARPA)投资的"人工智能下一项征战"(AI Next Campaign)等研发项目将提供解决方案以对抗对人工智能系统的敌对攻击,包括试图污染训练数据、修改算法、创建对抗性输入或利用人工智能系统漏洞进行攻击等。这项研究有望带来更安全、更强大、更稳定、更可靠、更值得信赖的人工智能系统。[5]

7.2 权力集中

人工智能技术可能使数据流向过于集中而导致权力集中。一家拥有一亿个 DNA 序列数据的公司很可能比一家只拥有一万个 DNA 序列数据的公司更具有竞争力。由于存在网络外部性,大多数人更愿意使用 Facebook,从而导致其用户规模越来越大,更易于使其在社

---

① Aguirre, Anthony, Ariel Conn and Max Tegmark. Should Artificial Intelligence Be Regulated? [EB/OL]. Op-ed. Future of Life Institute (2017-07-27). https://futureoflife. org/2017/07/27/should-artificial-intelligence-be-regulated/? cn-reloaded＝1.

② IEEE/USA (2017). "Artificial Intelligence Research, Development and Regulation". IEEE-USA Position Statement. https://ieeeusa. org/wp-content/uploads/2017/07/FINALformattedIEEEEUSAAIPS. pdf.

③ Levy, Steven. How Google is Remaking itself as a Machine Learning First Company [EB/OL]. Backchannel. (2016-06-22). https://backchannel. com/how-google-is-remaking-itself-as-a-machine-learning-first-company-ada63defcb70.

④ Holdren, J. and M. Smith (2016). "Preparing for the Future of Artificial Intelligence," Executive Office of the President, national Science and Technology Council, 2016-10. A Report. Washington, D. C. https://obamawhitehouse. archives. gov/sites/default/files/whitehouse_files/microsites/ostp/NSTC/preparing_for_the_future_of_ai. pdf.

⑤ Artificial Intelligence for the American People. [EB/OL]. https://www. whitehouse. gov/ai/.

交媒体领域获得垄断地位。最初的互联网已促使出现很多垄断企业,如谷歌、苹果、Face-book 等科技巨头。然而,人工智能的发展将促使资源更加集中,很可能将加速这种权力的集中。

7.3 政治进程

国家政治议程给予人人拥有公平即不被歧视的权利。如果是故意歧视则需采取法律措施予以制裁。谷歌早期图像识别系统曾致使一个经过训练的人工智能系统将深色皮肤的人贴上了大猩猩的标签,因此招致一些与"歧视"有关的负面新闻报道。事实上,我们不排除有些歧视可能是出于意外,可能是由于训练集不够完整,但倘若不是一个有趣的智能系统来标记某人的照片,而是一个医疗智能系统,如皮肤科智能设备用于发现潜在的癌病变,如果大部分训练数据来自浅色皮肤的人,这个智能系统很可能将无法诊断出深色皮肤的人是否患癌。同样的事情也可能发生在皱纹非常严重的皮肤上,或者是患有罕见疾病的人的皮肤上,这种疾病将影响皮肤的"正常外观",因此,训练数据集要包含尽可能广泛的皮肤类型样本是至关重要的。[①]

深度学习必须克服两个障碍:同质数据和认知偏差。使用同质数据训练模型将存在很多缺陷,如护照系统要求亚裔申请人睁大眼睛;使用人工智能进行选美的获胜者几乎都是白人等。即使我们获得了真正多样化的训练数据,也将存在认知偏差。每个人通过对接受事物的感知创造了他们自己的"主观世界"。认知偏差是指人们做出偏离规范或理性的判断。由于深度学习是建立在数据基础上的学习,如果学习模型有偏差,深度学习将放大这种偏差。谷歌广告算法在其他条件都一样的情况下给男性推送高管招聘广告的可能性高于女性,存在"高管多数是男性"的认知偏差,被认为存在性别歧视。

防止同质数据和认知偏差所带来歧视问题的主要方法是从错误中吸取教训。解决公平问题的最佳方法是获得更多样化的、更大的数据集,确保较小的群体得到公平对待,应尽早采取措施预防、检测、报告和消除同质数据和认知偏差隐患。科学技术政策办公室(Office of Science and Technology Policy,简称 OSTP)发布的报告讨论了使用人工智能做出相应决策如何确保公正、公平、透明和责任明晰的问题。[②] 深度学习的核心是学习,在发展的初级阶段,人工智能只是一个在人类监督下的学生,与育儿一样,我们有责任指导人工智能走向成熟。

7.4 社会福祉

人工智能最具吸引力的潜力是改善人们的生活质量。政府履职有效性正在提升,因为各机构正在利用人工智能更快、更有针对性和更有效地完成工作,将让机器人和自主系统执行许多对人类来说困难而危险的任务。此外,人工智能的使用将使智慧城市成为可能,通过

---

① Fogg, Andrew. Artificial Intelligence Regulations: Let's not Regulate Mathematics! [EB/OL]. Import. io, (2016-10-13) [2019-05-10]. https://www.import. io/post/artificial-intelligence-regulation-lets-not-regulate-mathematics/.

② Fogg, Andrew. Artificial Intelligence Regulations: Let's not Regulate Mathematics! [EB/OL]. Import. io, (2016-10-13) [2019-05-10]. https://www.import. io/post/artificial-intelligence-regulation-lets-not-regulate-mathematics/.

促进医疗保健、提供心理健康咨询和社会服务保障改善人们的日常生活。[①] 人工智能也有潜力改善刑事司法系统的各个方面,包括犯罪报告、警务、保释、量刑和假释决定。在沃尔特里德医疗中心(Walter Reed Medical Center),退伍军人事务部(Department of veterans Affairs)正利用人工智能更好地预测医疗并发症,改善严重创伤的治疗效果,从而加快患者痊愈速度,降低成本[②]。在交通运输领域,应用人工智能的智慧交通管理在一些地方减少了25%的等待时间、能源使用和尾气排放[③]。自动驾驶汽车将彻底改变汽车运输系统,降低交通事故死亡率和节省能源消耗。[④]

人工智能可以帮助人类保护濒危物种。研究人员通过使用人工智能图像分类软件分析来自公共社交媒体网站的游客照片,进而改善动物迁徙跟踪效果。该软件可以识别照片中的动物个体,并利用照片上的数据和位置标记建立其迁徙的数据库。在科学技术政策办公室(OSTP)的"人工智能使社会受益"(AI for Social Good)研讨会上,研发人员介绍了迄今为止建立的最大的记录鲸鱼和大型非洲动物的数量和迁徙路线的数据集,并介绍了跟踪"海龟网络"以获得关于海洋生物新情况的项目;其他研发人员还介绍了利用人工智能优化反偷猎巡逻策略和栖息地保护策略,以最大限度地提高濒危物种种群遗传的多样性。自动驾驶船舶携带传感器在海洋中巡逻,收集有关北极冰层变化等海洋生态系统数据,由于自动驾驶船舶比人工驾驶船舶更加操作方便和成本低廉,未来将在天气预报、气候监测或管制非法捕鱼等方面发挥更大作用。[⑤]

尽管人工智能有诸多好处,但该技术也带来了许多具有挑战性的安全风险问题。特斯拉(Tesla)汽车在部分自动驾驶模式下发生的致命撞车事故使人工智能技术备受质疑。公众对自动驾驶汽车的接受程度将取决于其对安全概念的认知程度。例如,一辆自动驾驶汽车带孩子外出练足球,汽车安全达到什么程度可以被消费者接受?社会的接受将取决于系统的安全性。[⑥]

一些美国学术机构已经启动利用人工智能解决社会问题的项目。例如,芝加哥大学创建一个学术中心致力于利用数据科学和人工智能帮助制定解决失业和辍学等问题的公共政策;南加州大学成立人工智能社会中心致力于研究计算博弈论、机器学习、自动规划和多智能体推理技术帮助解决无家可归等社会问题;斯坦福大学研究人员利用人工智能分析贫困

① IEEE/USA (2017). "Artificial Intelligence Research, Development and Regulation". IEEE-USA Position Statement. https://ieeeusa.org/wp-content/uploads/2017/07/FINALformattedIEEEUSAAIPS.pdf.

② Eric Elster, "Surgical Critical Care Initiative: Bringing Precision Medicine to the Critically Ill," presentation at AI for Social Good workshop, Washington, DC, June 7, 2016, http://cra.org/ccc/wp-content/uploads/sites/2/2016/06/Eric-Elster-AI-slides-min.pdf.

③ Stephen F. Smith, "Smart Infrastructure for Urban Mobility," presentation at AI for Social Good workshop, Washington, DC (2016-06-07) http://cra.org/ccc/wp-content/uploads/sites/2/2016/06/Stephen-Smith-AI-slides.pdf.

④ IEEE/USA (2017). "Artificial Intelligence Research, Development and Regulation". IEEE-USA Position Statement. https://ieeeusa.org/wp-content/uploads/2017/07/FINALformattedIEEEUSAAIPS.pdf.

⑤ John Markoff, "No Sailors Needed: Robot Sailboats Scout the Oceans for Data," The New York Times, September 4, 2016.

⑥ IEEE/USA (2017). "Artificial Intelligence Research, Development and Regulation". IEEE-USA Position Statement. https://ieeeusa.org/wp-content/uploads/2017/07/FINALformattedIEEEUSAAIPS.pdf.

地区卫星图像试图利用机器学习帮助解决全球贫困问题。[①]

7.5 国家安全

人工智能将越来越多地用于从金融体系到国家电网等一系列关键基础设施的控制,人工智能对国家安全保障具有重要意义。[②]

在网络安全保障方面,人工智能不仅可以防御(被动)而且可以攻击(主动),所发挥作用将越来越大。目前,需要专家投入大量时间和精力对安全系统进行设计和运行,若将部分或全部专家的工作用人工智能代替,将可能以更低成本获得更强大的安全保障并同时大大提高网络防御灵活性的效果。使用人工智能可能有助于迅速检测和应对不断演变的潜在威胁。人工智能特别是机器学习系统有可能帮助人类应对网络空间的复杂多变并做出有效决策以应对网络攻击。预测网络攻击需要从大量的、不断变化的且不完整的数据源中动态生成潜在威胁模型进行预测分析,人工智能系统可以做到这一点。这些网络数据分布在节点、链路、设备、体系结构、协议和网络拓扑结构中,人工智能是解释这些数据、主动识别漏洞、采取行动预防或减轻未来网络攻击的最有效方法。人工智能可以协助政府规划、协调、集成、同步和指导各项活动以便有效运行和保护政府网络系统,人工智能还可以协助私营部门根据所有适用法律、法规和条约采取措施维持其网络和系统安全运行。[③]

人工智能有潜力在一系列国防事务中提供帮助,相关国防事务包括后勤、维护、基地运营、退伍军人医疗保健、战场医疗救助和伤员疏散、人员管理、导航、通信、网络防御和情报分析等非致命性活动,人工智能可以使其更安全有效。人工智能还可以在通过非致命手段阻止攻击从而保护人类和保护高价值固定资产等方面发挥重要作用。将自主技术纳入某些武器系统有助于使军事行动更精确、更安全、更人道。例如,精确制导武器以更少武器消耗和更少附带损害完成一项任务;遥控飞行器能够使军事人员远离危险从而减少风险;[④]人工智能系统能够在意外情况出现时(如若一个孩子跑进了目标区域)瞬间做出决定停止任务。美国国防部首席信息官 Dana Deasy 表示,人工智能赋予作战人员快速和灵活,这将可能改变未来战争的作战方式。从运营、培训、招聘到医疗保健的所有部门无不依赖于人工智能。我们必须加快利用人工智能,增强军事能力,提高效力和效率,更好地保障国家安全。[⑤]

如果武器系统脱离人类直接控制将引发法律和伦理问题。关键是要确保所有武器系统(包括自主武器系统)都以符合国际人道主义法的方式使用。此外,政府应采取适当措施控

---

① Neal Jean, Marshall Burke, Michael Xie, W. Matthew Davis, David B. Lobell, and Stefano Ermon. "Combining satellite imagery and machine learning to predict poverty." Science 353, no. 6301 (2016): 790-794.

② IEEE/USA (2017). "Artificial Intelligence Research, Development and Regulation". IEEE-USA Position Statement. https://ieeeusa.org/wp-content/uploads/2017/07/FINALformattedIEEEUSAAIPS.pdf.

③ Holdren, J. and M. Smith (2016). "Preparing for the Future of Artificial Intelligence," Executive Office of the President, national Science and Technology Council, 2016-10. A Report. Washington, D. C. https://obamawhitehouse.archives. gov/sites/default/files/whitehouse_files/microsites/ostp/NSTC/preparing_for_the_future_of_ai. pdf.

④ Holdren, J. and M. Smith (2016). "Preparing for the Future of Artificial Intelligence," Executive Office of the President, national Science and Technology Council, 2016-10. A Report. Washington, D. C. https://obamawhitehouse. archives. gov/sites/default/files/whitehouse_files/microsites/ostp/NSTC/preparing_for_the_future_of_ai. pdf.

⑤ Artificial Intelligence for the American People. [EB/OL]. https://www. whitehouse. gov/ai/.

制自主武器扩散,并与合作伙伴合作制定与此类武器系统开发利用有关的标准。鉴于人工智能技术在军事领域应用不断取得进展,科学家、战略家和军事家们一致认为,许多新功能总是能很快被开发出来并加以实施,未来难以预测,必须及时更新法律体系以追赶并超过技术变化的速度。①

机器人和人工智能研究人员在 2015 年国际人工智能大会上签署了一封公开信,呼吁联合国禁止进一步发展可以"超越人类控制"的人工智能武器。签名者包括英伟达(Nvidia)首席执行官斯蒂芬·霍金(Stephen Hawking)、深度思维(DeepMind)AlphaGo 团队成员、埃隆·马斯克(Elon Musk)以及人工智能和机器人技术领域的许多顶尖研究人员。② 未来生命研究所(the Future of Life Institute)也主动发起倡议,起草了一封关于人工智能研究重点的公开信,呼吁让人工智能变得更强有力的同时要让其更有益于人类。③

人工智能在各领域潜在安全风险差异很大,各相关机构必须加深理解并制定相应指导方针,负责任地采用被公众和业界认可的技术。民用和军用技术对安全考虑有所不同,应该给予分别对待。军方已敏锐地意识到人工智能在减少伤亡方面的潜力,然而,融入人工智能自主技术的武器引发很大争议。人工智能特别是与机器人技术相结合的人工智能可能将引发一场国际军备竞赛,与其他强大武器并无二致,可能需要签订国际协议以恰当规范其使用范围。④

8. 多方治理主体的责任与义务

8.1 政府

(1)提高对人工智能产生影响的意识

政府必须足够了解人工智能产生的潜在影响,以便制定有利于发展人工智能的法律法规和政策措施。⑤ 人工智能发展速度已经快于人类对人工智能带来影响的认识速度,快于在伦理道德框架内诠释人工智能的速度,也快于制定政策和法律来管理开发和部署人工智能的速度。机器学习(如谷歌公司的 AlohaGo)、认知计算(如 IBM 公司的 Waston)、机器人技术(如波士顿动力公司的 MiniSpot 和 Atlas)、语音理解(苹果的 Siri 和亚马逊的 Echo)等都证明了人工智能的发展速度。社会和政府首先需要提高对人工智能产生影响的认识,进而需要更加积极主动地围绕人工智能使用难题进行讨论和辩论,从而加快在监管和立法方面的追赶步伐。《阿西洛马人工智能原则》的签署人之一伊隆·马斯克(Elon Musk)认为"正确的流程应该是先设立一个初级目标,即建立监管机构,深入了解人工智能活动的状况,

---

① Holdren, J. and M. Smith (2016). "Preparing for the Future of Artificial Intelligence," Executive Office of the President, national Science and Technology Council, 2016-10. A Report. Washington, D. C. https://obamawhitehouse. archives. gov/sites/default/files/whitehouse_files/microsites/ostp/NSTC/preparing_for_the_future_of_ai. pdf.

② Etzioni, Amitai and Oren Etzioni. Should Artificial Intelligence Be Regulated? [J]. Issues in Science and Technology, 2017(4): 32-36. https://issues. org/perspective-should-artificial-intelligence-be-regulated/.

③ An Open Letter: Research Priorities for Robust and Beneficial Artificial Intelligence [EB/OL]. https://futureoflife. org/ai-open-letter/.

④ IEEE/USA (2017). "Artificial Intelligence Research, Development and Regulation". IEEE-USA Position Statement. https://ieeeusa. org/wp-content/uploads/2017/07/FINALformattedIEEEEUSAAIPS. pdf.

⑤ Jason Furman, "Is This Time Different? The Opportunities and Challenges of Artificial Intelligence. "

做到足够理解,一旦确定危险所在,即刻制定法规,以保障公共安全。总而言之,要确保政府对此事给予一定关注。"①

（2）政策保障促进人工智能发展

在美国,政府正致力于制定政策和措施促进创新,将人工智能的经济和社会效益最大程度地发挥出来。这些政策及措施包括:投资基础和应用研发;为人工智能技术及其应用的早期客户提供服务;支持试点项目并在现实环境中创建试验平台;向公众提供数据集;提供鼓励性奖励;识别金牌挑战为人工智能设定雄心勃勃但切合实际的目标并不断求索;严格对人工智能应用程序进行评估以衡量其作用强度和成本效益;创造一个既有利于创新蓬勃发展又能保护公众免受伤害的政策、法律和监管环境。②

（3）明确治理范围

政府既要明确理解管制和监督对发展人工智能的正面作用,同时也要对其负面影响有充分认识。人工智能是一项基础性技术,应监管的不是技术本身,而是对这项技术的恶意使用。2016 年,谷歌首席执行官 Sundar Pichai 曾说:"人工智能是人类正在努力推进的最重要的事项之一。"③火能带给人类灾难,但也能被利用从而造福人类,人类需要做的是趋利避害。④ 因此,监管机构必须明确治理范围,明确如何对一种尚未成为现实的威胁实施有效而非过于激进的监管。监管深度学习模型的内部运作并不是一个明智的选择,这种人工智能监管相当于试图监管数学。相反,我们应该关注人工智能的具体应用,进行功能性监管。例如,自动驾驶汽车应该像汽车一样受到监管,目的是将用户安全地送到现实世界中的目的地,减少事故数量,至于如何做到这一点则无关紧要。⑤

8.2 产业

（1）将价值观嵌入人工智能系统

长期以来,自由、人权保障、法治、机构稳定、尊重隐私权利、尊重知识产权以及赋予平等机会追求梦想等核心价值观一直是各国的治国根本。人工智能技术开发必须遵循这些基本价值观,确保人工智能技术易于理解、值得信赖、强大且安全。此外,必须考虑人工智能对社会的更广泛影响,包括对劳动力的影响,以及保证人工智能能够负责任地发展。各国正在通

---

① Aguirre, Anthony, Ariel Conn and Max Tegmark. Should Artificial Intelligence Be Regulated? [EB/OL]. Oped. Future of Life Institute (2017-07-27). https://futureoflife. org/2017/07/27/should-artificial-intelligence-be-regulated/? cn-reloaded＝1.

② Holdren, J. and M. Smith (2016). "Preparing for the Future of Artificial Intelligence," Executive Office of the President, national Science and Technology Council, 2016-10. A Report. Washington, D. C. https://obamawhitehouse. archives. gov/sites/default/files/whitehouse_files/microsites/ostp/NSTC/preparing_for_the_future_of_ai. pdf.

③ Holdren, J. and M. Smith (2016). "Preparing for the Future of Artificial Intelligence," Executive Office of the President, national Science and Technology Council, 2016-10. A Report. Washington, D. C. https://obamawhitehouse. archives. gov/sites/default/files/whitehouse_files/microsites/ostp/NSTC/preparing_for_the_future_of_ai. pdf.

④ Campos, Ivan. Artificial Intelligence: Fourth Industrial Revolution or Robot Apocalypse: AI & Robophobia Go Hand in Hand [EB/OL]. Slalom, (2018-02-20) [2019-05-09]. https://medium. com/slalom-technology/artificial-intelligence-fourth-industrial-revolution-or-robot-apocalypse-2be8ed0ac8f0.

⑤ Fogg, Andrew. Artificial Intelligence Regulations: Let's not Regulate Mathematics! [EB/OL]. Import. io, (2016-10-13) [2019-05-10]. https://www. import. io/post/artificial-intelligence-regulation-lets-not-regulate-mathematics/.

过制定研发计划,与利益攸关方社群广泛接触,包括关于人工智能发展的国际讨论,来积极应对这些挑战。在美国,作为人工智能倡议的一部分,联邦机构将通过为应用于不同类型工业部门的人工智能技术开发制定指导方针,促进公众对人工智能系统的信任。为了开发成功的人工智能系统以造福社会,人工智能的设计需要高度重视人权和价值观,须符合所服务对象的行为准则。正如《世界人权宣言》所述,人权是人类价值的一种主要形式,机器应该为人类服务而不是相反。因此,符合价值观的设计方法必须成为设计过程的一部分,所有新开发出来的人工智能最终产品都必须符合伦理准则。[①]

(2)监督人工智能系统

无人驾驶汽车被设计为学习机器,自动地根据经验和获取的新信息改变其行为方式,这可能导致当其注意到其他汽车没有遵守速度限制时也决定加速,因而造成伤害。我们有责任保障人类在地球上的基本生存条件得到满足,即保证人类子孙后代拥有良好生存环境,社会保持繁荣昌盛,从这一点上看人工智能技术必须符合人类意志。为了确保人工智能始终是安全可靠的,需要向人工智能领域引入监督系统。人工智能监督系统(Oversight AI systems),又被称为人工智能"卫士"(AI Guardians),可以确保自主武器做出的决定将被限制在人类预期的范围之内。谷歌无人驾驶汽车设计的下一步目标是取消方向盘或加油刹车踏板。不过,加利福尼亚州的自动驾驶汽车法规要求测试驾驶员能够使用方向盘和制动器对车辆进行"人工控制",确保在自动驾驶系统发生故障时驾驶员能够控制车辆。[②]

(3)个人数据及其访问管制

人工智能和自主系统可以广泛访问人们的个人信息并使用相关数据进行学习,但信息所有者却无法从其中获益。换句话说,从我们个人生活中获得的信息对他人而言比对我们更有利可图。为了解决数据不对称问题,需构建一个有利于人们对个人信息进行自我控制和能够定义、访问和管理个人信息的数据环境。因此,有必要明晰个人数据控制权、他人数据访问权和个人数据被他人使用的知情同意权,以尊重个人数据主权及其隐私权。数据处理过程需确保访问和收集的个人数据(不管是正面的或负面的)结果对数据拥有者是透明的,以便获得真正的知情同意。[③]

8.3 公众

人工智能发展的前提是确保公众认可。用户感知驱动市场效应,产业界、学术界和政府部门应准确地传达给公众人工智能的积极影响和需要谨慎对待的消极影响。尽管一些关于人工智能的新闻报道并不能完全准确地描述人工智能的各种影响,但人们有理由据此对这项技术提出批评和质疑。IEEE-USA 认为应该增进公众对人工智能回报和风险的理解。

① Shahriari K , Shahriari M. IEEE Standard Review-Ethically Aligned Design:A Vision for Prioritizing Human Wellbeing with Artificial Intelligence and Autonomous Systems[C]. 2017 IEEE Canada International Humanitarian Technology Conference (IHTC).

② Weaver, John. We Need to Pass Legislation on Artificial Intelligence Early and Often[EB/OL]. Slate, (2014-09-12). https://slate.com/technology/2014/09/we-need-to-pass-artificial-intelligence-laws-early-and-often.html.

③ Shahriari K , Shahriari M. IEEE Standard Review-Ethically Aligned Design:A Vision for Prioritizing Human Wellbeing with Artificial Intelligence and Autonomous Systems[C]. 2017 IEEE Canada International Humanitarian Technology Conference (IHTC).

如通过媒体宣传,说明人工智能对经济发展的促进作用,以及对人类迫切需要而目前无法实现的需求的满足,并且说明为确保安全和透明而需采取的重要步骤。例如,除了描述人工智能车辆的新功能,其在设计上如何做到稳定、透明和安全也应解释清楚,普通汽车根据包括碰撞测试在内的评级系统进行性能评估,人工智能驱动的自动驾驶汽车也应适用此办法。①,②

公众有正当理由关注人工智能带来的失业、侵犯公民自由以及自动化不确定影响因素等连带效应。如何确保在人工智能系统编程过程中防止滥用以免导致不道德行为的出现是一直备受争议的社会问题。因此人工智能系统需要一种普遍接受的道德行为准则指导其发展。③有必要向公众解释清楚人工智能带来失业问题的同时也为市场带来更多就业机会,可以为那些被边缘化或被替代的工人提供更广泛的职业选择。

面对人工智能更加国际化的市场机遇,产业界、学术界和政府部门应积极促进开展国际对话,持续讨论人工智能系统的社会影响和伦理道德,确定正确使用和开发人工智能系统的方式方法,制定国际规范和标准,实现国际共治,谋求合作共赢。④

8.4　其他利益相关者

2017年1月,人工智能界的精英在美国加州阿西洛马召开会议,制订了《阿西洛马人工智能原则》⑤,包括23项原则。其中,人工智能研究者和政策制定者之间应该持续开展积极的建设性的交流,人工智能的研究人员和开发人员之间应该培养合作、信任和透明的文化氛围,人工智能系统开发团队之间应该积极合作以避免在达成安全标准上偷工减料等,涉及了人工智能的研究问题;人工智能系统的设计和运作应符合人类尊严、权利、自由和文化多样性的理念,应该避免一个使用致命自主武器的军备竞赛等,涉及了人工智能的道德标准和价值理念;此外,还涉及了一些长期问题,如对于人工智能造成的风险,尤其是那些灾难性的和存在价值性的风险,必须付出与其所造成的影响相称的努力,以用于进行规划和缓解风险等。起草者希望通过这23项原则在一定程度上确保人工智能的研发能让所有人收益。

此外,"IEEE全球人工智能和自主系统伦理倡议"(简称"IEEE全球倡议")的发布旨在为发展人工智能提供指导性方针,建议开发人工智能和自主系统时优先考虑符合伦理的设计,即利用人工智能和自主系统实现人类福祉的愿景,并采取措施解决工程设计中存在的伦理问题。为了让人工智能符合道德伦理,需要确保任何参与人工智能研究、设计、制造或使

---

① Edelman, Benjamin G. and Luca, Michael, Digital Discrimination: The Case of Airbnb. com (January 10, 2014). Harvard Business School NOM Unit Working Paper No. 14-054. Available at SSRN: https://ssrn. com/abstract=2377353 or http://dx. doi. org/10. 2139/ssrn. 2377353.

② Garvie, C., Bedoya, A., and Frankle, J. The Perpetual Line-Up: Unregulated Police Face Recognition in America, 2016. https://www. perpetuallineup. org/.

③ IEEE/USA (2017). "Artificial Intelligence Research, Development and Regulation". IEEE-USA Position Statement. https://ieeeusa. org/wp-content/uploads/2017/07/FINALformattedIEEEUSAIPS. pdf.

④ IEEE/USA (2017). "Artificial Intelligence Research, Development and Regulation". IEEE-USA Position Statement. https://ieeeusa. org/wp-content/uploads/2017/07/FINALformattedIEEEUSAAIPS. pdf.

⑤ ASILOMAR AI PRINCIPLES[EB/OL]. Future of Life Institute (2017) [2019-05-06] https://futureoflife. org/ai-principles/.

用的人都曾接受过良好的道德伦理教育和培训。IEEE 全球倡议凝聚了来自学术界、科学界、政府部门和企业界的 100 多位在人工智能、法律与伦理、哲学和政策领域的全球领英人物在公开讨论人工智能对人类福祉的正面和负面影响之后的集体智慧。① 工程师、设计师、企业界和政府监管机构都必须意识到人工智能不再是单纯的技术问题。必须向公众提供切实保证,即所有新开发的人工智能只对人类福祉有益而不会以任何方式对公众有害。为了将人工智能与公众社会价值观紧密结合,可以优先考虑将提高人类福祉作为未来先进算法的衡量指标。②

2016 年 6 月,白宫科技政策办公室(OSTP)宣布了一项关于人工智能如何为未来做好准备的信息征询函(Request for Information,RFI)③,共收到 161 份来自不同利益相关者的反馈,其中包括个人、学者和研究人员、非营利组织和产业界等。④ 政府应成立跨部门监管小组,决定如何协调和监管人工智能技术,负责征求包括学术界、产业界和政府官员在内的一系列利益攸关方的专家意见,以审议与人工智能治理的有关问题。专家应具体地针对社会影响、公众参与、投资水平、经济影响、国家安全、公众信任、安全保障、伦理道德以及其他法律和监管事项提出建议。⑤

8.5 国际组织

全球应制定一项与人工智能相关的国际参与战略,并制定一份需要国际参与和监测的人工智能热点领域清单。应深化与主要国际利益攸关方的接触和交流信息,包括外国政府、国际组织、产业界、学术界等,促进人工智能研发方面的国际合作。在人工智能监管方面也应寻求全球合作,建立国际公认的道德伦理和法律框架,由制造商和开发者等共同遵守。要让这样一个框架真正发挥作用,则需要某种形式的政府干预。⑥

例如,美国特朗普政府致力于营造支持人工智能研发、为美国人工智能产业打开市场的国际环境,同时确保该技术的开发符合美国国家价值观和利益。美国支持国际人工智能合作和建立伙伴关系,以支撑合作收集证据、分析研究、多利益相关方参与和聚合观点。美国正在领导一系列旨在促进信任并采用人工智能技术的国际活动。2019 年 5 月,美国与其他

① Shahriari K , Shahriari M. IEEE Standard Review-Ethically Aligned Design: A Vision for Prioritizing Human Wellbeing with Artificial Intelligence and Autonomous Systems[C]. 2017 IEEE Canada International Humanitarian Technology Conference (IHTC).

② The IEEE Global Initiative for Ethical Considerations in Artificial Intelligence and Autonomous Systems, "Ethically Aligned Design A Vision For Prioritizing Wellbeing With Artificial Intelligence And Autonomous Systems", Version 1, 2016, http://www.standards.ieee.org/develop/indconn/ ec/autonomous systems.html.

③ Request for Information on Artificial Intelligence [EB/OL] Science and Technology Policy Office (2016-06-27) [2019-05-10] https://www.federalregister.gov/documents/2016/06/27/2016-15082/request-for-information-on-artificial-intelligence.

④ Felten, Ed and Terah Lyons (2016), *Public Input and Next Steps on the Future of Artificial Intelligence* [EB/OL], Medium, (2016-09-06) [2019-05-10] https://medium.com/@USCTO/public-input-and-next-steps-on-the-future-of-artificial-intelligence-458b82059fc3.

⑤ IEEE/USA (2017). "Artificial Intelligence Research, Development and Regulation". IEEE-USA Position Statement. https://ieeeusa.org/wp-content/uploads/2017/07/FINALformattedIEEEEUSAAIPS.pdf.

⑥ Holdren, J. and M. Smith (2016). "Preparing for the Future of Artificial Intelligence," Executive Office of the President, national Science and Technology Council, 2016-10. A Report. Washington, D.C. https://obamawhitehouse.archives.gov/sites/default/files/whitehouse_files/microsites/ostp/NSTC/preparing_for_the_future_of_ai.pdf.

经合组织国家密切合作,首次一同制定了遵循其共同价值观的通用人工智能原则,即《人工智能建议》(Recommendation on AI),该建议书为人工智能的创新研发和可靠应用确立了原则。这些原则反映了美国人工智能倡议所倡导的许多优先事项,诸如消除创新发明障碍、优先考虑长期研发、建立人工智能劳动大军以及增进公众信任等。2019 年 6 月,白宫科技政策办公室(OSTP)率领美国代表团参加了 20 国集团数字部长会议,会议一致同意了"20国集团人工智能原则"(G20 AI Principles),该原则借鉴了经合组织关于人工智能的发展建议。在此之前的 2018 年,白宫科技政策办公室(OSTP)率领美国代表团出席了 2018 年七国集团创新部长会议,会议发表了一份关于人工智能的联合声明(Statement on Artificial Intelligence),声明指出,人工智能创新应支撑经济增长的内在联系,增加对人工智能的信任和应用,促进人工智能开发和部署的包容性。2017 年,白宫科技政策办公室(OSTP)率领美国代表团参加了七国集团(G7)"ICT 和工业部长会议",会议产生了一份关于人工智能的成果性文件,认为"人工智能技术的快速发展有可能为经济发展和社会进步带来巨大福利""推进人工智能技术不仅要克服技术挑战,还要了解这些技术对社会和经济的更广泛的潜在影响,确保用以人为本的方式推进这些技术的研发,并保证与国家法律、政策和价值观协调一致。"[1]

9. 总结和结论

人工智能有潜力成为经济增长和社会进步的主要驱动力,但这需要产业、公众和政府共同努力支持这项技术的发展,并认真关注其潜力和管理其风险。正如英国下议院科学与技术委员会(House of Commons Science and Technology Committee)所言,"虽然现在就为这个新生领域制定全行业法规还为时过早,但从现在开始对人工智能系统的伦理、法律和社会问题进行仔细审查是至关重要的。"[2]

政府须扮演多重角色。包括:负责召集关于重要问题的对话,并帮助制定公开讨论的议程;在应用程序开发过程中监控其安全性和公平性,并调整监管框架,在保护公众利益的同时鼓励创新研发;制定公共政策以确保人工智能在提高劳动生产率的同时避免对劳动力部门造成负面经济影响;支持人工智能在公益领域的基础研究和应用研究;支持培训劳动力向技术熟练和多样化方向发展;利用人工智能实现更快捷、更有效、更低成本地为公众服务。在很多公共领域都将看到人工智能不断进步带来的新机遇和新挑战,政府须继续增强其理解和适应这些变化的能力。随着人工智能技术的不断发展,从业者须确保人工智能系统是可管理的、公开的、透明的和可理解的,使人工智能行为与人类的价值观和未来期望保持一致。[3]

构建合理有效的全球治理体系和政策对于人工智能的发展至关重要。各国需要从军

---

① Artificial Intelligence for the American People. [EB/OL]. https://www.whitehouse.gov/ai/.

② Elman, Jeremy and Abel Castilla. Artificial intelligence and the law[EB/OL]. Techcrunch.com, (2017-01-28). https://techcrunch.com/2017/01/28/artificial-intelligence-and-the-law/.

③ Holdren, J. and M. Smith (2016). "Preparing for the Future of Artificial Intelligence," Executive Office of the President, national Science and Technology Council, 2016-10. A Report. Washington, D. C. https://obamawhitehouse.archives.gov/sites/default/files/whitehouse_files/microsites/ostp/NSTC/preparing_for_the_future_of_ai.pdf.

事、贸易、政治、社会等各方面协调利益冲突开展对话,跨越不同文化差异,充分讨论人工智能全球策略并形成共识。开发人工智能将让我们有机会更好地欣赏人类智慧。如果恰当地使用人工智能可以增强人类驾驭自然的能力,规范的人工智能是人类文明的传承,我们期盼在人工智能的神助下人类将拥有一个更加睿智的未来世界。[①]

① Holdren,J. and M. Smith (2016). "Preparing for the Future of Artificial Intelligence," Executive Office of the President,national Science and Technology Council,2016-10. A Report. Washington,D. C. https://obamawhitehouse. archives. gov/sites/default/files/whitehouse_files/microsites/ostp/NSTC/preparing_for_the_future_of_ai. pdf.

美国量子技术的发展、政策和治理

作者：理查德·泰勒（Richard Taylor）博士

美国宾夕法尼亚州立大学　教授

翻译：金晶

摘　要： 诸如量子计算之类的量子技术有望成为颠覆性创新技术和社会拐点，促使若干相关关键技术获得完全不同质量水平的性能表现，与"嵌入式信息空间"（物联网、人工智能、大数据和云）的各组成部分相结合，支持一系列强大新应用，将对社会、经济和国家安全具有重大意义。

本文提出的问题是：(1)美国量子计算和相关技术的当前和未来前景如何？

(2)它们带来的新局面是否需要附加的政策、法律和监管措施来保护个人和社会？

(3)为此，在美国的政治、法律和经济体系中可以采取哪些治理措施？

"量子"技术作为一系列依赖亚原子粒子（最小元素单位）独特特征的技术正在成为从技术、市场到国家安全等领域的潜在重要影响因素，尤其在计算、度量和成像领域最为明显。全球都在崇尚"量子至上"并进行未来"量子优势"争夺赛。发展必须依托"嵌入式信息空间"，各组成部分将强有力地交互作用并影响着诸如隐私和数据安全等。

美国的量子政策一直处于不专心、不协调和半心半意的状态，对国内或国际的量子发展或治理问题几乎不感兴趣。然而，随着国家量子倡议（2019年秋季）的颁布，人们对量子技术和应用产生了新的兴趣。未来全球量子技术的发展还有待更加足够的关注。

虽然美国政府曾经确定了政策基调和方向，但在当前（特朗普）政府执政期间，科学和技术并未成为优先事项，并且普遍存在对专业知识的不信任。最近国会给予越来越多的关注，即便如此，政府将发挥的作用仍非常有限。私营企业和学术界有望率先采用"科学优先"的做法，市场将成为主要驱动力，而政府缺乏足够的行政紧迫感和整体协调与指导。

关键词： 量子计算　量子加密　量子互联网　嵌入式信息圈　隐私　治理　量子优势　量子信息科学　量子数据管理

"如果你认为自己懂量子力学，那么你其实并不懂量子力学。"

——物理学家理查德·费曼

1. 历史/背景

从技术到市场乃至国家安全的各个领域，"量子"技术（依赖最小元素单元的独有特征的一系列技术）正作为潜力巨大的要素不断涌现。本文从美国的技术、信息政策、监管和数据治理角度对该技术的发展进行了审视。

量子技术以物理学的基本原理为基础，最初以理论形式出现，之后经实验室反复检验证明其健全性，尽管其似乎与人们日常生活中的直觉相违背。这些原理如今已融入一系列产品和应用之中，在计算机和通信领域尤为如此。

此技术发展带来的影响深远,引起了政府决策部门、军方/国家安全部门和整个高科技产业的注意。因此,政策举措开始尝试对其加以理解和管理。

在创造数据资产和应用数据资产解决人类问题之间,解决两者紧张冲突的是政策。量子计算和量子通信与数据治理问题存在着千丝万缕的联系,本文旨在探讨通过技术、法律和市场政策措施,量子技术的治理应当或能够开展到何种程度。

量子力学背后的科学十分容易实现跨境,故已有多个国家推出此方面的举措,成为部分人士眼中为主导全球量子技术和市场而开展的"竞赛",进而引发全球治理问题。

1.1 量子力学理论的兴起

以现实世界模型的历史为背景可能更便于理解量子力学的原理。这些模型的建立是为了解释人类对世界的观测结果,再根据经验不断调整完善,是一个持续的过程。

公元 2 世纪,伟大的古希腊哲学家和天文学家托勒密提出宇宙以地球为中心的理论,即所有天体沿环形轨道绕地球旋转。托勒密的理论在西方文明世界盛行 1500 余年,直至公元 16 世纪末,该理论被哥白尼、伽利略和开普勒的日心说(以太阳为中心)模型取代。新模型以对"天体"运动的广泛观测为基础。

这些观测形成了 17 世纪艾萨克·牛顿等人描述大型("宏观")物体运动"定律"(称为"经典力学"或"牛顿力学")的基础。此类物体在给定的任意时间均具有固定的位置和特定的速度,根据这些数据,可确定或预测物体的未来行为。事物是"真实存在的",时间是恒定的,空间是三维的。[①]

经典力学在 19 世纪占主导地位,至今仍对预测大型物体的多种行为十分有用。然而,20 世纪初,爱因斯坦的"相对论"、发展了"量子"理论和建立了原子模型的马克斯·普朗克等其他专家的著作令现实世界的该"模型"受到动摇。爱因斯坦的理论断言时间是相对的,与速度相关;物质和能量可相互转换;光速是可能实现的最大速度;"空间"是相对的,可弯曲,也可是多维的。但与此同时,爱因斯坦仍然认为事物是"真实存在的",即最终是有形的,只能受其周围环境中其他有形事物("局域实在论")的影响,存在于空间中的特定位置,表现为非随机的形式。[②]

爱因斯坦的理论在提出时令人震惊——甚至显得离谱,但其经过了反复检验,并提供了比经典力学更为准确的结果,对非常庞大的物体尤为如此。但应用于超微观世界中最小的元素单位时,它们的表现并不好,令人吃惊的是,这些元素展现的属性极不符合牛顿的理论,与相对论也不一致。此时,"量子力学"便有了用武之地。量子力学的规则适用于极小的物体,对大多数人而言,这些规则十分奇怪。爱因斯坦称其如同"幽灵"。[③]

现在,让我们回过头来继续谈现实世界模型的演化过程。随着时间的推移,模型在观测结果的基础上不断演化。当处理几乎不可能直接观测的超小物质单位时,观测的结果可能有多种解释。以大量实验为基础的量子力学被认作当前最能解释某些观测到的行为的主要模型。这些理论和行为很难想象,用数学语言最能对其进行解释。未来的研究很可能以我

---

① Hawking, S. (2010). The Grand Design. New York: Bantam Books, 2010.
② Hawking, S. (2010). The Grand Design. New York: Bantam Books, 2010.
③ Hawking, S. (2010). The Grand Design. New York: Bantam Books, 2010.

们现在无法预见的方式完善量子模型,并再次改变我们对它的看法。[①]

也就是说,我们对量子力学的了解基于实验科学,且正以非常实际和实用的方式加以应用。这些方式与理论一致,但理论与相对论不一致。这产生了一些尚未解决的差异,例如微观在何时何地成为宏观——爱因斯坦的理论何时取代"量子论"发挥作用。为便于解释,同时帮助读者理解有关概念,似乎有必要对这些关键的量子原理进行最为基本(尽量贴切)的描述。

1.2 "量子"技术独有的特征

请读者注意,以下部分内容可能不易接受。最好暂且抛开怀疑,告诉自己此内容已广为接受且普遍认为其得到了实验证据的充分支持。以下便是量子力学的一些基本原理。

波粒二象性的概念,是指每个粒子或量子单元不仅可作为粒子来描述,还可作为波来描述。例如,光量子(光子)既有波动性又有粒子性。经典力学中"粒子"或"波"的概念无法充分描述量子级物体的行为。[②]

叠加是量子物理学的基石。粒子可以以不同的状态存在,但量子学并不认为粒子处于某一状态,或在各状态间变化,而是认为粒子同时以所有可能的状态存在,只能描述其处于某个位置的概率。这便是著名的海森堡"不确定性原理",即无法用绝对精度测量粒子的位置(x)和动量(p)。对其中一个值知道得越准确,对另一个的了解就越不准确。[③] 粒子确实没有确定的状态,而是处于所有可能状态的叠加态。然而,一旦对粒子进行测量,且已知其能量或位置,叠加态便会消失,粒子置于一个已知状态(见下文退相干部分)。[④]

不确定性/测不准性。粒子的某些物理属性对的精准测量存在基本限制。粒子的位置测得越准,其动量就越不准确,反之亦然。[⑤]

随机性。我们不知道粒子会出现在哪里。场(field)反映了粒子出现的概率,但其实际出现的位置无法事先确定且不可预测,导致粒子在量子水平上存在固有的随机性。[⑥]

退相干。"退相干"是指系统(或量子单元)从量子态变为经典态。量子力学假定,在测量粒子位置时,我们会在两个位置中的任意一处找到它,也就是说,我们将"令波函数坍塌",这被称为"退相干",函数变为两个状态中的一个。[⑦]

测量/观察。在量子水平上,现实只在测量或观察发生时才变得具体。量子物理学中的观测条件和结果是这样的,观察者和观察设备之间、物理学家的思想和物理实验的结果之间没有明确的区别。观察者和被观察者不是分开且不同的,而是在一个系统中相互连接。现实似乎是由观察创造的。此效应备受争议,可通过多种方式加以解释(或开脱);但它与实验

---

① Hawking, S. (2010). The Grand Design. New York: Bantam Books, 2010.

② Cox, B. and Jeff Forshaw (2011). The Quantum Universe. Boston: Da Capo Press, 2011.

③ Jha, A. (2013). "What is Heisenberg's Uncertainty Principle?" The Guardian, November 10, 2013. Accessible at https://www.theguardian.com/science/2013/nov/10/what-is-heisenbergs-uncertainty-principle.

④ Seife, C. (2007). Decoding the Universe. New York: Penguin Books, 2007.

⑤ Cox, B. and Jeff Forshaw (2011). The Quantum Universe. Boston: Da Capo Press, 2011.

⑥ Seife, C. (2007). Decoding the Universe. New York: Penguin Books, 2007.

⑦ Jones, T. (2007). "What is Decoherence?" Accessible at: https://www.physics.drexel.edu/~tim/open/main/node2.html.

结果是一致的。[①]

纠缠。理解"纠缠"是理解量子计算、加密、通信和"隐形传态"的关键。遗憾的是,当前似乎没有任何单一理论能够说明量子纠缠中实际发生了什么。就本文的目的而言,以下内容似乎足矣。[②]

"量子纠缠是指多个粒子以某种方式连接在一起,对一个粒子的量子态的测量决定了其他粒子可能的量子态。此种关联与粒子在空间中的位置无关。即使令纠缠的粒子分隔数十亿英里,改变一个粒子也会引起另一个粒子的变化。尽管量子纠缠好似在瞬间传递了信息,实际却并未违反经典的光速理论,因为没有发生空间中的"运动"。[③]

多年来,"量子纠缠"已多次在实验中以多种方式证实其真实存在[④][⑤][⑥][⑦]。物理学中的任何理论,没有最好只有更好,但目前物理学家几乎已普遍接受纠缠现象。然而令人困惑的是,对纠缠的作用机制存在意见分歧。正如某文章所言:

> 加州大学圣地亚哥分校天体物理学家安德鲁·弗里德曼说:"纠缠本身已经过数十年的验证……真正的挑战是,尽管我们知道这是经实验证明的事实,我们却无法令人相信它是如何作用的。"[⑧]

致力发展量子技术的各国皆离不开此原则。

与数字技术的差异如下所述。

数字技术依赖二进制形式——通常为0和1——表达信息的存储和操控。这些二进制数称为"比特位",是数字计算、存储和通信的核心。比特位多由线性指令集(算法)控制,可以并行实现。

传统数字计算机的核心是对存储器中储存的数字执行简单的算术运算。计算机将这些操作串在一起,执行更为复杂的任务,运算的速度是关键。但随着问题复杂度的增加,解决问题所需的操作数量也会增加;当今时代,我们想解决的某些具体问题远远超出了现代计算机的计算能力。

1和0由处于"接通"状态(1)或"关闭"状态(0)的晶体管表示。随着计算机的发展,晶体管越来越小。过去,一台有一百万个晶体管的计算机能够塞满整个仓库;如今,小小的口

---

① Nadeau, R. and Menas Kafatos (1999). The Non-Local Universe. New York: Oxford University Press, 1999.

② Seife, C. (2007). Decoding the Universe. New York: Penguin Books, 2007.

③ Jones, A. (2017). "Quantum Entanglement in Physics". ThoughtCo, July 10, 2017. Accessible at https://www.thoughtco.com/what-is-quantum-entanglement-2699355.

④ Dattaro, L. (2018). "The Quest to Test Quantum Entanglement". Symmetry Magazine, November 6, 2018. Accessible at https://www.symmetrymagazine.org/article/the-quest-to-test-quantum-entanglement.

⑤ Chu, J. (2018). "Light from Ancient Quasars Helps Confirm Quantum Entanglement". MIT News, BigThink, August 19, 2018. Accessible at https://bigthink.com/mit-news/light-from-ancient-quasars-helps-confirm-quantum-entanglement.

⑥ Wolchover, N. and Quanta (2017). "The Universe is as Spooky as Einstein Thought". The Atlantic, February 10, 2017. Accessible at https://www.theatlantic.com/science/archive/2017/02/spooky-action-at-a-distance/516201/.

⑦ Ghose, T. (2015). "Spooky Action is Real: Bizarre Quantum Entanglement Confirmed in New Tests". LiveScience, November 17, 2015. Accessible at https://www.livescience.com/52811-spooky-action-is-real.html.

⑧ Dattaro, L. (2018). "The Quest to Test Quantum Entanglement". Symmetry Magazine, November 6, 2018. Accessible at https://www.symmetrymagazine.org/article/the-quest-to-test-quantum-entanglement.

袋便能装下。但我们似乎正在逼近二进制计算的极限。如今的晶体管日益接近原子的大小,想取得更大进展可能需要实现计算能力的飞跃。[①]

量子计算机的原理则不同。量子计算机使用量子对象而非晶体管来跟踪二进制数据的数值。信息以物理状态表示,这些物理状态非常小,遵守的是量子力学的定律。这些信息存储在被称为"量子比特"的量子位中,而不是传统计算机历来使用的二进制位。量子力学允许量子比特存储值为 0 或 1 的概率,在测量前,量子比特的确切值是未知的。由于不必将数据缩减为 0 和 1 的字符串,给定的量子值的任意集合可表示的数据远多于传统的二进制数据。量子比特的这种叠加赋予量子计算机固有的并行性。物理学家 David Deutsch[②] 认为,并行性令量子计算机得以同时处理一百万次计算,而台式 PC 每次只能处理一次运算。[③] 这使得量子计算机同时包含若干状态,有可能以比传统计算机快百万倍的速度解决某些问题。[④] 例如,谷歌已分享了与 NASA 合作的量子计算项目的详细信息。目前,谷歌 D-Wave 2X 量子计算机的运行速度约比传统计算机芯片快 1 亿倍。[⑤] 理论上而言,如此惊人的计算能力令现代密码学显得过时。然而,它尚未成为解决各类问题的通用应用,仅对某些特定问题最为有效。[⑥]

1.3 量子技术的普遍问题/挑战

可操作的量子技术的开发存在诸多问题和挑战,有理论上的、有技术上的、有商业上的、有政府层面的、有安全相关的,也有组织层面的。

1.3.1 理论层面

上文所述的量子力学的基本原理众所周知。然而,仍存在一系列不确定的领域。观察和退相干之间究竟有何关系? 纠缠能够无视距离远近发挥作用的机制是什么? 什么导致了量子波函数的坍塌(退相干)? 有关量子力学潜在机制的论战中,哪种阐释是正确的(或者是否还有别种解释)?[⑦]

---

① Hypernet (2018). "Quantum Computing vs. Hypercomputing:Which is More Powerful". Hypernet. Accessible at https://medium. com/@hypernet/quantum-computing-vs-hypercomputing-which-is-more-powerful-b48d465c8a3b.

② Bonsor, K. and Jonathan Strickland (2019). "How Quantum Computers Work", HowStuffWorks. com. , December 8, 2000. Accessible at https://computer. howstuffworks. com/quantum-computer. htm.

③ Jones, B. (2016). "Quantum computing will make your PC look like a graphing calculator". Digital Trends, Sept. 19,2016. Accessible at https://www. digitaltrends. com/features/dt10-quantum-computing-will-make-your-pc-look-like-a-graphing-calculator/.

④ Gregory, P. (2018). "Quantum Computing:A Primer". Medium Corporation,April 10, 2018. Accessible at https://medium. com/@priyathgregory/quantum-computing-79d0e168a1ce.

⑤ Carter, J. (2016). "How do we Create a Quantum Internet?" Techradar, Sept. 19,2016. Accessible at https://www. techradar. com/news/internet/how-do-we-create-a-quantum-internet-1328520.

⑥ Jones, B. (2016). "Quantum computing will make your PC look like a graphing calculator". Digital Trends, Sept. 19,2016. Accessible at https://www. digitaltrends. com/features/dt10-quantum-computing-will-make-your-pc-look-like-a-graphing-calculator/.

⑦ Jones, A. (2018). "Five Great Problems in Theoretical Physics". ThoughtCo. com, March 7, 2018. Accessible at https://www. thoughtco. com/five-great-problems-in-theoretical-physics-2699065.

1.3.2 技术层面

量子系统极为微妙,须在挑战重重的条件下予以维系,避免与周围环境的各类互动,否则量子比特便会退相干。解决此问题的技术途径很多,因而造就了相关器件和组件的市场。量子器件的生产极具挑战性,尽管部分实体具备的资源和专业能力颇为可观,目前仍鲜有克服之法。解决各类问题所需开发的量子算法是又一个问题。另一个则是量子比特难以远距离传输。此问题正在得到解决(见下文 2.3 章节),但并非易事。

1.3.3 组织层面

许多政府、企业、大学、"智库"和专家都在尝试独立或联合开发量子技术,特别是量子计算机、算法、加密和通信领域的技术。竞争无疑刺激了发展,但与此同时,力量过于分散、缺乏统筹协调、效率相对低下。

1.3.4 成本

量子新技术的开发成本非常高,尤其当前市场规模又甚小,因而只有资金充裕的机构方能进行大规模开发。要令开发者有望取得"先发"优势,以获得未来的市场份额。投资风险亦是如此。最合适的人选是资本充足的成熟投资者和/或政府,甘冒投入大量资本的风险,能够接受等待一段时间后方可获得回报。[①]

1.3.5 劳动力

量子系统的关键组成部分更多地依赖于物理学家而非工程师,需要一支训练有素、具备专精知识的劳动力队伍。由于量子技术与传统的数字技术差异巨大,难以找到现成的熟练劳动力或专业技术知识。现已对劳动力培训进行了大幅投资,但仍需假以时日才能培养出足够的熟练工人及与之合作的科学家和管理人员。该领域目前的劳动力竞争非常激烈。[②]

1.3.6 行业政策

面对如此新颖的事物,政府在提供基础设施、支持公私伙伴关系或自行开展研究方面的作用,是决定工作模式、可销售产品及政府和安全相关应用技术的开发速度或速度低下的关键因素。如上文所述,这是私营资本的高风险领域。一些国家已推出了雄心勃勃的行业政策计划,试图对此战略技术给予一定重视,但美国的政策却是依靠市场力量推动技术发展。[③]

---

① Loeffler, J. (2018). "5 Intractable Problems Quantum Computing Will Solve". Interesting Engineering. December 15, 2018. Accessible at https://interestingengineering. com/5-intractable-problems-quantum-computing-will-solve.

② U. S. , National Strategic Overview for Quantum Information Science (2018). https://www. whitehouse. gov/wp-content/uploads/2018/09/National-Strategic-Overview-for-Quantum-Information-Science. pdf.

③ U. S. , National Strategic Overview for Quantum Information Science (2018). https://www. whitehouse. gov/wp-content/uploads/2018/09/National-Strategic-Overview-for-Quantum-Information-Science. pdf.

1.3.7　政治层面

尽管政府最近出台了有关"量子政策"的举措(第5.0章节"美国政府的量子信息科学发展政策"做了进一步讨论),但总体而言,行政部门的现任领导层(特朗普总统)并非科学、技术或专业举措的强力支持者,只对那些政治上的权宜之计(如气候问题)采取积极(或消极)态度予以应对。政府中有部分人士认识到量子技术的紧迫性,但其往往因缺乏领导力和资金、未能填补关键的科学职位而遭受挫败或拖延。与此同时,"量子"问题似乎并非只与某党、某行业或利益群体相关的政治问题,这是个好现象。[①]

1.4　治理相关的美国因素和国际因素

目前,无论是在美国国内,还是美国参与的某些全球政府间组织或非正式体制内,量子技术的有条件治理都十分鲜见。由于量子治理问题需要放在"嵌入式信息空间"[②]多项新技术的背景下予以审视——国际场合尤其如此——情况便变得更为复杂。

在美国,包括量子计算在内的量子技术在一般政策的大框架下运转。没有特定的量子伦理道德、指南、汇报要求、应用限制或业绩公布限制。所有新技术均受反托拉斯法、合同和侵权法等一般管辖法和通用伦理道德标准的约束。国内非政府、非军事监管领域内并未专门"开辟"与"量子"技术相关的监管范围。具备充足资源的任何实体均可进入(和退出)量子技术领域,无须特别许可或牌照。相关法规较为宽松,非限制性法令。

在国际治理方面,量子技术才刚刚开始受到关注。当此类技术明显可以:(1)挑战当前的加密技术;(2)为用户提供军事优势时,关注度很可能会快速上升。下文第4.0章节"美国国家安全相关问题"对此进行了讨论。

全球或国际治理方面的其他形式包括条约、规则、国际组织、标准、最佳实践和指南等。对此治理的讨论并非仅限于量子技术,而是更倾向于关注各类新的嵌入式信息技术,包括人工智能、物联网、大数据和云。例如,2018年2月,黑斯廷斯中心(The Hastings Center)出版的题为"新兴技术治理:对接政策分析与社会价值观"的刊物便涉及了该议题[③]。

新型信息技术,特别是量子技术的国际治理,可作为多个论坛讨论审议的内容。其中之一便是互联网治理论坛(IGF),但它对该议题的讨论仍处于十分初级的阶段,几乎无法在论坛议程或网站上找到相关内容。该议题已被要求加入议程之中。从报告和出版物来看,该议题似乎也尚未受到ICANN的关注。

国际电信联盟正启动程序,明确"量子安全"的加密标准。国际电联第17研究组积极参与

①　Marks, A. (2017). "Trumps 5 Most 'Anti-Science' Moves". Scientific American, January 18, 2017. Accessible at https://www.scientificamerican.com/article/trumps-5-most-ldquo-anti-science-rdquo-moves/.

②　Taylor, R. (2017). "The Next Stage of U. S. Communications Policy: the Emerging Embedded Infosphere". Telecommunications Policy, Vol. 41, Issue 10, November 2017, pages 1039-1055. Accessible (pay) at https://www.sciencedirect.com/science/article/abs/pii/S0308596116302488.

③　Hastings Center (2018). "Governance of Emerging Technologies: Aligning Policy Analysis with Social Values". Phys. org, February 21, 2018. Accessible at: https://phys.org/news/2018-02-emerging-technologies-aligning-policy-analysis.html#jCp.

了"量子安全公钥加密"标准的有关讨论。世贸组织也被提名为多边技术监管论坛的候选。[①]

法律和政策相关问题于 2018 年 6 月在伦敦圣玛丽大学举办的"量子法：量子理论、法律和伦理道德的跨学科探索"研讨会上予以讨论。研讨会包括以下议题：

"近年来，量子论的观点以各种方式扩展到其他领域，包括'量子认知''量子生物学''量子小说'和'量子社会'等概念所表达的量子视角的社会理论，以及更为雄心勃勃的、将量子论视为弥合自然科学与社会科学间感知鸿沟的各个项目。"

有关问题包括但不限于：
• 量子论研究和量子技术开发应用的现行监管框架是什么？
• 量子技术的开发会带来哪些监管问题？须面对哪些伦理道德和风险分布的问题？
• 现行监管框架是否为所有利益攸关方均提供了适当的基础？
• 对新型技术的现有监管思维如何适用于量子论及其技术应用？
• 预防原则等特定的法律标准如何适用于量子技术？知识产权法、贸易法、技术的军用监管等特定法律领域如何适用于量子技术？
• 量子论是否对法律监管及其效力造成更深层次的问题？量子论及其应用具有超专业属性，非专业人士是否有能力监管？自我监管是否受欢迎/必要/难以避免？
• 量子技术对科学的法律监管造成哪些紧张局势，如何解决？法律如何监管概率等概念？法律如何处理不确定性方为上道？
• 此类监管框架及其陈述和执法应由谁负责？[②]

显然，量子技术的法律制度仍处于发展的早期阶段。但由于尚不确定技术带来的影响，施以监管可能为时过早，先发制人的监管可能会减少市场准入或重大发现的披露。[③]

2. 量子技术的应用

许多人听到与技术相关的"量子"一词时，只会想到计算机、通信和加密。他们尚未意识到量子应用涉及的远不止于此，对社会、经济和安全皆存在广泛影响。这些影响源自"量子"技术的多种可能应用。下文简要介绍了最成熟的应用和部分新应用：计算、加密、量子互联网、量子卫星通信、基于量子的人工智能、量子"隐形传态"和量子传感器（雷达、成像、导航、要求高精度测量和定时的应用）。下面将作为更为详细的探讨。

2.1 量子计算

量子计算机依靠量子力学的著名怪相[④]来执行某类计算，速度远超过人们能够想象到

---

① Bradsher, K. and Katrin Bennhold (2019). "World Leaders at Davos Call for Global Rules on Tech". New York Times, January 23, 2019. Accessible at https://www.nytimes.com/2019/01/23/technology/world-economic-forum-data-controls.html.

② Quantum Law (2018). "Quantum Law: An Interdisciplinary Exploration of Quantum Theory, Law and Ethics". Call for Conference papers. Accessible at https://quantumlaw2018.wordpress.com/.

③ Jayakar, K. (2019). Personal Communication to the author, March 7, 2019.

④ Frankel, E. (2015). "The Reality of Quantum Weirdness". New York Times, February 20, 2015. Accessible at https://www.nytimes.com/2015/02/22/opinion/sunday/the-reality-of-quantum-weirdness.html.

的任何经典机器。传统计算机的数据处理能力正不断逼近极限,但数据的增长却从未停止。摩尔定律预测集成电路上的晶体管数量将每两年翻一番,尽管自 1965 年出现该术语以来一直得到证实,晶体管如今的尺寸已达到现有技术能实现的最小水平。这正是业内名列前茅的领军企业争相推出首款可用的量子计算机的原因,较之当今的计算机,它的能力实现了指数级增长,能够处理我们每天生成的全部数据,解决日益复杂的问题。

网络安全初创公司 Post-Quantum 首席执行官 Andersen Cheng 表示,"基因组建模、药物研究和天气预报等诸多计算密集型流程所需的大量小型计算和同步计算将因此受益匪浅。许多金融建模和交易分析亦能因此增加财务收益。"[①]

一旦这些行业领袖中的一个成功生产出商业上可行的量子计算机,很可能在几秒内便能够完成计算,相当于如今计算机数千年的工作量。这对于我们处理生成的庞大数据、解决非常复杂的问题将是至关重要的。

量子计算和"云"如下所述。

量子计算的主要进展来自 IBM 公司,IBM 公司在其纽约的 IBM T. J. Watson 研究中心开发出世界上第一个量子计算平台,可通过 IBM Cloud 访问。虽然它"只"拥有一个 5 量子比特的处理器,但其目标是将计算能力提高到 50 量子比特,这将令 IBM 量子计算机胜过当前排名前 500 的超级计算机加在一起的计算能力。[②]

2017 年 3 月,IBM 量子计算研发团队推出针对企业和科技行业的商用量子计算系统,迈出了大规模采用量子计算的历史性步伐。该系统和服务被称为 IBM Q,可通过 IBM Cloud 平台访问。目前,可运用 IBM 量子体验(IBM Quantum Experience)尝试构建量子计算的算法。自推出以来,约有 4 万名用户在此工具上运行了超过 275 000 次实验。[③]

IBM 量子计算研发团队还发布了一个 API(应用程序接口),开发人员、程序员乃至缺乏量子物理背景的人均可通过此 API,在计算速度为 5 量子比特(qubits)的 IBM 量子计算机和如今常用的传统计算机之间构建接口。[④]

虽然对量子器件的初级访问仍属顶级研究机构的特权,IBM 公司已身先士卒提供通过云访问的量子计算。毫无疑问,在量子计算机竞赛中争夺一席之地的谷歌、微软、英特尔等其他科技巨头将纷纷效仿 IBM 公司的做法,推动量子器件的云访问。[⑤]

量子计算的商业化必须克服若干技术挑战。需对量子硬件进行扩展,以便与数十年来

---

① Carter, J. (2016). "How do we Create a Quantum Internet?" Techradar, Sept. 19, 2016. Accessible at https://www.techradar.com/news/internet/how-do-we-create-a-quantum-internet-1328520.

② Galeon, D. (2017). "IBM Just Announced a 50-Qubit Quantum Computer". Futurism, November 10, 2017. Accessible at https://futurism.com/heres-a-look-at-what-experts-think-our-martian-homes-will-look-like.

③ Baig, E. (2017). "IBM's New Q Division to Commercialize Quantum Computing". USA Today, March 6, 2017. Accessible at https://www.usatoday.com/story/tech/columnist/baig/2017/03/06/ibms-new-q-division-commercialize-quantum-computing/98805172/.

④ Baig, E. (2017). "IBM's New Q Division to Commercialize Quantum Computing". USA Today, March 6, 2017. Accessible at https://www.usatoday.com/story/tech/columnist/baig/2017/03/06/ibms-new-q-division-commercialize-quantum-computing/98805172/.

⑤ Boyle, A. (2018). "Why Microsoft, IBM, Google and Boeing are Taking a Giant Leap into Quantum Computing". Geekwire, October 18, 2018. Accessible at https://www.geekwire.com/2018/microsoft-ibm-google-boeing-leaping-quantum-computing/.

一直呈指数级增长的传统硬件相竞争。在扩展的同时保持一致性是量子系统工程的一大挑战。当前,不甚完美的量子器件需经过一番改进方可做到实用。[①]

2.2 量子加密

对组成数字的质因数进行分解,听起来可能颇为深奥,但此问题,以及其他一些与之密切相关的数学任务的单向性是多数现代加密技术依赖的基础。此加密的用途很多。捍卫国家机密和公司秘密,保护资金流和医疗记录,实现了 2 万亿美元的电子商务产业。少了它,信用卡的详细信息、银行转账、电子邮件等都会以无保护的状态在互联网上传输,任何人想看就看,想偷就偷。区块链也可能变得不再可靠。[②]

量子密钥分发技术便是其中之一。它不仅解决了量子计算对已经使用的加密密钥生成算法构成的威胁,还可提供更高级别的安全。这些与量子计算的未来问题密切相关,第 4 章节"美国国家安全相关问题"对此做了更为详细的探讨。

2.3 量子互联网

目前,"量子互联网"的基本概念是提供量子连接,从多个接入点连入亚马逊 Web 服务(AWS)、微软"Azure"、谷歌云、IBM 云、阿里巴巴云、甲骨文云等大公司"云端"的量子计算机。

"量子互联网"依赖的主要量子特征与量子计算机相同:叠加、退相干和纠缠。虽然"量子互联网"偶尔可能包括某些混合网络中的传统数字组件,但其本质截然不同。

对相关物理学的深刻理解超出了本文的范畴。事实上,很少有人完全理解,甚至连专家们也未达成一致意见。本文的重点在于"量子互联网"的应用。量子互联网尚处于早期阶段,其用途仍在不断涌现,但它与加密的关系显然是核心问题之一。另一个核心问题是,量子互联网能否提供对(未来)具有大规模计算潜力的量子计算机的广泛访问。可以预见,量子网络的创建过程复杂且昂贵,对大多数用途而言(至少就目前而言),经典的数字网络可能更为有效。

2.3.1 量子互联网:理论

经典电信网络(和计算机)的基础是二进制代码,其所用的"比特位"是"二进制数"的缩略语。量子互联网现处于早期阶段,依赖的是"量子比特"或"量子位"。数字比特位具有两种可能的状态(0 和 1),量子比特则至少有三种。第三种状态是"叠加",粒子的位置定义为概率分布。该状态仅在与环境相互作用(如被测量)的情况下坍塌为有形的形式,称为"退相干"。在此情况下,存在具有某些特征的粒子。此时,量子比特可与另一个(可能更多个)其他粒子"纠缠",无法相互摆脱。任何干扰或复制(如黑客攻击)均可从根本上改变纠缠的粒

① McCluskey, B. (2018). "The Herculean Tasks of Quantum Computing". Technologist, October 29, 2018). Accessible at https://technologist. eu/the-herculean-tasks-of-quantum-computing/.

② Economist (2018). "Quantum Computers Will Break the Encryption that Protects the Internet". Economist, October 20, 2018). Accessible at https://www. economist. com/science-and-technology/2018/10/20/quantum-computers-will-break-the-encryption-that-protects-the-internet.

子。纠缠是量子通信的关键。①

我们所知的互联网利用无线电频率通过各类传输介质将计算机连入全球网络。在量子互联网中,量子网络利用纠缠的量子粒子以未知的量子叠加态发送信号。之后,当发送方的纠缠粒子坍塌为有形状态时,"被纠缠"的粒子同样坍塌,且与另一粒子具有相同属性。如果任一个粒子发生了变化,量子纠缠会令两个粒子在瞬间相互响应。理论上此种联系可存在于超远的距离之间,使量子连接格外安全。②

这一怪相突显了量子互联网所利用的密码学、信息论和基础物理学之间的深层联系。奥地利物理学家安东·泽林格(Anton Zeilinger)在 2005 年的《自然》杂志中直言不讳地表示:

"我所学到的是在谈论量子纠缠时放下所有直觉。任何试图用我们周遭世界的某些事物进行的类比都不会奏效,因为这是量子的概念,而在日常生活中,我们看不到什么真正的量子概念。所以我放弃尝试直观地解释何为纠缠。"③

爱因斯坦如铁律一般的光速是宇宙极限速度的问题并没有简单的答案。对明显"快于光"的速度问题的一个回答是,因为相互退相干是同时发生的,所以不存在"速度"。没有任何运动,没有实际的信息传递。④ 其他研究人员声称测量到的速度是光速的 1 万倍。⑤

2.3.2　量子互联网:技术

量子技术可应用于标准电信网络。例如,西班牙的研究人员基于软件定义网络(SDN)的技术开发出量子加密网络并集成到商用光网络中,以灵活、动态、可扩展的方式实现了量子网络和经典网络的服务。在现有基础设施上运用标准通信系统开发量子网络的这一事实凸显了此项技术的成熟性,令远隔 60 公里的两点间的连接链路得以实现切换。⑥

同一光波段下,20 个量子信道可共用同一条光纤,若使用标准的 100G 光模块,可在城域网中以超过 2 TB/s 的速率同时传输量子信号。⑦

---

① Lucy, M. (2018). "The Quantum Internet is Already Being Built". Cosmos, April 13, 2018. Accessible at https://cosmosmagazine.com/technology/the-quantum-internet-is-already-being-built.

② Lucy, M. (2018). "The Quantum Internet is Already Being Built". Cosmos, April 13, 2018. Accessible at https://cosmosmagazine.com/technology/the-quantum-internet-is-already-being-built.

③ Deighton, B. (2017). "Envisioning a Future Quantum Internet". Horizon: The EU Research & Innovation Magazine, May 4, 2017. Accessible at https://phys.org/news/2017-05-envisioning-future-quantum-internet.html.

④ Masters, K. (undated). "*Does Quantum Entanglement Imply Faster than Light Communication*?" Cornell University: Ask an Astronomer. Accessible at http://curious.astro.cornell.edu/about-us/137-physics/general-physics/particles-and-quantum-physics/810-does-quantum-entanglement-imply-faster-than-light-communication-intermediate.

⑤ Dodson, B. (2013). "Quantum 'spooky action at a distance' travels at least 10,000 times faster than light". New Atlas, March 10, 2013. Accessible at https://newatlas.com/quantum-entanglement-speed-10000-faster-light/26587/.

⑥ Martinez, E. (2018). "Quantum Technologies can be applied on a Standard Telecommunications Network". Phys.org, Oct. 4, 2018. Accessible at https://phys.org/news/2018-10-quantum-technologies-standard-telecommunications-network.html.

⑦ Martinez, E. (2018). "Quantum Technologies can be applied on a Standard Telecommunications Network". Phys.org, Oct. 4, 2018. Accessible at https://phys.org/news/2018-10-quantum-technologies-standard-telecommunications-network.html.

量子技术为当前的技术漏洞提供了解决方案。利用量子技术,可运用量子原理通过公共通信信道生成密钥,密钥可抵御任何攻击,包括来自量子计算机的攻击。量子技术甚至能够立即探测到一切攻击企图。[1]

纠缠的光子束通过空气或光纤时,会遇到其他粒子而慢慢被截取吸收。至多数百公里后,99.99%的光子将会消失,信号因而变得太弱,无法用于通信。解决此问题的一个办法是通过绕地球运行的卫星进行连接,通过激光束从太空向下发射光子。[2]

另一种方法是使用中继器重新传输衰减信号。"半量子"系统沿"可信节点"链[3]建立量子连接,这些节点会对信号进行解码和重新编码。此类链路中,在用的最长链路是北京经济南、合肥至上海的长达 2 000 公里的通信线路。[4]

世界各地的科学家们正努力寻找新方法来实现一个无法被"黑"的互联网,该互联网将量子纠缠作为组网链路。[5] 最大的挑战在于将网络扩展至与大量粒子和网络节点共用纠缠链路的大型网络。

量子互联网很可能是第一个成为现实的量子信息技术。2018 年,荷兰代尔夫特 QuTech 的研究人员在《科学》上发表了一份实现该目标的综合指南。指南描述了六个阶段[6],起点是简单的量子比特网络,这些网络已可实现安全的量子通信——此阶段可能在不久的将来成为现实。以全量子方式连接的量子计算机网络是六大阶段的终点。每个阶段都会出现新的应用,如极为精确的时钟同步,或将地球上的各个望远镜集成为一个虚拟的超级望远镜。这项工作创造了一种共同语言,将高度跨学科的量子组网统一起来,打造全球性量子互联网之梦。[7]

最终目标是创建一个全面连接的量子计算机网络。第一阶段是"几个量子比特的容错网络",网络中位于各节点的量子计算机还不够大,无法超越标准计算机的性能。尽管如此,计算机能够容错便意味着它们将执行相对复杂的计算并在相当长的时间内存储量子数据。[8]

① Lucy, M. (2018). "The Quantum Internet is Already Being Built". Cosmos, April 13, 2018. Accessible at https://cosmosmagazine.com/technology/the-quantum-internet-is-already-being-built.

② Lucy, M. (2018). "The Quantum Internet is Already Being Built". Cosmos, April 13, 2018. Accessible at https://cosmosmagazine.com/technology/the-quantum-internet-is-already-being-built.

③ Gent, E. (2018). "From Quantum Computing to a Quantum Internet: A Roadmap". Singularityhub.com, October 22, 2018. Accessible at https://singularityhub.com/2018/10/22/from-quantum-computing-to-a-quantum-internet-a-roadmap/.

④ Gohd, C. (2017). "China is Paving the Way to Quantum Internet". Futurism.com, August 28th, 2017. Accessible at https://futurism.com/china-is-paving-the-way-to-quantum-internet/.

⑤ Economist (2018). *Quantum Computers Will Break the Encryption that Protects the Internet*. Economist, October 20, 2018. Accessible at https://www.economist.com/science-and-technology/2018/10/20/quantum-computers-will-break-the-encryption-that-protects-the-internet .

⑥ Castelvecchi, D. (2018). "Here's What the Quantum Internet Has in Store", Scientific American, Oct. 27, 2018. Accessible at https://www.scientificamerican.com/article/here-rsquo-s-what-the-quantum-internet-has-in-store/ .

⑦ NWO: Netherlands Organization for Scientific Research (2017). "One Step Closer to the Quantum Internet by Distillation." NWO website, June 2, 2017. Accessible at https://www.nwo.nl/en/news-and-events/news/2017/enw/one-step-closer-to-the-quantum-internet-by-distillation.html.

⑧ Mandelbaum, R. (2018). "Scientists Worldwide are Getting Serious About Quantum Internet". Gizmodo.com, October 25, 2018. Accessible at https://gizmodo.com/scientists-worldwide-are-getting-serious-about-quantum-1829993238.

2.4 量子卫星通信

出于各类技术原因,卫星通信较之量子通信系统或量子互联网更具吸引力。就目前已知的情况而言,美国并未在此方面开展积极工作或试验。尽管如此,美国军方和安全部门完全有可能利用该技术为自身建立了非公共的安全系统。此外,美国于2018年6月公布了第一个商用量子网络。[①]

在一项具有里程碑意义的研究中,中国的科学家团队利用实验卫星对量子纠缠进行了前所未有的远距离测试,纠缠的光子对被发射到中国的三个地面站(各地面站间的间隔超过1 200公里)。[②]

要形成环绕全球的量子通信安全网络,唯一可行的办法是通过真空空间发射量子密钥,之后利用地面节点完成数十至数百公里的分发。2016年,重达600公斤、以中国古代哲学家命名的"墨子号"卫星发射进入近地轨道,这是中国发射的首颗量子卫星,也是中国总额1亿美元的量子科学实验卫星计划(QUESS)的排头兵。[③]

以5世纪中国科学家墨子命名的这颗卫星从北京向维也纳发送了一张墨子的图片,维也纳则回以一张埃尔温·薛定谔的图片。随后,科学家们继续加码,召开中国和奥地利科学院之间的视频电话会议。视频会议持续了75分钟,期间约传输了2 GB的数据,包括一个560 KB的量子密钥。会议还使用了AES-128高级加密标准进行加密,每秒刷新一次128位的种子密钥。[④]

量子互联网对建立潜在的量子计算体系亦十分有益。谷歌、IBM等公司正在开发量子计算机,其执行特定算法的速率比现有的任何计算机都快。这些公司并未将量子计算机作为个人产品出售,而是将其放在云端[⑤],用户可通过互联网登录。在运行计算的同时,用户可能还希望在个人计算机和云端的量子计算机之间传输量子加密信息。"用户可能不希望通过经典技术发送信息,因为可能会被窃听"。[⑥]

一个名为"量子互联网联盟"的组织已经成立。量子互联网联盟的长期愿景是建立一个

---

① Business Wire (2018). "Quantum Xchange Launches the First Quantum Network in the United States to Provide Quantum-Safe Encryption Over Unlimited Distances". Business Wire, June 26, 2018. Accessible at https://www.businesswire.com/news/home/20180626005289/en/Quantum-Xchange-Launches-Quantum-Network-United-States.

② Chen, S. (2017). "Quantum Internet is 13 Years Away. Wait, What's Quantum Internet?" Wired. com, August 15, 2017. Accessible at https://www.wired.com/story/quantum-internet-is-13-years-away-wait-whats-quantum-internet/.

③ Billings, L. (2017). "China Shatters 'Spooky Action at a Distance" Record, Preps for Quantum Internet". ScientificAmerican. com, June 15, 2017. https://www.scientificamerican.com/article/china-shatters-ldquo-spooky-action-at-a-distance-rdquo-record-preps-for-quantum-internet/.

④ Billings, L. (2017). "China Shatters 'Spooky Action at a Distance" Record, Preps for Quantum Internet". ScientificAmerican. com, June 15, 2017. https://www.scientificamerican.com/article/china-shatters-ldquo-spooky-action-at-a-distance-rdquo-record-preps-for-quantum-internet/.

⑤ Galeon, D. (2017). "The 'Quantum Internet' Is Just a Decade Away. Here's What You Need to Know. " Futurism. com, August 17th, 2017. Accessible at https://futurism.com/the-quantum-internet-is-just-a-decade-away-heres-what-you-need-to-know/.

⑥ Chen, S. (2017). Could ghost imaging spy satellite be a game changer for Chinese military?" South China Morning Post, November 27, 2017. Accessible at https://www.scmp.com/news/china/society/article/2121479/could-ghost-imaging-spy-satellite-be-game-changer-chinese.

配套的量子互联网,与当今的互联网并行运转。该量子互联网将实现远程量子通信,进而连接量子处理器以获得无与伦比的能力,而这些功能仅使用经典手段是无法实现的。[1]

2.5 量子人工智能

人工智能使用的量子计算机中最出名的应该是美国宇航局拥有的量子计算机,它是美国宇航局量子人工智能实验室(QuAIL)和谷歌合作的产物。这台 D-Wave 2X(和其他产品一样)是一款 1098 位量子比特的量子计算机。D-Wave 2X 置于比地球磁场弱 5 万倍的真空设备中,低温冷却至零下 460℉,约比星际空间的温度低 180 倍。量子计算机需要低温(准确来说是绝对零度)且不会受到任何电磁干扰的影响。[2]

即使全量子计算解决方案尚未出现,人工智能,特别是机器学习,仍可持续从量子计算技术的进步中受益。通过量子计算的算法,我们能够强化机器学习已有的功能。此外,由于量子计算机整合的数据集截然不同,一旦问世,预计将出现重大突破。虽然起步阶段没有人为的干预可能存在困难,但人类的参与将帮助计算机学习未来如何对数据进行整合。[3]

量子人工智能的研究层出不穷,科技巨头和 Rigetti 这样的技术公司纷纷推出全栈量子计算。美国宇航局和谷歌公司早在 2013 年便建立了量子人工智能实验室,量子人工智能几乎已成为一个主要的研究领域。要令量子计算在人工智能问题上发挥作用,量子处理器须与当前的技术栈相结合。未来,我们将看到量子硬件及其 API 和语言被整合到当前的系统中。[4]

Amit Ray 博士发现,量子计算与神经网络的结合是研究十分活跃的一个领域。量子学习算法也有新的发展。这从量子卷积神经网络(QCNN)和量子强化神经网络(QRNN)中可见一斑,通过梯度下降训练算法,对经典问题进行归纳。[5]

各大院校和企业通过 ibm.com/IBMQ 在线访问 IBM 公司的三个开源量子系统(5 到 16 位量子比特),目前已运行了 200 万个量子程序,用以证明或行文论述依靠以往的处理能力从未能够证明的理论。[6]

---

① Quantum Internet Alliance (2018). "For the Future of the Quantum Internet". Homepage. Accessible at http://quantum-internet.team/.

② Carter, J. (2016). "*How do we Create a Quantum Internet?*" Techradar,Sept. 19,2016. Accessible at https://www.techradar.com/news/internet/how-do-we-create-a-quantum-internet-1328520.

③ Marr, B. (2017). "How Quantum Computers Will Revolutionize Artificial Intelligence,Machine Learning and Big Data". Forbes,Sept. 5,2017. Accessible at https://www.forbes.com/sites/bernardmarr/2017/09/05/how-quantum-computers-will-revolutionize-artificial-intelligence-machine-learning-and-big-data/#4612d0415609.

④ Bhatia, R. (2018). "How Quantum Computing Will Change the Face of Artificial Intelligence". Analytics India Magazine,July 11,2018. Accessible at https://www.analyticsindiamag.com/how-quantum-computing-will-change-the-face-of-artificial-intelligence/.

⑤ Bhatia, R. (2018). "How Quantum Computing Will Change the Face of Artificial Intelligence". Analytics India Magazine,July 11,2018. Accessible at https://www.analyticsindiamag.com/how-quantum-computing-will-change-the-face-of-artificial-intelligence/.

⑥ Friedman, T. (2018). "While You Were Sleeping". New York Times,January 16,2018. Accessible at https://www.nytimes.com/2018/01/16/opinion/while-you-were-sleeping.html.

2.6 量子"隐形传态"

在流行文学中,科幻小说作者用"隐形传态"来描述一个人或物体在一处解体而在另一处完美复制的现象。[①] 隐形传态的机器好似传真机,只是它除了可处理文件外还能处理三维物体,它生成的是精确的副本而非近似的传真件,在扫描的过程中销毁原件。[②]

"量子隐形传态"是指量子态(当然,它们包含着信息)在一侧消失然后再出现于另一侧。有趣的是,由于信息不在物理载体上传播,因此并不以光脉冲编码——信息未在发送方和接收方之间传递,故无法被截获。信息在一侧消失,再出现于另一侧。[③]

过去,隐形传态的概念并未得到严肃对待,因为科学家认为其违反了量子力学的不确定性原理,即任何测量或扫描过程均无法完全提取原子或其他物体中的全部信息。[④] 根据不确定性原理,对象的扫描越准确,扫描过程带来的干扰就越多,直至对象的原始状态完全被破坏,提取的信息仍不足以实现完美复制。[⑤]

虽然命名的灵感来自小说中常见的瞬间移动,但量子"隐形传态"的表述并不准确,其传递的内容仅限于信息而非物质本身。量子的隐形传态并非传输形式,而是沟通方式:提供了将量子比特从一个位置传输到另一个位置的方法,粒子实体无须随之移动。[⑥]

物理学家称之为隐形传态是因为亚原子粒子的位置、动量、极化和自旋等属性便是我们用以了解该粒子的全部内容。如果具有特定属性集合的粒子在一处消失,而具有完全相同属性的粒子又在别处出现,怎么能说它们不是同一个粒子呢?[⑦]

但如今众所周知,通过量子的隐形传态现象,物体中的这些过于脆弱、无法以常规手段扫描和传递的信息可被精准传递。[⑧]

这种"量子隐形传态"实际并不涉及真实物体的瞬间移动——它甚至压根不是真正的瞬间移动。实际上,科学家是以只能由两个观察者访问的方式发送光粒子的相关信息。这可能对未来的计算产生重大影响——将实现令人难以置信的数据加密。但以此技术实现的加

---

① IBM Research (undated). "Quantum Teleportation". Accessible at https://researcher. watson. ibm. com/researcher/view_group. php? id=2862.

② IBM Research (undated). "Quantum Teleportation". Accessible at https://researcher. watson. ibm. com/researcher/view_group. php? id=2862.

③ Deighton, B. (2017). *"Envisioning a Future Quantum Internet"*. Horizon: The EU Research & Innovation Magazine, May 4, 2017. Accessible at https://phys. org/news/2017-05-envisioning-future-quantum-internet. html.

④ IBM Research (undated). "Quantum Teleportation". Accessible at https://researcher. watson. ibm. com/researcher/view_group. php? id=2862.

⑤ IBM Research (undated). "Quantum Teleportation". Accessible at https://researcher. watson. ibm. com/researcher/view_group. php? id=2862.

⑥ Wikipedia (2019). "Quantum Teleportation". Wikipedia article, last edited January 5, 2019. Accessible at https://en. wikipedia. org/wiki/Quantum_teleportation.

⑦ Lucy, M. (2018). *"The Quantum Internet is Already Being Built"*. Cosmos, April 13, 2018. Accessible at https://cosmosmagazine. com/technology/the-quantum-internet-is-already-being-built.

⑧ IBM Research (undated). "Quantum Teleportation". Accessible at https://researcher. watson. ibm. com/researcher/view_group. php? id=2862.

密依旧遥遥无期。[①]

由于依赖经典通信技术,处理的速度不能超越光速,无法用于经典比特的超光速传输或通信。虽然已证明可在两个(纠缠的)原子之间实现一个或多个量子比特信息的隐形传态,在大于分子尺寸的任何物体间的传输仍未实现。[②]

但该技术的重要性不应受到影响:墨子号量子隐形传态实验的工作距离可达 870 英里(1 400 公里),约为之前记录的 8 倍。此外,至少有一位研究人员表示,到达卫星的隐形传态能力代表了在技术开发的巨大飞跃,有望重塑现代世界。[③]

尽管已经建立了一些小规模的量子互联网,但它们使用的是光缆(而非卫星),与传统计算机的接口也往往牺牲了速度和安全。[④]

为使全球量子互联网正常运转,一些实体必须弄清楚如何提高其量子互联网信号的保真度。同样,商用量子计算机和量子路由器需要价格合理、可靠且最终可用,以充分发挥量子互联网的速度和安全优势。[⑤]

2.7 量子技术的其他应用

如上文所述,量子力学物理中涉及的基本原理还有许多可能的应用,其中的诸多领域皆不乏感兴趣的人士。计算机和通信只是量子技术最广为人知的应用。其他应用包括以下几点。

2.7.1 量子传感器

量子传感器是利用量子纠缠等量子关联的器件,与仅使用经典系统相比,量子系统获得的灵敏度和分辨率更好。[⑥]

美国宇航局和加利福尼亚州森尼维尔的 AOSense 公司已成功构建并演示了能够获得高灵敏度和精确重力测量的量子传感器的原型——为下一代地理测量、水文和气候监测任务奠定了基础。[⑦]

---

① Mandelbaum, R. (2018). *"Scientists Worldwide are Getting Serious About Quantum Internet"*. Gizmodo.com, October 25, 2018. Accessible at https://gizmodo. com/scientists-worldwide-are-getting-serious-about-quantum-1829993238.

② Thompson, A. (2017). "How Quantum Teleportation Actually Works". Popular Mechanics, March16, 2017. Accessible at https://www. popularmechanics. com/science/a25699/how-quantum-teleportation-works/.

③ Emspak, J. (2017). "Chinese Scientists Just set the Record for the Farthest Quantum Teleportation". Space. com, July 15, 2017. Accessible at https://www. space. com/37506-quantum-teleportation-record-shattered. html.

④ Mosher, D. (2017). "China has pulled off a 'profound' feat of teleportation that may help it 'dominate" the way the world works". Business Insider, July 20, 2017. Accessible at https://www. businessinsider. com/china-teleportation-space-quantum-internet-2017-7.

⑤ Mosher, D. (2017). "China has pulled off a 'profound' feat of teleportation that may help it 'dominate" the way the world works". Business Insider, July 20, 2017. Accessible at https://www. businessinsider. com/china-teleportation-space-quantum-internet-2017-7.

⑥ Wikipedia (2018). "Quantum Sensor". Wikipedia article, last edited March 19, 2018. Accessible at https:// en. wikipedia. org/wiki/Quantum_sensor.

⑦ Newland, S. (2018). "NASA-Industry Team Creates and Demonstrates First Quantum Sensor for Satellite Gravimentry". AOSense, December 20, 2018. Accessible at https://aosense. com/nasa-industry-team-creates-and-demonstrates-first-quantum-sensor-for-satellite-gravimetry/.

美国国家标准与技术研究院(NIST)的研究人员打造了一款芯片,该微型工具包通过激光与微型原子团的相互作用,以量子精度测量长度等物理量。[①]

选取的部分潜在应用能力包括:

- 纳米级温度传感器;
- 石油、天然气、矿产和防务领域的重力传感器;
- 微型光学时钟;
- 非侵入式探测材料的局部化现象和瞬态现象;
- 改善健康的植入式传感器;
- 改良的磁传感——心脏、大脑影像;
- 加速度计、陀螺仪、重力计、磁力测量仪、计时所用的量子芯片;
- 生物医学影像;
- 穿墙成像;
- 精确导航的惯性传感器;
- 物联网。

美国能源部详细研究了量子传感器的未来应用[②],发现它们为特定的公共应用和推动物理学与科学向前发展提供了广泛机遇。无独有偶,英国研究与创新委员会已为英国量子传感器的发展提出了详细且具体的"愿景"[③],其中大部分为描述性内容,同样适用于美国。

2.7.2　量子雷达

量子雷达是一项新兴的遥感技术,利用的是输入的量子关联(特别是量子纠缠)和输出的量子检测。若成功开发,即使信号被背景噪声淹没,雷达系统也能自行选择所需信号,从而能够探测隐形飞机、筛除故意干扰、在地面杂波等造成的高背景噪声区域工作。[④]

雷达将多个光子分为纠缠对,比如光子 A 和光子 B。雷达系统通过微波束将纠缠对中的一半光子即 A 光子发射到空中,另一半的 B 光子仍留在雷达基地。通过研究留在雷达基地的光子,雷达操作员可判断向外发射的光子发生了什么。是遇到了物体? 物体有多大? 物体行进的速度多快、方向如何? 是个什么样子的物体?[⑤]

量子雷达也可无视传统的雷达干扰和欺骗手段,如无线电雷达干扰器和雷达示踪物。

---

① Physics. org (undated). "What is superposition?" Institute of Physics. Accessible at: (http://www. physics. org/article-questions. asp? id=124).

② U. S. Department of Energy, Office of Science (2016). "Quantum Sensors at the Intersections of Fundamental Science, Quantum Information Science & Computing". Report of the DOE Roundtable, February 25, 2016. Accessible (. pdf) at https://www. science. energy. gov/~/media/hep/pdf/Reports/DOE_Quantum_Sensors_Report. pdf.

③ UK Research and Innovation Board (2013). "Quantum Sensors Workshop Outputs". Engineering and Physical Sciences Research Council, Department for Business, Energy and Industrial Strategy, 31 October 2013. Accessible at https://epsrc. ukri. org/newsevents/pubs/quantum-sensors-workshop-outputs/.

④ Wikipedia (2018). "Quantum Radar". Wikipedia article, last edited October 19, 2018. Accessible at https://en. wikipedia. org/wiki/Quantum_radar.

⑤ Wang, B. (2017). "More technical details about China's Quantum Radar claims and quantum radar lab work." Next Big Future, February 28, 2017. Accessible at https://www.nextbigfuture. com/2017/02/more-technical-details-about-chinas. html.

2.7.3 量子成像

量子成像对任何基于光测量的应用或传感器均有帮助。它将为国防和环境监测等领域提供新的机会。一旦获得监管部门批准,还将应用于医疗影像设备。量子成像技术将用于:[①]

- 粒子追踪(利用光镊或微流变等);
- 数据的光存储;
- 波束定位(如原子力显微镜);
- 增强型磁力测定;
- 放大衰减的光信号;
- 多信道量子通信。

量子成像的理论不同于经典成像,这些关键差异形成了量子成像的优势。"鬼成像"的图片往往来自光子、电子和原子的量子属性,从而生成对相机不可见的物体图像。

照相机、x 射线仪等传统的成像装置通过检测作用于成像物体的光子来生成图像。[②] 如今,研究人员开发出新的量子成像技术,用一束光子照射物体,但之后形成图像的并非这些光子,而是完全不同的、从未接近过物体的另一束光子。换言之,通过检测从未作用于目标的光子来获得图像。[③]

此类量子纠缠相机的优点在于可用一定波长的光子照射物体,而后用另一波长的纠缠光子来形成图像。

鬼成像卫星有两个相机,一个相机通过桶状单像素传感器瞄准感兴趣的目标区域,另一个则测量环境中光场的各类变化。运用量子物理学的一套复杂算法,科学家将两个相机接收的信号加以分析合并,形成传统手段难以实现的高清晰度成像。鬼成像相机还可识别目标的物理性质乃至化学成分,这意味着军方可识别假目标,如机场陈列的假喷气式战机,或隐藏在迷彩篷下的导弹发射装置。[④]

2.7.4 量子导航

GPS 类似于导航,通常用于定位技术。GNSS(全球导航卫星系统)以卫星为基础,这意味在洞穴内、水下、停车场等没有信号的位置便无法使用。

GPS 对现代导航至关重要,但它极为脆弱。先不提覆盖范围——若卫星发生故障或遭到干扰攻击,很快会毫无用处。科学家们展示了一种"商业上可行"的量子加速度计,可在无 GPS 或其他卫星技术的情况下提供导航。该装置用激光将原子冷却到极低的温度,然后测量原子

---

① UK National Quantum Technology Hub (undated). "Imaging". Accessible at https://www. quantumsensors. org/innovation/work-packages/imaging/.

② U. S., Department of Defense (2014). "The Newest Thing in Quantum Imaging". Armed with Science, January 24, 2014. Accessible at science. dodlive. mil/2014/01/03/the-newest-thing-in-quantum-imaging/.

③ University of Vienna (2014). "Picturing Schrodinger's Cat: Quantum physics enables revolutionary imaging method". Phys. org, August 28, 2014. Accessible at https://phys. org/news/2014-08-picturing-schrodinger-cat-quantum-physics. html.

④ Chen, S. (2017). Could ghost imaging spy satellite be a game changer for Chinese military?" South China Morning Post, November 27, 2017. Accessible at https://www. scmp. com/news/china/society/article/2121479/could-ghost-imaging-spy-satellite-be-game-changer-chinese.

在加速度作用下的量子波特性。这一设备的灵敏度极高，比传统的加速度计更为可靠。[①]

这一切都始于研究发现，显示激光可以捕获并冷却真空中的原子。冷到多冷？只有绝对零度的百万分之一。在此温度下，原子对地球磁场和引力场的变化极为敏感。量子指南针的最大优势在于根据已知的物理定律，没有任何手段可对这些设备进行干扰，GPS则不同，GPS易受攻击和干扰。此项技术能够在水下定位且不易被攻击，比起普通人，各国军方可能对其更感兴趣。[②]

与GPS和其他依靠全球导航卫星系统（GNSS）的导航手段不同，量子指南针不依赖于任何外部参考，使得该设备比当前的导航技术更具防篡改性。举例而言，GPS可能被黑客攻击或欺骗，对军用和商用导航都有重大影响。量子指南针完全独立于其他体系，因而不易受到此类攻击的影响。

3. 经济和商业层面的影响

3.1 经济影响

量子技术，尤其是量子计算，在某些方面与通用技术类似：均具有一级、二级和三级效应。想从经济角度说明其对美国的影响并非易事；但存在一些可能有用的相关尝试。

经济分析所考虑的多为潜在的"利好"影响而非负面影响，例如"破解"加密可能对电子商务、银行业、加密货币、区块链应用和军事及安全目的产生的破坏性影响，以及对互联网的影响。许多量子技术具有潜在的"双重用途"，既可带来社会效益，也可能在敌人手中造成广泛的负面影响。

现在就估量"量子"技术对美国经济的长期总体影响还为时尚早。在某种程度上，可以估算部分"量子"细分市场中短期的美元价值。当有更多可用数据时，有关方法论或许能够帮助我们更清楚了解这一问题。此外，多份商业市场研究报告对部分细分市场进行了中短期预测。

与此最为相关的可能是2017年8月国防分析研究所出版的133页的"量子信息科学未来经济影响评估"，[③]对可能在未来某些时间点开辟重大商业市场的三大技术的未来影响进行了评估。这三大技术是：

- 量子计量和传感；
- 量子通信；
- 量子计算和仿真。

报告分别明确了三大技术可为潜在买方提供的能力、技术的商用时间表及其对应市场

---

① Fingas, J. (2018). "Quantum 'compass' promises navigation without using GPS". Engadget.com, November 11, 2018. Accessible at https://www.engadget.com/2018/11/11/quantum-compass/.

② Kumar, M. (2014). "'Quantum Compass': Navigation technology that might replace GPS'". Geo Awesomeness, May 18, 2014. Accessible at https://geoawesomeness.com/quantum-compass-navigation-technology-might-replace-gps/.

③ Crane, W. and Lance Joneckis, Hannah Acheson-Field, Iain Boyd, Benjamin Corbin, Xueying Han and Robert Rozansky (2017). "Assessment of the Future Economic Impact of Quantum Information Science". IDA Science and Technology Policy Institute, August, 2017. Accessible at https://www.ida.org/idamedia/Corporate/Files/Publications/STPIPubs/2017/P-8567.pdf.

的潜在规模。

报告发现,从事 QIS 技术产品开发的公司几乎全部处于发达国家。大大小小的欧美公司制造着量子测量设备和传感器。日韩的大型电子企业和电信公司则持续投资量子通信技术。尽管该领域内不乏欧洲企业,量子计算主要由美国主导。在美国,业内分为小型初创企业和研究团队两大阵营,研究团队的规模通常也较小,派生于 IBM、微软、Alphabet(谷歌)和英特尔等技术巨头中。未来十年内,市场上不太可能广泛出现商用的量子计算产品。[①]

报告中的九大发现为:[②]

(1)量子计量和传感已有健全的市场,但规模尚属小型(一年不到 5 000 万美元)至中型(5 000 万美元到 5 亿美元)。

(2)惯性导航系统和弱交互电子显微镜可能具有更大的市场潜力,价值在 5 000 万～5 亿美元。

(3)QKD 市场发展缓慢,因为量子密钥的优势被其成本、复杂度和技术局限(需要在超过 100 公里的间距内再次传输密钥)所抵消。

(4)现有的商用量子计算能力十分有限,即使小型处理器的引入有助推动算法的开发,但至少在未来 10 年内仍将维持现状。

(5)量子计算和仿真可能服务利基市场,如特定分子的基态能量测定;可能与经典计算结合使用。

(6)美国当前位于 QIS 技术的领军位置。

(7)欧美企业是全球市场上量子计量和传感技术的主要提供商。

(8)美国的小型初创企业和技术公司是全球量子计算行业的主导力量。

(9)QIS 技术的短期商业潜力一般,但持续的研发可能形成突破,增加其商业潜力。

报告总结了以下三个主要方面的结论:

(1)量子计量和传感。三大类技术中,量子计量和传感涵盖的技术和应用最为广泛,从时钟到重力仪、惯性运动单元和医学影像设备。这些也是最为成熟的技术。

(2)量子通信。量子密钥分发(QKD)的市场起步缓慢,因为量子密钥的安全性优势被其成本、复杂度和技术局限(需要在超过 100 公里的间距内再次传输密钥)所抵消。

(3)量子计算和仿真。现有的商用量子计算能力十分有限,即使小型处理器的引入有助推动算法的开发,但至少在未来 10 年内仍将维持现状。[③]

---

① Crane, W. and Lance Joneckis, Hannah Acheson-Field, Iain Boyd, Benjamin Corbin, Xueying Han and Robert Rozansky (2017). "Assessment of the Future Economic Impact of Quantum Information Science". IDA Science and Technology Policy Institute, August, 2017. Accessible at https://www. ida. org/idamedia/Corporate/Files/Publications/STPIPubs/2017/P-8567. pdf.

② Crane, W. and Lance Joneckis, Hannah Acheson-Field, Iain Boyd, Benjamin Corbin, Xueying Han and Robert Rozansky (2017). "Assessment of the Future Economic Impact of Quantum Information Science". IDA Science and Technology Policy Institute, August, 2017. Accessible at https://www. ida. org/idamedia/Corporate/Files/Publications/STPIPubs/2017/P-8567. pdf.

③ Crane, W. and Lance Joneckis, Hannah Acheson-Field, Iain Boyd, Benjamin Corbin, Xueying Han and Robert Rozansky (2017). "Assessment of the Future Economic Impact of Quantum Information Science". IDA Science and Technology Policy Institute, August, 2017. Accessible at https://www. ida. org/idamedia/Corporate/Files/Publications/STPIPubs/2017/P-8567. pdf.

报告还与其他国家进行了对比,得出的结论是美国在量子计算领域处于全球领先地位。美国业内的企业分为两大阵营,一方是小型初创企业,另一方则是谷歌、IBM、英特尔、微软等大型科技公司内部的各项目团队。这些内部团队的规模相对较小,雇用的研究人员往往不到二十人,少于部分初创企业的雇员人数。[1]

美国的创业文化一直是美国企业开发 QIS 技术的重要因素。在量子计算领域,美国的初创企业表现尤为突出。美国政府的拨款对此类初创企业和从事 QIS 技术开发的其他企业的维系方面也发挥着重要作用。[2]

QIS 技术的直接商业潜力并不大。QIS 仍是物理学中最活跃的领域之一。美国和别国企业正在 QIS 技术的基础上开发新的技术,其中大多数服务于中小型市场。因此,尽管 QIS 技术对美国的经济产值确有助益,但未来 10 年内,QIS 产业不太可能成为主要的经济部门。[3]

另一份有用的报告是加拿大国家研究委员会于 2018 年 4 月发布的,报告尝试更具体地预估量子信息技术对经济的影响。作为美国的邻国和最大贸易伙伴,加拿大在该报告中[4]审视了三个主要的技术领域(传感和成像、计算、通信)并得出以下结论。

报告所用的方法是在 2017 年秋季对加拿大的专家进行了广泛访谈,专家明确了以下影响[5],如表 1 所示。

表 1　潜在影响

行业	潜在影响
通信	· 打破常规加密; · 打造全球通信链路网,其安全建立在物理学牢不可破的定律之上。
采矿/开采	· 对泄露和断层和超灵敏探测; · 储量探测。
金融	· 增加算力,优化交易算法; · 用于高速交易的精准时钟。
防务与安全	· 可发现隐蔽核潜艇的重力传感器; · 仿真新材料,制造更轻、更坚固的飞机或卫星。

---

[1]　Crane, W. and Lance Joneckis, Hannah Acheson-Field, Iain Boyd, Benjamin Corbin, Xueying Han and Robert Rozansky (2017). "Assessment of the Future Economic Impact of Quantum Information Science". IDA Science and Technology Policy Institute, August, 2017. Accessible at https://www. ida. org/idamedia/Corporate/Files/Publications/STPIPubs/2017/P-8567. pdf.

[2]　Krishnan, S. (2017). "11 Quantum Computing Startups to Watch". Analytics Insight, November 28, 2017. Accessible at https://www. analyticsinsight. net/11-quantum-computing-startups-to-watch/.

[3]　Crane, W. and Lance Joneckis, Hannah Acheson-Field, Iain Boyd, Benjamin Corbin, Xueying Han and Robert Rozansky (2017). "Assessment of the Future Economic Impact of Quantum Information Science". IDA Science and Technology Policy Institute, August, 2017. Accessible at https://www. ida. org/idamedia/Corporate/Files/Publications/STPIPubs/2017/P-8567. pdf.

[4]　National Research Council, Canada (2018). "Economic Impact of Quantum Technologies". NRC website, April 9, 2018. Accessible at (https://www. nrc-cnrc. gc. ca/eng/solutions/collaborative/quantum/qc_economic_impact. html).

[5]　National Research Council, Canada (2018). "Economic Impact of Quantum Technologies". NRC website, April 9, 2018. Accessible at (https://www. nrc-cnrc. gc. ca/eng/solutions/collaborative/quantum/qc_economic_impact. html).

续 表

行业	潜在影响
健康	• 改良的 MRI 速度可提高 40 倍,成本降低 75%; • 从科学文献中筛选有潜力的候选药品。
能源	• 设计超越锂离子技术的电池。
大数据	• 对庞大的数据集进行筛选; • 更优的机器学习和深度学习/量子人工智能。

关于时间表,受访者得出的结论是,量子技术将在未来 5 到 25 年内产生巨大影响,首先是传感和成像方面的创新,随后是通信方面的创新。最后,预计量子计算将需要最长的开发周期。①

就对整体经济的影响而言,报告基于当前的技术贸易情况进行了预测。②

过去,加拿大在技术贸易中占有全球 4% 的市场份额。但受访者均表示,加拿大目前的领导地位可能会为其带来更多量子技术的全球市场份额(接近 8%)。

据预测,到 2030 年,加拿大的量子技术产业值将增长到 82 亿美元,雇用 16 000 名员工,为政府创造 35 亿美元的回报。到 2040 年,预计量子技术的普及率将达到 50%,产值有望达到 1 424 亿美元,创造 22.9 万个就业岗位,为政府带来 550 亿美元的回报。2040 年,加拿大经济产值将达 4.2 万亿美元,同年,量子技术在经济中的占比约达 3.4%。

相比之下,2016 年加拿大国民经济中能够创造相同产值的部门包括加拿大航空航天部门和通信服务,如无线和有线电信运营商以及有线和程序分发商。这意味着量子技术公司的未来规模将与贝尔、罗杰斯和 Telus 一样,为加拿大经济创造价值,贡献训练有素的专业人士,如量子程序员、工程师和技术人员。若加拿大在未来几年仍能保持量子计算的领导地位,它将成为输送国际专业人才的枢纽。③ 美国可考虑类似举措能否为美国带来同样的效果。④

3.2 量子产品

由于广泛适用于各类技术、应用、服务和市场,量子技术已被用于生产多种产品以满足当前和未来需求,这一点不足为奇。这些产品处于不同的开发阶段,有些刚起步,有些已推向市场。出于商业利益和商业机会,多项市场研究正在展开,以便形成各类市场项目。

---

① National Research Council,Canada (2018). "Economic Impact of Quantum Technologies". NRC website, April 9,2018. Accessible at (https://www.nrc-cnrc.gc.ca/eng/solutions/collaborative/quantum/qc_economic_impact.html).

② National Research Council,Canada (2018). "Economic Impact of Quantum Technologies". NRC website, April 9,2018. Accessible at (https://www.nrc-cnrc.gc.ca/eng/solutions/collaborative/quantum/qc_economic_impact.html).

③ National Research Council,Canada (2018). "Economic Impact of Quantum Technologies". NRC website, April 9,2018. Accessible at (https://www.nrc-cnrc.gc.ca/eng/solutions/collaborative/quantum/qc_economic_impact.html).

④ National Research Council,Canada (2018). "Economic Impact of Quantum Technologies". NRC website, April 9,2018. Accessible at (https://www.nrc-cnrc.gc.ca/eng/solutions/collaborative/quantum/qc_economic_impact.html).

3.2.1 量子计算

发达国家正在经历一场"量子计算优势地位争夺赛",其带来的突破性计算能力将超越超级数字计算机的性能。量子计算技术可能改变商业、情报、军事和国力战略平衡的现状。量子物理学家正与技术巨头合作开发量子计算能力和技术,以五年前闻所未闻的方式为第二个信息时代打下基础。[①]

量子计算市场和相关的量子市场不断增长的原因有哪些呢?

国家安全:

- 量子加密是通信安全的关键;
- 量子计算为开发新式武器、侵入对手通信渠道开辟了新疆界;
- 量子计算将改变地缘政治的游戏规则。

国民经济:

- 量子计算为新型医药、可再生能源等人类生活的方方面面开拓了新的视野;
- 量子计算改变了经济游戏规则,有望颠覆整个产业,创造新产业。

以下是量子计算(QC)可能的细分市场:[②]

- 研发有助实现量子计算的物理器件;
- 量子加密;
- 量子计算仿真;
- 量子计算编程基础设施;
- 实现量子计算的超导(冷却)基础设施;
- 云端的量子计算;
- 前八大国家的量子计算市场;
- 通过云访问物理或仿真量子处理器,向新的参与者开放了市场,有助进一步推动量子计算生态系统的发展。

2017 年,北美在整个量子计算市场上占有最大份额。另一方面,亚太地区(APAC)预计有望成为量子计算增长最快的地区。[③]

随着网络犯罪事件的不断增加,以及国防、银行、金融、医疗保健、制药和化学品等行业中量子计算技术的日益普及,量子计算市场未来几年可能会出现高增长。一个被广泛引用的统计数据表明,2023 年量子计算市场的总值有望达到 4.953 亿美元,2017—2023 年的年

---

① Han, J. (2018). "The Race for Quantum Supremacy". Conduit, March 21, 2018. Accessible at https://medium. com/conduitcomputing/the-race-for-quantum-supremacy-46aa64fe478a.

② Market Research Media (2018). "Quantum Computing Market Forecast 2017-2022". Market Research Media, June 10, 2018. Accessible at https://www.marketresearchmedia.com/? p=850.

③ Research and Markets (2017). "＄495. 3 Million Quantum Computing Market by 2017 by Revenue Source, Application, Industry, and Geography - Global Forecast to 2023". Research and Markets, August 17, 2017. Accessible at https://www. prnewswire. com/news-releases/4953-million-quantum-computing-market-2017-by-revenue-source-application-industry-and-geography—global-forecast-to-2023-300505922. html.

复合增长率达 29.04%。[1]

量子-HPC(高性能计算)混合系统也被看成可能的过渡技术。作为中间解决方案,量子-HPC 混合系统结合了两者的优点,研究人员通过在量子设备和高性能计算系统间分配任务来更有效地解决复杂问题。[2]

考虑到量子计算的政治和经济影响,政府和大型企业都不可忽视量子-HPC 混合模型的出现。不难预测,国家安全机构将对加密和量子-HPC 混合模型的其他关键任务应用展开投资。银行机构和区块链、国家安全和银行业也是如此,这两大市场板块只是量子-HPC 混合模型影响深远的众多市场块中的两个,但两者都可能成为具有强劲增长势头、总值数十亿美元的细分市场。[3]

Alphabet、IBM、英特尔、微软等世界上最强大的科技公司主导了量子计算竞赛,带来了量子处理器技术和纠错方面的突破,逐步为量子计算生态系统奠定基础。英特尔已拥有为量子计算芯片生产全硅晶片的能力,大大增加了现有量子器件的数量。[4]

IBM 公司成立了一个新的量子计算部门"IBM Q",此举可能成为量子计算技术商用的转折点。IBM 公司凭借支持 API 的应用程序开创了云端的量子计算,主要用于研究目的。Rigetti Computing 公司推出了 Forest 开发环境,研究人员可访问 Rigetti 基于云的量子模拟器。[5]

参与量子计算逐利竞赛的公司有:[6]

- 1QB Information Technologies;
- Anyon Systems;
- Cambridge Quantum Computing;
- D-Wave;
- 谷歌;
- ID Quantique;
- IBM;
- IonQ;
- 英特尔;

① Markets and Markets (2017). "Quantum Computing Market by Revenue Source, etc. - Global Forecast to 2023". Markets and Markets, August 2017. Accessible at https://www.marketsandmarkets.com/Market-Reports/quantum-computing-market-144888301.html.

② MarketAnalysis.com (2018). "Hybrid Quantum-HPC Market Forecast 2019-2024". MarketAnalsys.com, Sept. 12, 2018. Accessible at https://www.marketanalysis.com/? p=8913.

③ Technologies.org (2017). "Market Insight: Quantum Meets HPC in the Cloud". Technologies.org, October 24, 2017. Accessible at https://www.technologies.org/? p=1624.

④ Synek, G. (2018). "Intel is now capable of producing full silicon wafers of quantum computing chips". Techspot, June 11, 2018. Accessible at https://www.techspot.com/news/75020-intel-now-capable-producing-full-silicon-wafers-quantum.html.

⑤ Market Research Media (2018). "Quantum Computing Market Forecast 2017-2022". Market Research Media, June 10, 2018. Accessible at https://www.marketresearchmedia.com/? p=850.

⑥ Bajpai, P. (2018). "Quantum Computing: What it is and Who the Major Players Are". NASDAQ.com, March 26,2018. Accessible at https://www.nasdaq.com/article/quantum-computing-what-it-is-and-who-the-major-players-are-cm939998.

- MagiQ；
- 微软；
- QbitLogic；
- QxBranch；
- QC Ware；
- Quantum Biosystems；
- Quantum Circuits；
- Qubitekk；
- Rigetti Computing；
- Optalysis。

各家企业的技术途径各不相同。举例如表2所示。

表2　量子项目

公司	技术	可能的失败原因
IBM	利用超导金属电路制造量子比特	量子比特的误差率过高,无法共同用于有益计算
微软	打造理论上更为可靠的新型"拓扑量子比特"	量子比特所用的亚原子粒子的存在有待证明,即使存在,也无证据表明其可控性
阿朗	在微软研究的启发下,利用基于不同材料的拓扑量子比特	同上
D-Wave Systems	出售基于超导芯片的512位量子比特的计算机	尚不清楚其芯片能否处理量子效应,即使能,其设计也仅限于解决很小的一部分数学问题
谷歌	自2009年开始实验D-Wave的计算机后,近期建立了实验室打造类似D-Wave的芯片	同上。此外,谷歌试图将最初为另一类量子比特开发的技术适用在D-Wave所用的类似量子比特上

资料来源：MIT Technology Review

欲对量子计算加以应用的公司包括:惠普、三菱、SK电信、洛克希德·马丁、英国电信、诺基亚、空客、Booz｜Allen｜Hamilton、富士通、东芝、阿里巴巴集团、NTT、雷神、NEC和KPN。[①]

3.2.2　量子加密/解密

量子加密是一种新的保密通信方法,可确保数字数据的安全。量子加密的主要利用单个粒子/光波(光子)及其基本的量子属性开发牢不可破的加密体系,因为在不干扰该系统的情况下,不可能测量任何系统的量子状态。理论上也可以使用其他粒子,但光子已提供了所有必需的属性,且其行为较容易理解,它们是光缆的信息载体,是最有前途的高带宽通信介质。[②]

[①]　Wikipedia (2019). "List of Companies Involved in Quantum Computing or Communication". Last edited January 11, 2019. Accessible at https://en. wikipedia. org/wiki/List_of_companies_involved_in_quantum_computing_or_communication.

[②]　Qaphy.com (undated). "Quantum Cryptography". Qaphy. com. Accessible at https://qaphy. com/.

量子加密运用物理学建立安全模型。量子加密技术提供了不易被破坏的高级加密体系，允许双方共享不为他人所知的密钥，用于加密和解密彼此打算分享的消息。量子加密系统的主要优点在于通信用户可探测到任何第三方的存在，这使得系统中传输的消息完全保密。[①]

预计到 2023 年，全球量子加密市场将达到 15.3 亿美元，此期间的年复合增长率将达 26.13％。数据安全和隐私问题的增加带来了市场的增长。此外，云存储和计算技术普及率的增长也推动市场向前发展。不同行业对安全解决方案的需求不断增加，有望为市场带来商机。[②] 该市场上的主要参与者是 D Wave Systems 公司（加拿大）、1QB Information Technologies 公司（加拿大）、QC Ware 公司（美国）、谷歌公司（美国）和 QxBranch 公司（美国）。

3.2.3 量子传感器

量子气体或超冷原子领域是物理学中发展最快的领域，对量子传感器领域具有广泛影响。重力计、原子钟等量子传感器是通过使用冷却至近绝对零度的原子来开发的。[③]

由于新技术的发展，业界和研究机构对精密测量的需求正在增加。美国各大院校正努力提高传感器的准确性，推动天文、GPS、通信和其他领域的高级应用。[④]

量子物理学领域的理论研究正在逐渐转化为可产业化的技术，用以解决实际问题，提高经典传感器的应用效率。

4. 美国国家安全相关问题

很明显，量子技术在计算、通信、计量和成像方面有许多商业应用和公共应用，其中许多应用还具有"双重用途"。例如，量子加密可用于保护隐私和金融交易。量子解密可用于破解密码，参与网络货币和区块链网络的有关非法交易。这样的例子不胜枚举。前文主要关注的是量子计算及相关应用的研究，及其在企业、学术界和公共部门的运用。

但如果不同时谈及社会的另一部分，即军方和国家安全情报及反情报部门，就难以全面探讨量子政策。较之其他领域，这些部门对量子技术，特别是量子计算、加密和通信更感兴趣。要保护国家机密，就要能够保障其安全并以安全方式加以传递。这里涉及非常具体的需求和需要保密的非常具体的解决方案。虽然本章不涉及安全问题（这需要另开一章讨论），但本章节谈到的一些量子技术带来的问题或具有跨界属性，或可能影响各行各业。

---

① Marketresearchfuture. com (2018). "Quantum Cryptography Market 2017 Trends, Size, Segments and Growth by Forecast to 2023". Marketresearchfuture, March 14, 2018. Accessible at https://technology4292. wordpress. com/ 2018/03/14/quantum-cryptography-market-2017-trends-size-segments-and-growth-by-forecast-to-2023-2/.

② Infoholic Research (2018). "Global Quantum Cryptography Market". Infoholic Research, March 2018. Accessible at https://www. infoholicresearch. com/report/quantum-cryptography-market/.

③ Singha, K. (2017). "How Big are the quantum sensors by 2017?" Quora, Sept. 29, 2017. Accessible at https://www. quora. com/How-big-are-the-quantum-sensors-by-2017; see also https://www. persistencemarketresearch. com/market-research/quantum-sensors-market. asp.

④ Singha, K. (2017). "How Big are the quantum sensors by 2017?" Quora, Sept. 29, 2017. Accessible at https://www. quora. com/How-big-are-the-quantum-sensors-by-2017; see also https://www. persistencemarketresearch. com/market-research/quantum-sensors-market. asp.

对具有双重用途的技术进行监管的挑战之一在于其背后的科学是可替代的,且在大多数情况下不具有保护期,因为它完全取决于科学,而科学是没有边界的。加密便是一例。一旦开发出强大的加密技术,它们就会开始在各处同时出现。量子计算和加密亦然,其背后的概念基于科学,可以复制。目前,量子加密与传统强加密的一个区别在于加密成本——量子加密的成本大得多。

4.1 量子通信

量子通信的基本原理上文第 2.0 章节"量子技术的应用"已做了论述,此处不再赘言。

虽然美国众议院通过了"国家量子计划法",但有人担心其可能不足以维系美国在军用量子技术领域的领导地位。该法案将在未来 10 年内为量子科学提供资金,以支持研究和私营部门合作。但该法案缺乏具体指导。[①]

新美国安全中心的学者给出了更为具体的建议:[②]

"在继续探索后量子加密方案的同时,美国政府亦应该开始评估军政体系从当今的主流加密形式过渡至新加密形式的总体成本和时间框架,可能需要大幅改动底层信息基础设施。国防部(DoD)还应进一步分析可用的量子加密和通信的实用性,确保军事信息系统的安全。随着量子雷达、传感、成像、计量和导航的发展日趋成熟,国防部还应考虑使用这些技术进一步开展原型设计和实验。展望未来,尽管第二次量子革命的全面影响还有待观望,并且有些怀疑是有道理的,美国必须利用其在创新方面的现有优势来减少技术意外的长期风险。"

考虑到美国当前(2019 年)的政治局面,尚不确定美国短期内会否关注此类提议。

4.2 量子加密

技术也对国家安全有着重大影响:量子计算机有助破解当今最先进的加密技术,并且可以创建几乎牢不可破的新型通信网络。今天,通信网络通过公共基础设施传递数字信息,通过加密来防止窃听者读取消息内容。唯一能够阻止窃听者解密消息的是解密的数学复杂度。量子计算机能够在远远少于当今最先进的传统计算机所用的时间内破解代码,指数级缩减破解当前加密手段所需的时间。[③]

量子技术可用于解密传统安全措施,反之,它也可以保护复杂的量子通信新型信道中的信息。窃听者利用中间人攻击,沿公共通信路径放置传感器,将通过信道的所有数据加以复制,试图实时或在稍后进行暴力解密。今天的传统网络缺乏可靠手段,无法探测出被放入的此类窃听装置。量子技术在设计上便实现了对最细微变化的探测。量子技术极为灵敏,能够探测出窃听者试图复制或截取数据时的异常。简言之,量子计算既带来前所未有的机遇,

---

① Glass,P. (2018). "Congress's Quantum Science Bill May not Keep the US Military Ahead of China". Defenseone, Sept. 17, 2018. Accessible at https://www. defenseone. com/threats/2018/09/congresss-quantum-science-bill-may-not-keep-us-military-ahead-china/151319/.

② Kania, E. and John Costello (2018). "Quantum Hegemony? China's Ambitions and the Challenge to U. S. Innovation Leadership". Center for a New American Security, Sept. 12, 2018. Accessible at https://www. cnas. org/publications/reports/quantum-hegemony.

③ Hurd,W. (2017). "Quantum Computing is the Next Big Security Risk". Wired online, December 7, 2017. Accessible at https://www. wired. com/story/quantum-computing-is-the-next-big-security-risk/.

也带来严峻的威胁。[①]

美国国家标准与技术研究院正开展工作以评估具有量子级安全的候选加密算法。欧洲电信标准协会和联合国国际电信联盟等组织亦在努力推动系统互联标准继续发展,实现量子安全。ISARA[②]等公司正带领密码学家和编程人员建立具有量子级安全的安全解决方案,帮助高风险行业和组织保护自身。

美国及其盟国必须展开类似协作,对接科学探索、技术进步和国家安全的目标。至少可通过能够防御量子攻击的加密技术来改造网络、计算机和应用程序。2016年12月,美国政府机构NIST(国家标准与技术研究院)呼吁提名新的后量子密码算法,作为未来的新标准加以研究。截至2017年11月30日,共收到82份不同提案,其中23份提议签名体系,59份提议加密或密钥封装机制(KEM)。NIST研究这些提议,并在2018年4月12日至13日举行首次标准化会议以审议各提案。3~5年内,NIST将分析提案并召开更多会议,以缩小第二轮评估的范围,并在分析完成后提供标准草案向公众征求意见。NIST评估的关键属性包括安全性、性能和包括简易替换、完美前向保密、对侧信道攻击的防御能力在内的其他属性。[③]

4.2.1 对美国国家安全的影响

除了通信,量子技术在安全领域还有其他相关应用。例如,更准确的原子钟可提高GPS的分辨率,实现更为精确的定位和导航。量子通信让政治和军事领袖的信息交换具有更强的私密性,更易获悉有人试图截获信息。量子计算能力也可用于破解加密消息。[④]

此类应用的安全和经济潜力巨大。以加密为例,寻找大数的质因子,即只能被1和其本身整除的两个数字,相乘后可得到此大数,这是非常困难的。只要数字足够大,经典计算机根本无法快速对其进行因数分解。执行查找质数所需的全部计算需要很长时间。公钥密码体系(即大多数加密体系)依靠质因数分解的数学复杂度来确保消息不被其他计算机窥探。[⑤]

凭借编码和信息处理的手段,量子计算机有望比传统计算机更为快速地(指数级差异)计算素数。简单的量子演示已成功对两位数进行因数分解,现在的研究重点是如何设计和操作足够大的量子计算机以对大数(如2048位数字)进行因数分解。实现这一潜力还有很长的路要走,可能花费数十年,但能够做到这点的量子计算机便能够破解防御性更高的加密

---

① Ricks, T. (2017). "The Quantum Gap with China". Foreign Policy online, November 28, 2017. Accessible at https://foreignpolicy.com/2017/11/28/the-quantum-gap-with-china/.

② ISARA (undated). "Enable A Seamless Migration to Quantum-Safe Security". ISARA website, undated. Accessible at https://www.isara.com/.

③ National Institute of Standards and Technology (undated). "What's happening with Post-Quantum Cryptography at NIST?" NIST, undated. Accessible at https://quantumcomputingreport.com/our-take/whats-happening-with-post-quantum-cryptography-at-nist/.

④ Schneier, B. (2015). "NSA Plans for a Post-Quantum World". Blog, Schneier on Security (2015). Accessible at https://www.schneier.com/blog/archives/2015/08/nsa_plans_for_a.html.

⑤ Biercuk, M. and Richard Fontaine (2017). "The Leap into Quantum Technology: a Primer for National Security Professionals". Warontherocks.com, November 17, 2017. Accessible at https://warontherocks.com/2017/11/leap-quantum-technology-primer-national-security-professionals/.

手段。目前用于传递消息和安全交易的整个公钥加密体系将因此变得脆弱。①

除了通信,量子技术在材料学和化学中的应用可能同样重要且见效更快。例如,根据量子物理学的规则,很难建立计算机模型以表示分子中所有电子可能的相互作用。因此,如今的计算机很难计算反应速度、燃烧和其他效应。即使使用广为人知的近似值,世上最快的计算机对相对简单的分子进行建模需要的时间可能仍比宇宙存在的时间更久。②

量子计算还有助人工智能系统的创新发展。近期研究表明量子计算和人工神经网络间存在意想不到的强关联。例如,人工智能的进步可大幅改善模式识别,并反过来令机器更好地识别目标。在拥有人工智能的量子计算机世界中,利用功能强大的量子传感器获得的大量数据集,隐藏在汪洋中的潜艇可能不再隐蔽。③

即使是不太起眼的量子增强型新时钟的短期发展也可能对安全构成影响,而非仅仅令GPS设备更加准确。具有量子功能的时钟非常灵敏,距离再远也能识别微弱的引力异常。军方可通过部署此类时钟以探测地下情况、硬化结构、潜艇或隐蔽的武器系统。由于具有遥感潜力,高级时钟在未来可能成为战场上的关键嵌入式技术。④

随着技术的发展,其潜在的军用影响意味着有必要对出口和贸易法规展开持续监控,包括《瓦塞纳协定》控制清单及其在"出口管理条例"(EAR)和"国际武器贸易管制条例"(ITAR)中的国内实施情况。⑤

4.2.2 美国的量子战略优势

美国国内或美国设立的技术公司是美国拥有的一个明显优势。随着大型商业生态系统的不断发展,研发团队历来对大学实验室的关注正逐步弱化。例如,IBM公司最近加大了长达数十年的量子投资,甚至免费向用户提供初级量子计算机(仅包含16个量子比特)的在线访问。谷歌公司最近投资了加利福尼亚大学的一个研究小组,以推动企业内部不断增长的量子研发工作。微软公司已签署全球合作伙伴关系,各大学院校的学者将为其自身的量子计算机科学理论研究贡献力量。同样,硅谷的风投资本正为聚焦量子技术的初创企业提供支持。与全球的风投总量相比,美国风险投资的规模和数量继续令硅谷成为初创企业的

---

① Biercuk, M. and Richard Fontaine (2017). "The Leap into Quantum Technology: a Primer for National Security Professionals". Warontherocks.com, November 17, 2017. Accessible at https://warontherocks.com/2017/11/leap-quantum-technology-primer-national-security-professionals/.

② Biercuk, M. and Richard Fontaine (2017). "The Leap into Quantum Technology: a Primer for National Security Professionals". Warontherocks.com, November 17, 2017. Accessible at https://warontherocks.com/2017/11/leap-quantum-technology-primer-national-security-professionals/.

③ Biercuk, M. and Richard Fontaine (2017). "The Leap into Quantum Technology: a Primer for National Security Professionals". Warontherocks.com, November 17, 2017. Accessible at https://warontherocks.com/2017/11/leap-quantum-technology-primer-national-security-professionals/.

④ Biercuk, M. and Richard Fontaine (2017). "The Leap into Quantum Technology: a Primer for National Security Professionals". Warontherocks.com, November 17, 2017. Accessible at https://warontherocks.com/2017/11/leap-quantum-technology-primer-national-security-professionals/.

⑤ U.S., National Strategic Overview for Quantum Information Science (2018). https://www.whitehouse.gov/wp-content/uploads/2018/09/National-Strategic-Overview-for-Quantum-Information-Science.pdf.

首选目的地,这是美国的另一个战略优势。[1]

美国在量子竞赛中拥有重大战略优势。这不单是指美国风险投资的供应量、硅谷的位置或其众多的合作伙伴。美国还拥有相当胜任的承包商、值得信赖的厂家、国家实验室和联邦政府资助的研发中心。但美国的投资往往是临时且多元的,专业知识多来自高度独立的学术实验室。

4.3 "量子优势"

"量子优势"一词描述的是一个里程碑,届时,通用量子计算机在合理时间内执行的任务是传统计算机无法完成的。[2] 虽然"量子优势"指的是一种技术现象,但它也是政治舞台上的一场竞赛。[3]

2018 年 3 月,谷歌公司发布了一款名为"狐尾松"(Bristlecone)的 72 位量子比特处理器,并称其研究人员"谨慎而乐观地"认为该计算机可以实现获得"量子优势"。这一成就将成为一个重要的里程碑,但它不会令传统计算机被淘汰。量子计算的广泛应用仍需时日。[4]

"量子优势"的实现意味着科学取得突破,并不代表量子计算机已能够从事有益工作。搜索引擎公司及 IBM、英特尔、微软等竞争对手希望向戴姆勒和摩根大通等企业出租或出售量子计算机,后者已在探索如何利用量子计算机改进电池和金融模型。[5]

4.4 竞争者/对手

当前,量子领域的竞争和对抗受到开发成本高昂、资本供应有限、技术存在不确定性及专业人士极为有限的限制。时间可能会解决所有挑战。美国应明白,各发达国家不论是盟友还是对手,都是发展量子技术和应用及市场领导者/支配者的潜在竞争者。几乎不受国土疆界限制、以逐利为目的的大型跨国公司亦是如此。原则上,资金充足的创业公司随时可能带着"杀手级应用"出现并带来彻底改变。有关细节请参见上文第 3.2.1 章节。

新美国安全中心表示,"美国应继续加倍努力,增强创新生态系统的活力,在量子技术的发展中保持领导地位,至少也应保持竞争中的主力地位。"[6]

---

① Biercuk, M. and Richard Fontaine (2017). "The Leap into Quantum Technology: a Primer for National Security Professionals". Warontherocks.com, November 17, 2017. Accessible at https://warontherocks.com/2017/11/leap-quantum-technology-primer-national-security-professionals/.

② NIST National Institute of Standards and Technology (undated). "Quantum Supremacy". NIST website, undated. Accessible at https://www.nist.gov/topics/physics/introduction-new-quantum-revolution/quantum-supremacy.

③ Skoff, G. (2018). "*The role of tech companies in achieving quantum supremacy*". Project Q, Sept. 6, 2018. Accessible at https://projectqsydney.com/2018/09/06/the-role-of-tech-companies-in-achieving-quantum-supremacy/.

④ Nicholson, S. (2018). "Google's New 72-Qubit Processor Could Help Quantum Computing go Mainstream". Interesting Engineering, March 9, 2018. Accessible at https://interestingengineering.com/googles-new-72-qubit-processor-could-help-quantum-computing-go-mainstream.

⑤ Simonite, Tom (2018). "Google, Alibaba Spar Over Timeline for 'Quantum Supremacy'". Wired.com, May 18, 2018. Accessible at https://www.wired.com/story/google-alibaba-spar-over-timeline-for-quantum-supremacy/.

⑥ Kania, E. and John Costello (2018). "*Quantum Hegemony? China's Ambitions and the Challenge to U.S. Innovation Leadership*". Center for a New American Security, Sept. 12, 2018. Accessible at https://www.cnas.org/publications/reports/quantum-hegemony.

日本是东亚拥有量子技术重大项目的国家。日本聚焦量子软件、应用和通信。美国则专注于基础理论、量子计算机和硬件。[①] 一般而言,两国对量子技术潜力的理解是相同的;然而,国内力量的不同导致两国采取的手段各不相同。

日本专注于量子通信和加密,但也有大量与量子比特技术相关的项目,对实用的量子计算机也抱有兴趣。这与北美的最高机构不同,他们明确聚焦某一个领域。[②]

美国迄今为止(2019 年年初)的做法则大不相同,但仍符合以往政府和"军工综合体"参与新技术的典型做法。在探索应用(特别是军方和安全部门)的同时,着重强调基础研究("总体理念"),"市场"和军方可随后将其发展成产品和服务。该过程尚未得到军方或政治部门的集中协调、资助或主导。

美国的现行政策难以琢磨,总统特朗普最近抬高包括量子在内的新型技术的重要性,但又同时大幅削减了政府在这些领域的活动预算,要求国会大幅减少科学基金[③]。当总统从根本上对"科学"持敌对态度、认为其"太过复杂"和"虚假"时,预测并非易事。[④]

4.5 政治

美国在量子技术方面的总体政治考量将在下文第 5 章节详细论述。"国家安全"章节包含了部分评论。与国家安全直接相关的担忧在一定程度上增加了对美国量子政策的关注。但决定其动机的是美国的量子信息科学政策。

眼看各界对量子信息科学的兴趣日益浓厚,特朗普总统(2018 年)签署了《国家量子计划法案》,使之作为法律生效。法案得到了两党的支持,尽管在预算问题上仍争斗不断。特朗普签署量子法案的这一年见证了包括量子计算在内的量子技术因在提高算力、颠覆加密标准方面的理论潜力跻身国家重要领域。[⑤] 如一位观察家所说,"毫无疑问,这不仅仅是计算能力的提升,还涉及加密优势的维系。"[⑥]

该项立法的部分动因在于立法机构担心来自外国的竞争日益加剧,有朝一日,量子计算机将破坏当今的最佳加密代码。[⑦] 欧盟正投资数十亿美元用于量子计算,新批准的国家量

---

① Patinformatics (2017). "Quantum Information Technology Patent Landscape Reports -Innovation at the Speed of Light". Patinformatics, LLC, 2017. Accessible at https://patinformatics. com/quantum-computing-report/.

② Patinformatics (2017). "Quantum Information Technology Patent Landscape Reports - Innovation at the Speed of Light". Patinformatics, LLC, 2017. Accessible at https://patinformatics. com/quantum-computing-report/.

③ Science News Staff (2019). "Trump Once Again Requests Deep Cuts in U. S. Science Spending". Science, March 11, 2019. Accessible at https://www. sciencemag. org/news/2019/03/trump-once-again-requests-deep-cuts-us-science-spending.

④ Rogers, K. (2019). "Trump on Tech: Planes Are 'Too Complex to Fly,' and 'What Is Digital?' New York Times, March 13, 2019. Accessible at https://www. nytimes. com/2019/03/13/us/politics/trump-technology. html.

⑤ Cordell, C. (2018c). "Trump signs National Quantum Initiative into Law". Fedscoop, December 26, 2018. Accessible at https://www. fedscoop. com/trump-signs-national-quantum-initiative-law/.

⑥ Ramesh, P. (2018). "The US to invest over ＄1B in Quantum Computing: President Trump signs a law". Packt, December 24, 2018. Accessible at https://hub. packtpub. com/the-us-to-invest-over-1b-in-quantum-computing-president-trump-signs-a-law/.

⑦ AP (2018). "Quantum Stimulus: Congress sends computing proposal to Trump". AP, December 20, 2018. Accessible at https://apnews. com/67ae52890c674d628ec1ffad11fe7835.

子计划旨在令美国保持处于技术赛的最前沿。[1] 虽然量子计算机尚未在市场普及,其超越传统计算机的潜力已促使全球各国竞相开发此项技术。俄罗斯已投入资源推动 QIS 应用的发展,呼吁开发相关应用。[2]

外国正在进行投资,寻求建立自己的量子信息科学基地,与美国竞争。相比之下,美国政府目前对量子科学的态度并不积极。资金支持多来自独立的国家部门、研究机构和大学,而非政府的集中拨款。[3]

4.6 数字战场

国防部(DoD)应进一步分析可用的量子加密和通信的实用性,确保军事信息系统的安全。随着量子雷达、传感、成像、计量和导航的发展日趋成熟,国防部还应考虑使用这些技术进一步开展原型设计和实验。[4]

陆军的问题在于地面部队需要在工作环境中透过湍流观察远方。士兵在实际任务中看到的光学湍流是风和加热引起的,烟雾会加剧湍流,弱化相机图像的质量,使图像更不清晰。Meyers 表示,随着相机技术的发展,远距离物体成像的新方法很有帮助,因为士兵可以从更远、更安全的距离观察和发现情况,经典的成像技术则做不到这一点。[5]

量子传感器可作为风雨无阻的备用手段。空军的一名高级军官表示,美国军方很快将与主要盟国合作研究如何利用量子信息科学改进导航和定位系统。量子鬼成像技术不仅可探测昏暗目标反射的极微弱光线,还可探测此光线与周围环境中其他光线的相互作用,具有无与伦比的灵敏度,可获得比传统手段更多的信息。

鬼成像卫星有两个相机,一个相机通过桶状单像素传感器瞄准感兴趣的目标区域,另一个则测量环境中光场的各类变化。运用量子物理学的一套复杂算法,科学家将两个相机接收的信号加以分析合并,形成传统手段难以实现的高清晰度成像。鬼成像相机还可识别目标的物理性质乃至化学成分,这意味着军方可识别假目标,如机场陈列的假喷气式战机,或隐藏在迷彩篷下的导弹发射装置。[6]

---

[1] Greene, Tristan (2018). "White House Earmarks over $1B for quantum technology research". The Next Web, July 2018. Accessible at https://thenextweb.com/politics/2018/07/09/white-house-earmarks-over-1b-for-quantum-technology-research/.

[2] Cordell, C. (2018). "OSTP forms new subcommittee to Focus on Quantum Technology". Fedscoop, June 22, 2018. Accessible at https://www.fedscoop.com/ostp-forms-new-subcommittee-focus-quantum-technology/.

[3] Chen, S. (2018). "China's quantum development plan is aggressive, and Donald Trump wants one just like it". South China Morning Post, Sept. 28, 2018. Accessible at https://www.scmp.com/news/china/science/article/2166077/chinas-quantum-development-plan-aggressive-and-donald-trump-wants.

[4] Kania, E. and John Costello (2018). *Quantum Hegemony? China's Ambitions and the Challenge to U. S. Innovation Leadership*. Center for a New American Security, Sept. 12, 2018. Accessible at https://www.cnas.org/publications/reports/quantum-hegemony.

[5] U. S. , Army Research Lab (2014). "The Newest Thing in Quantum Imaging". Armed with Science, January 3, 2014. Accessible at http://science.dodlive.mil/2014/01/03/the-newest-thing-in-quantum-imaging/.

[6] Chen, S. (2017). *Could ghost imaging spy satellite be a game changer for Chinese military?*" South China Morning Post, November 27, 2017. Accessible at https://www.scmp.com/news/china/society/article/2121479/could-ghost-imaging-spy-satellite-be-game-changer-chinese.

4.7 挑战

吉尔斯(Giles)明确了美国发展量子技术的五大挑战,内容如下:[①]

• 军方被赋予掌控能力。尽管军方和情报社区在量子技术上拥有多年经验,输入意见很多,但不应由其控制战略的总体走向。

• 对资金支持的获取条件规定得过于死板。

• 劳动力开发的投资不足。大力发展美国的量子劳动力应是重中之重,在目前人才极为匮乏,且并不仅限于量子设备的制造人才。

• 量子投资泛滥。部分学者和包括瑞各提、梦露在内的企业高管发文呼吁投资 8 亿美元用于五年内的研究工作和劳动力开发,几乎是联邦政府在该领域已有投资的两倍。

• 错误地将"美国优先"理解为"唯美国论"。美国并未垄断量子计算方面的专业能力,因此任何计划都应鼓励与其他卓越中心开展国际合作,这一点非常重要。

美国国安局信息保障部门发布了一份问答形式的备忘录,标题颇为怪异——"国家安全商用算法套件和量子计算常见问题",[②]其目标对象是政府部门和经营敏感信息存储及保障业务的私营部门承包商。

该备忘录的实际目的是警示量子计算的已知威胁,量子计算的处理能力终将击败全部"经典"加密算法,令目前试图保卫信息安全的所有方法均不堪一击。

国安局的备忘录解释称,"军用设备和多种关键基础设施的使用寿命较长……意味着我们的许多客户和供应商都需要采取充分的保护措施,以抵御未来数十年内可能出现的任何技术。"

"许多专家预测,量子计算机能够在此时间范围内有效破解公钥加密,因此国安局有必要解决这一问题。"

幸运的是,对该秘密间谍机构而言,破解当前密码所需的算力可能达到数亿位量子比特——即便对量子计算短期进展最为乐观的预测也远未达到此能力。备忘录的制定者希望在未来十年内,国安局将拥有一系列"抗量子加密"或"能抵御经典和量子计算机加密攻击的算法"任其选择。

国安局对量子计算机表示担忧,警告"必须立即采取行动",确保加密系统在新的超快计算硬件面前不会彻底失手。国安局在一份文件中概述了量子计算可能对国家安全和敏感数据加密产生的影响,警告"公钥算法……都易被足够大的量子计算机击破。"

国安局承认,不知道威胁何时可能真实发生,文中这样写道:[③]

---

① Giles, Martin (2018). "Keeping America First in Quantum Computing means Avoiding these Five Big Mistakes". MIT Technology Review online, June 18, 2018. Accessible at https://www.technologyreview.com/s/611442/keeping-america-first-in-quantum-computing-means-avoiding-these-five-big-mistakes/.

② U.S., National Security Agency/Central Security Service (2016). "Commercial National Security Algorithm Suite and Quantum Computing FAQ". Information Assurance Directorate, January 2016. Accessible (.pdf) at https://cryptome.org/2016/01/CNSA-Suite-and-Quantum-Computing-FAQ.pdf.

③ U.S., National Security Agency/Central Security Service (2016). "Commercial National Security Algorithm Suite and Quantum Computing FAQ". Information Assurance Directorate, January 2016. Accessible (.pdf) at https://cryptome.org/2016/01/CNSA-Suite-and-Quantum-Computing-FAQ.pdf.

"国安局并不清楚,大到足以利用公钥加密漏洞的量子计算机会否出现、何时出现……量子计算领域的研究越来越多,取得的进展足以要求国安局必须立即采取行动,鼓励抗量子算法的开发和普及,保护'国家安全服务'。

问题是,目前还不清楚是否有任何公钥加密算法能够抵御量子计算机的攻击。国安局在该文件中解释说,'虽然已经提出了许多有趣的抗量子公钥算法……但没有形成任何标准……而且国安局目前还未明确任何抗量子商用标准。'

相反,国安局建议担忧量子计算威胁的公司和政府部门尽量使用未采用公钥的数据加密算法。至于公钥加密,国安局有些不知所措:

公钥算法的未来则不甚明朗。各方普遍同意的观点是,公钥算法的密钥大小将远超过现有算法所用密钥的大小。开发人员应为比现有公钥值更大的公钥值的存储和传输做好准备。还需开展工作来衡量这些较大的密钥对标准协议的影响。"

量子计算机过于庞大和昂贵,除全球科技公司和资金充足的研究型大学外——大多数将由民族国家拥有和维护。这意味着组织首次量子攻击可能是敌视美国及其盟国的国家。

5. 美国政府的量子信息科学(QIS)发展政策

一般而言,行政部门(总统/白宫)和国会直接或通过有关下属部门、独立机构和专门办公室及委员会分担制定联邦政策的责任。在量子信息科学(QIS)领域,以上各机构均可发挥作用。虽然历史上由行政部门确定政策基调和方向,但在当前(特朗普)政府执政期间,科学和技术并不属于重点领域,且政府普遍对专业知识缺乏信任。最近,国会试图在一定程度上填补该政策空白,承认 QIS 对未来技术的重要性。即便如此,政府将发挥的作用仍非常有限,私营企业和学术界有望率先采用"科学优先"的做法。市场是该模式下的主要驱动力,但缺乏足够的紧迫感或任何总体协调和大方向。

5.1 白宫/行政部门

行政部门通过受总统办公室监督的若干实体在 QIS 政策领域开展工作。

(1)科技政策办公室(OSTP)。科技政策办公室是美国政府的一个部门,属于总统行政办公室的一部分,由美国国会于 1976 年设立,任务是就科学和技术对国内外事务的影响向总统提出建议。该办公室是行政部门中对 QIS 给予关注的主要部门。[①]

2018 年 6 月,白宫成立了一个新的 OSTP 分委会,其任务是协调有关新兴技术作用的国家议程。OSTP 将在国家科学技术委员会(NSTC,见下文)内组建一个 QIS 分委会,帮助推动联邦政府的量子技术举措。[②]

总统的技术政策助理顾问迈克尔·克雷特西奥斯(Michael Kratsios)在谈及此进展时表示:"量子信息科学可能彻底改变各行各业,开辟新的探索领域,加速科学突破……要实现

---

① U. S. , Office of Science and Technology Policy (undated). "NSTC". OSTP website, undated. Accessible at https://www. whitehouse. gov/ostp/nstc/.

② Cordell, C. (2018). *"OSTP forms new subcommittee to Focus on Quantum Technology"*. Fedscoop, June 22, 2018. Accessible at https://www. fedscoop. com/ostp-forms-new-subcommittee-focus-quantum-technology/.

该技术的真正潜力,现在就该建立并扩大领导地位,这对未来的经济增长和国家安全至关重要。"

白宫 OSTP 分委会将由美国国家标准与技术研究院(NIST)、能源部(DOE)和国家科学基金会(NSF)的专家以及 OSTP 的 QIS 副主管雅各布·泰勒(Jacob Taylor)主持。据报道,组成分委会的还有来自农业部、国防部、卫生和公共服务部、国土安全部、内政部、国务院、国家情报总监办公室、宇航局和国家安全局的代表。分委会的目标是制定国家 QIS 议程,应对该技术对美国经济和国家安全的影响,统筹协调联邦政策。①

(2)国家科学技术委员会(NSTC)。国家科学技术委员会(NSTC)是根据行政令于 1993 年 11 月 23 日成立的。委员会属于内阁级别,是行政部门的主要工具,在构成联邦科研力量的各实体间协调科技政策。NSTC 的主席由总统担任,成员包括副总统、内阁部长、具有重大科技职责的各机构的负责人和白宫的其他官员。在实际工作中,白宫科技政策办公室负责监督 NSTC 开展的活动。②

联邦政府长期关注并投资 QIS 领域。上届 NSTC QIS 分委会于 2008 年在布什政府执政期结束时发布了"联邦量子信息科学愿景",奥巴马政府随后建立的 NSTC 部门间工作组在 2016 年发布了一份报告,明确了联邦政府现有的 QIS 计划和推动该领域发展的障碍。OSTP 决定将奥巴马时代的工作组提升为正式的 NSTC 分委会,以应对协调需求的增加。

NSTC 量子信息科学分委会于 2018 年 4 月召开了第一次会议。QIS 分委会的目标是在联邦机构间建立相互理解,明确如何将部门层面的努力转化为"全政府体系"的努力。众议院的《量子法案》草案(见下文)将指定该分委会制定两个五年战略规划,为国家量子计划确定目标和指标。③

(3)国家科学基金会(NSF)。美国国家科学基金会(NSF)是一个美国政府机构,支持非医学类的科学和工程领域的各类基础研究和教育。④ NSF 的年预算约为 75 亿美元(2019 财年),为美国大专院校开展的近 24% 的联邦政府基础研究提供资金支持。NSF 的主任和副主任由美国总统任命,并经美国参议院确认,总统任命的国家科学委员会(NSB)的 24 名委员则无须经过参议院确认。基金会是 QIS 学术研究主要的联邦资金来源。⑤

(4)白宫。白宫不时就人工智能、监狱改革等当前感兴趣(或关注)的议题召开"峰会",出席人员包括领导人、专家和利益攸关方,寻求对未来政策方向的指导,结成共识。2018 年 9 月,白宫举办了量子信息科学峰会,汇集了从宇航局、NIST 到国防部、能源部等 13 家不同

---

① Cordell, C. (2018). *"OSTP forms new subcommittee to Focus on Quantum Technology"*. Fedscoop, June 22, 2018. Accessible at https://www.fedscoop.com/ostp-forms-new-subcommittee-focus-quantum-technology/.

② U.S., White House (undated). "Office of Science and Technology Policy". OSTP website, undated. Accessible at https://www.whitehouse.gov/ostp/.

③ Ambrose, M. (2018). "Science Committee Seeks to Launch a National Quantum Initiative". American Institute of Physics, May 29, 2018. Accessible at https://www.aip.org/fyi/2018/science-committee-seeks-launch-national-quantum-initiative.

④ National Science Foundation (undated). "National Science Foundation". NSF website, undated. Accessible at https://www.nsf.gov/.

⑤ National Science Foundation (undated). "National Science Foundation". NSF website, undated. Accessible at https://www.nsf.gov/.

政府机构及微软、英特尔等主要行业参与者。峰会讨论了学术界和产业界呼吁建立统筹的国家手段以应对量子技术研发的议题。[①]

峰会取得了积极成果。美国 NSTC 发布了国家量子信息科学（QIS）战略综述，同时宣布通过能源部和国家科学基金会提供 2.49 亿美元支持 118 个量子信息科学项目。美国能源部长里克·佩里（Rick Perry）表示，QIS 代表着"信息时代的下一个前沿阵地"。[②]

峰会的关键进展在于承诺建立正式的国家协调机构，可能是 NSTC 量子信息科学分委会的延伸，同时承诺制定国家战略。白宫还明确表示，有意将美国量子领域各自为政的量子项目和研究人员联合起来。[③]

峰会强调，采取科学优先的国家战略，打通和投资那些寻求在未来十年内解决重大科学量子挑战的组织。为实现这一目标，政府将支持建设大型制造设施和基础设施，以便科学家开展量子研究。还将投资于新兴量子劳动力的教育，将量子力学引入小学和高中教育，为大学课程提供资金支持。[④]

国家政策倡导市场驱动如下所述。

行政部门的 QIS 官方政策已在白宫陆续发布的三份文件（2008 年、2016 年、2018 年）中提出。重点如下。

（1）美国国家科学技术委员会之技术委员会的量子信息科学分委会 2008 年发布报告：量子信息科学的联邦愿景。

"存在的另一个平台具有超越传统逻辑的能力，因此不受传统逻辑限制。任何实际的物理系统的行为方式都可能"不合逻辑"，这几乎令人难以置信，早期的探索者与根深蒂固、先入为主的观念努力抗争，只有来自多次实验的有力数据方能打破这些观念。八十年来，科学家们早在八十年前便已意识到量子力学以超越传统逻辑的方式描述自然，但实际的应用直至最近才开始显现。"

2008 年的"愿景"报告呼吁采取协调一致的方法：将国家安全局、情报高级研究项目活动、国防高级研究计划局、国家科学基金会、国家标准与技术研究院、能源部、陆军研究实验室、空军研究实验室和海军研究实验室都纳入其中。报告呼吁成立量子信息科学分委会来协调规划。[⑤]

（2）美国国家科学技术委员会之科学委员会和国土与国家安全委员会 2016 年发布报告：推进量子信息科学发展：国家挑战和机遇，报告撰写者：物理学分委会量子信息科学机构

① Boyle, A. (2018). "White House Issues Quantum Computing Strategy and Hosts Public-Private Summit". Geekwire, Sept. 24, 2018. Accessible at https://www.geekwire.com/2018/white-house-issues-quantum-computing-strategy-hosts-public-private-summit/.

② Johnston, H. (2018). "US invests $249m in quantum information science as White House unveils strategic overview". Physics World, September 28, 2018. Accessible at https://physicsworld.com/a/us-invests-249m-in-quantum-information-science-as-white-house-unveils-strategic-overview/.

③ Vipond, A. (2018). "Visions of a Quantum Future: US Takes the Long View". Project Q, October 4, 2018. Accessible at https://projectqsydney.com/2018/10/04/visions-of-a-quantum-future-us-takes-the-long-view/.

④ Vipond, A. (2018). "Visions of a Quantum Future: US Takes the Long View". Project Q, October 4, 2018. Accessible at https://projectqsydney.com/2018/10/04/visions-of-a-quantum-future-us-takes-the-long-view/.

⑤ U. S., Executive Office of the President (2008). "A Federal Vision for Quantum Information Science". Office of Science and Technology Policy, National Science and Technology Council, December 2008. Accessible (.pdf) at https://www.nist.gov/document-14414.

间工作组。

2016 年的"推进"报告代表了白宫 OSTP 下设的各机构间工作组的工作成果。视为挑战的有:资金的稳定和连续、机构和学科界限、教育和劳动力培训需求、知识转移和与工业对接、材料和制造。报告注意到全球竞争正在展开。报告明确的相关技术:传感和计量、通信、仿真、计算、QIS 和基础科学。报告所述的障碍:制度边界、教育和劳动力培训、技术和知识转移、材料与制造、资金水平和稳定性。[①]

报告注意到当时政府对 QIS 的投资水平,投资来自以下部门:国防部(国家安全应用)、能源部、IARPA、NIST、NSF。报告认为投资日益国际化,侧重于私营部门的投资。报告描述了前进的方向:稳定持续的核心项目;对有针对性、有时限的项目进行战略投资;继续密切监控该领域的发展。[②]

(3)国家科学技术委员会之科学委员会的量子信息科学分委会 2018 年发布报告:量子信息科学国家战略综述。[③]

2018 年的"战略综述"报告"以投资 QIS 领域或对此感兴趣的所有政府机构的集体输入意见为基础,提出了实现该目标的国家战略途径。"

"具体而言,美国将在国家科学技术委员会(NSTC)量子信息科学分委会(SCQIS)的协调下,统一组织,为量子信息的研发树立可见、系统的国家手段……国家层面的努力将:

- 聚焦科学优先途径,明确并解决重大挑战:问题的解决将带来科学和产业的变革。
- 打造掌握量子知识的多元化劳动力,满足成长行业的需求。
- 鼓励业界参与,为公私伙伴关系提供恰当机制。
- 为科技机遇的实现提供关键基础设施和支持。
- 推动经济增长。
- 推动建立美国量子联盟,来自产业界、学术界和政府的成员预测有关需求和障碍,达成共识,协调竞争前研究,应对知识产权问题,简化技术转让机制。
- 产业界、学术界和政府结成伙伴关系,加大对量子技术联合研究的投资,加速量子技术的竞争前研发。
- 与政府专家、利益攸关方、产业界和学术界合作,明确急需的基础设施,鼓励必要投资。
- 持续了解 QIS 不断变化的科技局势对安全的影响。
- 明确国际参与者的优势领域、关注点、空白和机遇,从技术和政策角度更好地理解不

---

① U.S. , National Science and Technology Council, Committee on Science and Committee on Homeland and National Security (2016). Advancing Quantum Information Science: National Challenges and Opportunities. Report produced by the Interagency Working Group on Quantum Information Science of the Subcommittee on Physical Sciences. Washington, D. C. Accessible (. pdf) at https://www. whitehouse. gov/sites/whitehouse. gov/files/images/Quantum_Info_Sci_Report_2016_07_22％20final. pdf.

② U.S. , National Science and Technology Council, Committee on Science and Committee on Homeland and National Security (2016). Advancing Quantum Information Science: National Challenges and Opportunities. Report produced by the Interagency Working Group on Quantum Information Science of the Subcommittee on Physical Sciences. Washington, D. C. Accessible (. pdf) at https://www. whitehouse. gov/sites/whitehouse. gov/files/images/Quantum_Info_Sci_Report_2016_07_22％20final. pdf.

③ U.S. , National Strategic Overview for Quantum Information Science (2018). https://www. whitehouse. gov/wp-content/uploads/2018/09/National-Strategic-Overview-for-Quantum-Information-Science. pdf.

断演化的 QIS 国际局势。

以下内容被视为挑战：

- 完善和促进政府内及公共和私营机构间的协调。
- 维系并拓展"掌握量子知识"的各类可用劳动力。
- 在各学科间建立强健的跨界联系，如物理学、计算机科学和工程学科。
- 保持"探索文化"，不断了解 QIS 对国家安全的影响。

报告注意到，同样的技术可能对公共安全和安防构成挑战。例如，一个关键量子算法能够破坏公钥加密，令互联网交易不再安全。虽然该算法超出了现有的技术水平，但保护敏感数据、长期提供可靠基础设施的需求要求我们转向"后量子"或"抗量子"加密。[①②]

5.2 国会：研究、资金支持

国会的作用是立法和资助与 QIS 政策相关的行政和国会举措。这一工作往往涉及若干国会委员会和分委会。这些委员会管辖的主题领域十分宽泛，且其利益并不统一。因此，他们很少有时间在 QIS 等问题上深入拓展自身的专业知识，于是依靠两大专业知识来源：①曾宣誓且提供了证据的企业、学者和技术专家；②内部专业人员。国会曾经拥有正式的内部科学专家（国会预算办公室、技术评估办公室），但此做法如今已被放弃。因此，立法部门及其工作人员对包括 QIS 在内的技术问题的理解往往非常浅薄甚至是错误的。[③]

众议院科学委员会于 2017 年 10 月召开听证会，审视美国在将快速发展的量子信息科学（QIS）产业化的"国际竞赛"中的地位。委员会主席拉马尔·史密斯（Lamar Smith）（R-TX）表达了对美国在将基础知识转化为技术方面落于人后的担忧。[④]

马里兰大学物理学教授克里斯托弗·梦露（Christopher Monroe）代表国家光子计划宣誓，概述了"国家量子计划"的提案。作为 AIP 成员协会的光学学会和美国物理学会都是国家光子计划的赞助机构。该提案的核心是创建四个量子创新实验室，将在该计划一期阶段的五年内获得 5 亿美元的资金支持。实验室将主持量子"测试床"，来自业界的工程师将与学术研究人员一道，熟悉有关的软硬件。梦露表示，这些实验室将帮助培养劳动力，使其具备支持量子产业发展所必需的技能。[⑤]

2018 年 6 月，共和党和民主党在众议院和参议院提出了一项法案（H. R. 6227，国家量子计划法案），旨在为量子计算研究确立政府支持和资金。OSTP 分委会将监督此方面的工

---

① U. S. , National Strategic Overview for Quantum Information Science (2018). https://www. whitehouse. gov/wp-content/uploads/2018/09/National-Strategic-Overview-for-Quantum-Information-Science. pdf.

② Rash，W. (2019). "Why Quantum-Resistant Encryption Needs Quantum Key Distribution for Real Security". eWeek，January 12，2019. Accessible at https://www. eweek. com/security/why-quantum-resistant-encryption-needs-quantum-key-distribution-for-real-security.

③ Ambrose，M. (2017). "US Place in Quantum Race Probed at House Hearing". American Institute of Physics，November 2，2017. Accessible at https://www. aip. org/fyi/2017/us-place-quantum-race-probed-house-hearing.

④ Thomas-Noone，B. (2018). "Is China Set to Dominate over America in Quantum Computing and Artificial Intelligence?)The National Interest，July 17，2018. Accessible at https://nationalinterest. org/blog/buzz/china-set-dominate-over-america-quantum-computing-and-artificial-intelligence-25976.

⑤ Ambrose，M. (2017). "US Place in Quantum Race Probed at House Hearing". American Institute of Physics，November 2，2017. Accessible at https://www. aip. org/fyi/2017/us-place-quantum-race-probed-house-hearing.

作。政府在量子计算研究的预算开支超过 12 亿美元,不包括国防部和 DARPA 项目。法案已获通过,2018 年 12 月 21 日,特朗普总统在法案上签字,使其成为法律生效。①

该法律启动了一项为期 10 年的国家量子计划,授权能源部、国家科学基金会和国家标准与技术研究院开展具体活动。但是,相应资金仍有待国会在单独的拨款立法中予以批准。

NQI 的基本规划包含三个组成部分,雷默(Raymer)在其介绍中对此做了概述。其中的一个部分是在全国范围内建立五到十个大型创新实验室,"将工程师、数学家、计算机科学家、物理学家、化学家和材料学家聚集到一个资金充裕的大型中心。"他说,这些中心将"打造实际的量子硬件"作为测试床,为"最终商用铺平道路"。

第二部门是计算机访问程序,允许使用测试床硬件开发和实现量子算法。第三部分是量子研究网络,为小型学术团体的基础研究提供支持。②

为管理国家量子计划,该法案将成立国家协调办公室,指定国家科学技术委员会(NSTC)制定联邦机构的战略规划,同时成立外部利益相关方代表组成的咨询委员会。法案的一个"关键组成部分"是关注创建"真正的公私伙伴关系"。

在机构层面,法案授权能源部成立若干 QIS 研发中心,每个中心都将成为不同类型量子技术的"测试床",如传感、通信和计算。该条款受国家光子计划(一个由科学协会领导的游说团体)提案的"严重影响",授权所用语言与能源部纳米科学研究中心和生物能源研究中心所用的授权语言相似。③

对 NSF 而言,法案授权该机构借鉴其已有的工程研究中心的模型建立中心,聚焦学术研究和劳动力的长期发展。委员会仍在"充实"NIST 的规定,并指出委员会的输入意见表明 QIS 领域的标准制定工作尚未启动。

众议院委员会的助手表示,目前的想法包括在五年内每年为 NSF 提供 5 000 万美元,为能源部中心提供 1.25 亿美元,相加后的总额接近学术界和商界领袖建议的数额。该计划预计每年额外增加 8 000 万美元用于国家标准与技术研究院在量子标准化和其他问题上的工作,令总投资约达 13 亿美元。④

欧盟为其量子技术旗舰项目投入 10 亿欧元,公布了对 20 个新项目的资金支持。美国对量子研究的资助约为每年 2 亿美元,部分研究人员和企业认为这还不够。在获得"量子优势"的竞争中,尚不清楚联邦资金是否能使美国保持在 PC 时代和智能手机大战中的优势。IBM 量子计算首席技术官斯科特·克劳德(Scott Crowder)告知众议院分委会,"美国政府

---

① Boyle, A. (2018). "Trump signs legislation to boost quantum computing research with \$1.2 billion". Geek-Wire, December 21, 2018. Accessible at https://www.geekwire.com/2018/trump-signs-legislation-back-quantum-computing-research-1-2-billion/.

② Wills, S. (2018). "The National Quantum Initiative: What's Next?" Optical Society of America, Optics and Photonics, September 20, 2018. Accessible at https://www.osa-opn.org/home/newsroom/2018/september/the_national_quantum_initiative_what_s_next/.

③ Optics.org (2017). "U.S. National Photonics Initiative Urges Quantum Investment". Optics.org, October 25, 2017. Accessible at http://optics.org/news/8/10/37.

④ Greene, Tristan (2018). *White House Earmarks over \$1B for quantum technology research*. The Next Web, July 2018. Accessible at https://thenextweb.com/politics/2018/07/09/white-house-earmarks-over-1b-for-quantum-technology-research/.

在推动此项关键技术方面的投资不足以使其保持竞争力"。①

"量子"生态系统中不同实体的需求可能因主要任务的不同——基础研究、应用开发或产品开发/营销而大不相同。起初的重点可能是需要研究经费的基础研究、传播研究结果的论坛和高教育投入,而应用开发则可能需要长期融资,知识产权保护,以及产品开发的风险投资、许可、技术转让和市场研究。②

这些举措都是在 2018 年 6 月成立量子产业联盟后提出的,旨在游说全政府体系内的量子研发支持。参与成员包括初创企业和行业领导者,如英特尔、洛克希德·马丁,QxBranch 和 Rigetti Computing。

5.3 政府机构/资金支持/"国家量子计划"

根据 2016 年 NSTC 的报告,联邦政府当时在 QIS 基础研究和应用研究上年均花费约 2 亿美元。NSF 和能源部科学办公室随后寻求增加其 QIS 支出。在 2019 财年的拟议预算中,NSF 要求为新的"量子飞跃"计划提供 3 000 万美元,科学办公室要求在其六个主要计划领域中的五个领域为 QIS 提供 1.05 亿美元。办公室还从 2018 财年的大幅预算增量中将一部分拨给了 QIS,如表 3 所示。③

表 3　能源部量子信息科学资金支持　　　　　　　　　单位:百万美元

项目办公室	2017 财年执行	2018 财年要求	2018 财年执行	2019 财年要求
先进科学计算研究	5.8	20.8	20.6	33.5
基础能源科学	—	7.7	19.3	31.6
高能物理	—	14.5	18.0	27.5
生物和环境研究	—	2.0	4.5	4.5
核物理	—	—	—	8.3
融合能源科学	—	—	—	—
总额	5.8	45.0	62.4	105.4

数据来源:能源部副项目主任史蒂夫·宾克利(Steve Binkley)的演示文稿。未包括 SBIR/STTR 的资金。

科学办公室的研讨会报告对投资进行了指导,表明学术社区对 QIS 的兴趣。例如,2018 年 3 月发表的关于量子传感器在高能物理中的潜在应用的研讨会报告称,相信量子传感器计划有望实现不依赖大型粒子加速器的"新型"实验,"大范围重塑"该领域的重要内容。

美国能源部(DOE)将通过为期两到五年的一系列奖项为大学和国家实验室的 85 个研究项目注入 2.18 亿美元。国家科学基金会计划在量子传感、计算和通信等领域投入 3 100 万美元。此注资决定是在 2018 年 9 月的白宫峰会上宣布的,同时还发布了一份文件,对美

①　Bloomberg (2018). "Is China Winning race with the US to develop quantum computers?" Bloomberg News, April 9, 2018. Accessible at https://www. scmp. com/news/china/economy/article/2140860/china-winning-race-us-develop-quantum-computers.

②　Jayakar, K. (2019). Personal Communication to the author, March 7, 2019.

③　Binkley, S. (undated). "DOE Quantum Information Science Funding ($ millions)" Presentation by DOE Deputy Director for Programs Steve Binkley, undated. Accessible at https://www. aip. org/file/doe-qis-funding-2017-2019jpg.

国量子信息科学国家战略进行了概述。[1]

报告呼吁采用"科学优先"的手段,强调支持基础研究,因为现在判断量子技术的最佳商业用途还为时尚早。能源部的计划就是一个很好的例子。该项目包括为劳伦斯伯克利国家实验室提供 3 000 万美元的资金支持,为期五年,用于建造和运营先进的量子测试床。[2]

值得注意的是,高级情报研究项目活动(IARPA)还投资于量子技术的高风险、高回报研究项目,包括:[3]

- 相干超导量子比特(CSQ),旨在展示超导量子比特的相干重现次数可增加十倍;
- 逻辑量子比特(LogiQ),旨在构建第一个逻辑量子比特;
- 多量子比特相干运算(MQCO),为零误差量子计算机的开发打下基础;
- 量子计算机科学(QCS),开发世上首个高水平量子编程语言和编译器;
- 量子增强优化(QEO),把控量子效应,强化组合优化难题的量子退火方案。

此类研究的结果多见于情报和防务社区。

5.4 公私伙伴关系

一大批科学家和工程师通过国家光子计划(NPI)联合起来,推进国家量子计划(NQI)的发展。NPI 联盟代表着美国的量子科技社区,拥有来自大学和业界的领袖。NQI 将为研究和技术开发创建专精的卓越中心,支持量子技术的产业化,加快培育量子技术的劳动力。可在国家光子计划的网站上查找 NPI 私人供资方、赞助方和合作方的身份。[4]

为确保成功,国家科学基金会、国家标准与技术研究院和能源部必须有权在国家协调委员会的领导下作为平等的伙伴开展工作,同时得到国防部和情报界的重要输入意见。NQI 法案责成白宫科技政策办公室监督此合作。

这项工作的关键是培养训练有素的量子劳动力。众议院科学委员会新增的一项修正案将有助于推动此类培训,包括指导相关联邦机构通过协调计划资助研究人员和学生获取最新的量子硬件。在此协调下,开发人员得以自由改进量子算法和硬件。新增的此项资源共享计划将利用公共和私人部门对量子研究和技术的投资。新的卓越中心的扩展研究也将帮助培养和发展劳动力。

5.5 研究机构、大学院校和国家实验室

美国量子技术的发展主要集中在高科技领域的公司,多得到大学项目的支持,并经常与

---

① Giles, M. (2018). "Quantum research in the US was just handed a $250 million boost". MIT Technology Review, The Download, Sept. 26, 2018. Accessible at https://www.technologyreview.com/the-download/612199/quantum-research-in-the-us-was-just-handed-a-250-million-boost/.

② Giles, M. (2018). "Quantum research in the US was just handed a $250 million boost". MIT Technology Review, The Download, Sept. 26, 2018. Accessible at https://www.technologyreview.com/the-download/612199/quantum-research-in-the-us-was-just-handed-a-250-million-boost/.

③ IARPA (Intelligence Advanced Research Projects Activity), (undated). *"Quantum Programs at IARPA"*. Office of the Director of National Intelligence, undated. Accessible at https://www.iarpa.gov/index.php/research-programs/quantum-programs-at-iarpa.

④ National Photonics Initiative (2019). "Sponsors & Partners". National Photonics Initiative website homepage. Accessible at https://www.lightourfuture.org/home/sponsors-partners/sponsors/.

之合作。此类项目的数量不断增长,且"量子"可以作为主修或辅修的博士或硕士课程,可以属于某一院系,也可跨学科。① 例如,一流大学的此类院系往往由中心或研究院支撑,为学生的发展提供了充足的资金支持。这些中心常与业界合作,② 例如,并从美国政府、能源部、国家科学基金会③、国家标准与技术研究院等机构获得资金。④

国家量子计划还责成国家科学基金会建立多达五个学院,培训量子计算的从业人员。这些学院可帮助培训专业工程师转职从事量子计算工作。⑤

量子技术和物理研究在大学中已足够成熟,"美国新闻与世界报道"的著名排位系统对这些大学进行了排名。以下是排名前十一位的项目:

2018 最佳量子项目,《美国新闻与世界报道》⑥。

(1)哈佛大学、麻省剑桥市。

(2)加州理工学院、加州帕萨迪那市。

(3)麻省理工学院、麻省剑桥市。

(4)加利福尼亚大学伯克利分校、加州伯克利市。

(5)斯坦福大学、加州斯坦福市。

(6)(并列)科罗拉多大学博尔德分校、科罗拉多州博尔德市。

(7)(并列)马里兰大学帕克分校、马里兰州大学公园市。

(8)加利福尼亚大学圣塔芭芭拉分校、加州圣塔芭芭拉市。

(9)芝加哥大学、伊利诺伊州芝加哥市。

(10)(并列)普林斯顿大学、新泽西州普林斯顿市。

(11)(并列)耶鲁大学、康涅狄格州纽黑文市。

除大学外,能源部支持的十个美国国家实验室也开展了尖端的量子研究⑦。除利用国家研究实验室培育研发伙伴关系外,战略还要求各实验室通过学术项目、联邦拨款和其他参与计划帮助打造"掌握量子知识的劳动力",培养新产业所需的研究生和科学家。⑧

2018 年 9 月,美国能源部(DOE)宣布提供 2.18 亿美元的资金,为量子信息科学(QIS)

① Harvard University (2018). "A Quantum Science Initiative at Harvard". Department of Physics,November 14,2018. Accessible at https://www. physics. harvard. edu/node/902.

② University of Colorado (2019). "Cubit Quantum Initiative". Program website. Accessible at https://www. colorado. edu/initiative/cubit/about.

③ National Science Foundation (NSF) (2018). "NSF announces new awards for quantum research, technologies". News Release,Sept. 24,2018. Accessible at https://www. nsf. gov/news/news_summ. jsp? cntn_id=296699.

④ National Institute of Standards and Technology (2018). "Mini toolkit for measurements: New NIST chip hints and quantum sensors". Phys. org,April 10,2018. Accessible at https://phys. org/news/2018-04-mini-toolkit-nist-chip-hints. html.

⑤ Chen,S. (2018). "Quantum Computing Will Create Jobs. But Which Ones?" Wired,August 6,2018. Accessible at https://www. wired. com/story/national-quantum-initiative-quantum-computing-jobs/.

⑥ U. S. News and World Report (2019). "Best Quantum Programs". January 17,2019. Accessible at https://www. usnews. com/best-graduate-schools/top-science-schools/quantum-physics-rankings.

⑦ Wikipedia (last edited Jan. 8,2019). "U. S. Department of Energy National Laboratories". Wikipedia. Accessible at https://en. wikipedia. org/wiki/United_States_Department_of_Energy_national_laboratories.

⑧ Cordell,C. (2018). "The message for national labs: Advances in quantum computing are about people,too". Fedscoop,Sept. 26,2018. Accessible at https://www. fedscoop. com/national-labs-quantum-computing-workforce-ifran-siddiqi/.

这一重要新兴领域的 85 个研究奖项提供支持。此奖项由全国 28 所高等院校的科学家和能源部的九大国家实验室牵头，涵盖了从新一代量子计算机的软硬件开发到具有特殊量子属性的新材料的合成表征，再到利用量子计算和信息处理探索暗物质、黑洞等宇宙现象的方法等一系列主题。[①]

5.6　竞争领导力

要回答谁拥有"量子领导力"这一问题，先要回答如何定义"领导力"。哪方面的领导力？以下是一些备选答案。

（1）争夺优势地位。在量子计算中，"量子优势"有着专门的技术（或半技术）含义，指的是量子计算机有能力实现任何数字计算机均无法实现的结果。到目前为止，没人能令人信服地声称其拥有了量子优势地位（有些声称几近拥有优势地位[②]）。标准有待进一步完善。量子计算机可能对处理某些类型的问题很拿手，而在其他问题上却表现非常糟糕。尽管如此，许多人仍认为通用量子计算机至少要过十年才能出现。

（2）技术开发。拥有大量资源者（不论是企业还是政府）更易于在技术开发方面获得领导力来应对挑战。因此，美国只有少数几家企业具有领导地位，尤其是谷歌和 IBM 公司。上文已对此做了探讨。

（3）知识产权。可通过专利申请、论文发表、科学出版物等的数量来衡量。

（4）研究。美国的政策侧重于长期的"重大挑战"。其他国家则更为注重解决短期技术挑战。"领导力"取决于对研究的评估方式。

（5）销售。尽管有一些大型公司提供初级的量子计算机，但人们更倾向于通过量子互联网访问量子服务器并使用量子计算机。在"尖端"量子计算机的实际销售方面，领先的似乎是 D-Wave Systems 公司，其主要办事处位于加拿大不列颠哥伦比亚省温哥华市，销售了逾 5 000 万美元的量子计算机系统。[③]

（6）中间件/软件。虽然这对量子计算的实现非常重要，但目前尚无好的衡量标准。市场对具备量子算法开发能力的人员的需求很高。

6. "硅谷"的关键作用

总的来说，美国技术研发的一个特点是传统上严重依赖非政府机构：公司、研究中心、智库、大学。人们认为私人投资和自由市场比政府管控的研发更具创造性、速度更快、效率更高、更具成本效益。在优先部门使用政府资金、公私伙伴关系和税收优惠待遇是一种相对温和的产业政策，旨在强化市场的发展势头。

在计算机、电信和数字技术等领域，美国已经拥有完善的"高科技"产业基地。美国公司

---

①　Binkley, S. (undated). "DOE Quantum Information Science Funding ($ millions)" Presentation by DOE Deputy Director for Programs Steve Binkley, undated. Accessible at https://www.aip.org/file/doe-qis-funding-2017-2019jpg.

②　Burt, J. (2019). *"IBM Unveils Latest System in its Quantum Computing Lineup"*. eWeek, January 9, 2019. Accessible at https://www.eweek.com/innovation/ibm-unveils-latest-system-in-its-quantum-computing-lineup.

③　D-Wave (2019). "Meet D-Wave: Our Vision and History". D-Wave website. Accessible at https://www.dwavesys.com/our-company/meet-d-wave.

是这些领域的全球领导者。然而,美国所有高科技公司的供应链都是全球性的。[①] 随着规模扩大和全球化运营,这些高科技公司也可能受其最大市场和客户的压力而削弱他们与美国的联系。尤其是那些美国本土以外的大型制造和装配厂,它们依靠的是外国司法管辖区内低成本的可靠劳动力。此外,这些高科技公司可能与其他公司和政府在共用技术的研发上结成伙伴关系。这可能在某种程度上抵消了对"优势地位"的追求。QIS 就属于这种情况。

其中一个挑战是 QIS 技术具有双重用途,其应用可涉及重要的民事、军事和国家安全事务,也可用于支持商业、医药、通信等领域的诸多关键民用应用(例如,加密便具有双重性)。QIS 技术也不限于任何一个地方或团体。因此,无论是在一国还是全球范围内,QIS 的治理都充满了潜在的复杂性和意想不到的后果。

到目前为止,美国政府的政策通常是让私营部门充当 QIS 的"苦力"。当然,军方和安全部门有自己的独立开发中心,由此建立了双轨体系,因此很难预测可能出现何种突破。对那些认为 QIS 是潜在的"游戏规则改变者""拐点"或"新经济"来源且不想落于人后的国家来说,这是一个不太理想的情况。美国在发达国家中几乎是独一无二的,并未制定协调量子技术发展的国家计划。

6.1 私营实体在量子领域的主导地位

要将量子技术的短期进步予以变现,需要扩大学科聚焦的重点领域,科学家也应与企业家更紧密地合作。需要改进硬件,令设备的可靠性和可控性足以支持其商用。需要开发启发式量子算法以解决当前硬件局限的实际问题。[②] 美国的高科技产业在以下领域表现突出,例如:[③]

(1)量子仿真。提供量子仿真器的商业模式种类繁多。实验室可能需要为访问量子仿真支付费用。一些企业可能会交换股权,以换取利用量子技术实现的材料发展创新突破。

(2)量子辅助优化。物理和社会科学的各个量化学科及各个行业均要面对一个核心且困难的计算任务,这便是优化。传统计算机难以解决此问题,因为算法只能从数学角度缓慢分析可能的解决方案。

(3)量子采样。概率分布抽样广泛用于统计和机器学习中。从理论上而言,理想的量子电路可以从一组较大的概率分布中采样,而传统电路的采样只能在较小的集合中进行。有人预测,实现获得"量子优势"的实验将在几年内展开。

机器学习中的推理和模式识别是量子采样中具有广阔前景的应用。为促进学术界和业界的实验,谷歌计划通过云计算接口提供对量子硬件的访问。[④]

主要的技术障碍如下所述。

---

① Jayakar, K. (2019). Personal Communication to the author, March 7, 2019.

② Mohseni, M. et al. (2017). "Commercialize quantum technologies in five years". Nature, March 3, 2017. Accessible at https://www.nature.com/news/commercialize-quantum-technologies-in-five-years-1.21583.

③ Mohseni, M. et al. (2017). "Commercialize quantum technologies in five years". Nature, March 3, 2017. Accessible at https://www.nature.com/news/commercialize-quantum-technologies-in-five-years-1.21583.

④ Mohseni, M. et al. (2017). "Commercialize early quantum technologies". Comment, March 2017. Accessible (.pdf) at https://storage.googleapis.com/pub-tools-public-publication-data/pdf/45919.pdf.

需将当前并不完美的量子器件进行一些改进才能使之变得实用。浅量子电路需要更高的栅极保真度和更高的稳定性来限制退相干。量子退火硬件需要在连接性、控制精度和相干时间方面加以改进,允许访问替代退火方案。[①]

但在 2018 年,之前仅以理论形式存在的大批已实际投入建设。此外,还有更多的企业资金,来自谷歌、IBM、英特尔和微软等公司,可用于研究和开发建造工作设备实际所需的各项技术:微电子、复杂电路和控制软件。

许多学者和企业量子研究人员认为,量子计算机的量子比特——特别是稳定性足以在更长的时间内执行一系列计算的量子比特,达到 30 至 100 位时便会开始具有商业价值。从现在开始的两到五年内,此类系统可能问世出售。[②] 最终可能出现 10 万量子比特的系统,通过准确的分子级模型来发现新材料和药物,颠覆材料、化学和制药行业。也许还可能出现连通用计算应用都令人费解的百万量子比特系统?[③]

6.2 专利和标准——私人拥有和控制

为推动发明创造,令发明者从其工作中获益,可通过专利在一定时间内对新发明的复制和未经许可的销售加以防护。为获得此种保护,须申报拟议的专利并完成某些手续。申报过程是公开的,因此,可以很好地了解各实体和人员对未来发展的考量。总的来说,这也是一个国家、公司或大学研发活动水平的良好指标。对涉及“量子”技术的专利申请同样适用。

一家名为 Patinformatics 的咨询公司收集、整理并提供了量子相关专利的大量信息。在提供信息的“量子计算前景报告”中,大部分内容均已整理为图表和图形。在此转载其中的大部分内容并无必要,还可能侵犯版权。可在线获取该报告。[④]

网上的一篇文章对这些报告(“美国引领全球量子计算专利申报,IBM 公司在专利收费上走在前列”)进行了总结,亦获得了 Patinformatic 的许可对图表进行转载[⑤],强烈建议阅读该文章以了解其中见解。

以下是选取的 2017 年报告的部分“标题”:

“过去三年中,量子信息技术(QIT)领域的专利申请已经加速。2014—2017 年间,计算机相关的专利家族出版物预计将增加 430%。应用相关的专利家族出版物预计将在 2014—2017 年间增加 350%。”

“IBM 公司正构建一个庞大的 QIT 产品组合,主要瞄准量子比特技术和硬件,过去两年

---

① Mohseni, M. et al. (2017). "Commercialize early quantum technologies". Comment,March 2017. Accessible (. pdf) at https://storage. googleapis. com/pub-tools-public-publication-data/pdf/45919. pdf.

② Hervey, A. (2017). "Quantum Computing for the Mildly Curious". FutureCrunch,May 17, 2017. Accessible at https://medium. com/future-crunch/quantum-computing-for-the-mildly-curious-2474c92c1f05.

③ Juskalian, R. (2017). "Practical Quantum Computers". MIT Technology Review, March/April 2017. Accessible at https://www. technologyreview. com/s/603495/10-breakthrough-technologies-2017-practical-quantum-computers/.

④ Patinformatics (2017). *"Quantum Information Technology Patent Landscape Reports -Innovation at the Speed of Light"*. Patinformatics, LLC, 2017. Accessible at https://patinformatics. com/quantum-computing-report/.

⑤ Brachmann, S. (2017). *"U. S. Leads World in Quantum Computing Patent Filings with IBM Leading the Charge"*. IPWatchdog. com, December 4, 2017. Accessible at http://www. ipwatchdog. com/2017/12/04/u-s-leads-world-quantum-computing-patent-ibm/id=90304/.

中发布的专利家族最多。其投资组合是最具影响力的投资组合之一。"

"诺斯罗普·格鲁曼(Northrup Grumman)、惠普、雷神、奎奈蒂克(Qinetiq)和 Magiq Technologies 等北美公司在 QIT 领域拥有大量专利组合,可能成为优秀的合作伙伴或专利收购目标,因为当市场增长时,整合也随之启动。"

"有大学背景的初创企业是具有潜在价值的专利和投资组合的重要来源。随着市场的增长,麻省理工、耶鲁、哈佛和斯坦福的投资组合,或与之相关的初创企业可能成为收购目标,而更大的企业则寻求巩固其已有地位。"

"量子计算机制造商多位于北美,而亚洲组织主导的非制造商机构则专注于 QIT 领域内的量子加密和通信。"[①]

6.3 国防部门与企业间量子利益的冲突

美国国防部和硅谷间的关系可以追溯到二次世界大战,但国防部直至最近才完全委托私营部门作为其技术实力的后盾。自 2000 年年初以来,阿什·卡特(Ash Carter)在题为"保持技术优势"[②]的文章中提出的有关技术和商用的预测已变为现实,国防部开始致力维系与商业界的密切联系。卡特认为,通过"与市场力量合作而非对抗,利用商业化来保障国防需求",不断发展的独立"产业和技术基地"将成为载体,使美国军方"成为世界上最早将商业技术适用于国防系统"的部门。当卡特 2015 年就任美国国防部长时,他能够将这些想法付诸实践。[③]

引起关切的另一个原因在于科技界最近就大型国防合同提出抗议。今年早些时候,十几名谷歌员工辞职抗议公司参与 Project Maven 项目,令谷歌登上头条,该项目由国防部资助,用于开发无人机拍摄以实现人工智能监控。超过 3 000 名谷歌员工在此问题上展现了道德立场,在致谷歌首席执行官桑达尔·皮查伊(Sundar Pichai)的信上签名,最终导致公司决定不再续签合同。[④]

最近,微软公司员工也对 Azure Government 发起抗议,Azure Government 是移民和海关执法局(ICE)在美墨边境对强制分离的家庭使用的面部识别软件。该软件亦引发了一封由 100 多名员工签字的公开信,信中表示:"我们是一个不断发展的运动的一部分,该运动由业内的许多人士组成,他们认识到创造强大技术的人身负重任,必须确保其创造之物被用行善而非行恶。"[⑤]

---

① Patinformatics (2017). *"Quantum Information Technology Patent Landscape Reports - Innovation at the Speed of Light"*. Patinformatics, LLC, 2017. Accessible at https://patinformatics.com/quantum-computing-report/.

② Carter, A., Marcel Lettre, and Shane Smith (2001). "Keeping the Technological Edge." Keeping the Edge: Managing Defense for the Future. Ed. Ashton B. Carter and John P. White. MIT Press, 2001, 129-164. Accessible at https://www.hks.harvard.edu/publications/keeping-technological-edge.

③ Project Q, (2018). "The Role of Tech Companies in Achieving Quantum Supremacy". Project Q, Sept. 6, 2018. Accessible at https://projectqsydney.com/2018/09/06/the-role-of-tech-companies-in-achieving-quantum-supremacy/.

④ Conger, K. (2018). "Google Employees Resign in Protest Against Pentagon Contract". Gizmodo, May 14, 2018. Accessible at https://gizmodo.com/google-employees-resign-in-protest-against-pentagon-con-1825729300.

⑤ Project Q, (2018). "The Role of Tech Companies in Achieving Quantum Supremacy". Project Q, Sept. 6, 2018. Accessible at https://projectqsydney.com/2018/09/06/the-role-of-tech-companies-in-achieving-quantum-supremacy/.

虽然此类科技巨头中发声抗议的人数较少,这些例子仍应让国防部停下来反思其赢得量子竞赛所需的来自产业界和科技界的忠诚度。我们今天看到的蓬勃发展的企业创新创业的技术文化是 20 世纪 60 年代反战反文化的产物。①

国防合同具有内在的政治属性,最重要的是,国防部必须牢记,科技公司对量子计算的追求并非出于爱国和忠诚。当前依赖科技体系而取得的成功最终将取决于国防项目能否作为科技公司可行的商业模式加以运作,同时确保有适当的系统保障创建的技术受到负责任的监管。②

这场竞赛并非仅由利润驱动:与其他许多技术一样,量子技术是消费者和防务部门共同梦寐以求的目标。在美国,国防部(DoD)严重依赖硅谷蓬勃发展的风投文化的强劲势头,以便先于竞争对手取得量子优势地位。但从长远看,这种依赖关系是否会成为劣势?③

一个突出的问题是普遍存在的"技术纠缠"。卡特认为,维持技术优势地位的一个重要内容是美国军方有权拒绝向竞争对手提供新技术的相关信息。然而,如今负责量子创新的技术社区是高度协作且不断移动的,运转在全球化的经济中。④

6.4　经济影响

量子产品和服务的未来市场机遇在上文第 3.2 章节有关当前商业市场的研究报告中进行了论述,探讨了对特定公司的影响。第 3.1 章节在美国和加拿大的报告中探讨了对国民经济的影响。这些预测,特别是短期内的预测,是合理可信的,因为它们建立在当前可用的知识和经验之上。然而,它们并未反映量子技术在更大程度上的相互作用,以及由此产生的具有中长期经济(和社会)后果的协同增效。由于可能的相互作用太多、太复杂,对这些后果的预测多为推断性质,对其出现的概率预测亦然。但是,文献中提供了一些预示。

一个是以技术为基础的经济的出现,供应链网络令传统的民族国家黯然失色。嵌入式信息空间的组件结合 5G 和比特链技术,越来越有望为此奠定基础。该体系可能由拥有技能和资源者(如私营的跨国企业,或国家-私人伙伴关系)主导,依赖新兴和中级市场形成经济的稳定和增长(垄断或寡头垄断)。对美国而言,这意味着少数一部分大型企业将主宰数字经济。⑤

---

① Project Q, (2018). "The Role of Tech Companies in Achieving Quantum Supremacy". Project Q, Sept. 6, 2018. Accessible at https://projectqsydney.com/2018/09/06/the-role-of-tech-companies-in-achieving-quantum-supremacy/.

② Project Q, (2018). "The Role of Tech Companies in Achieving Quantum Supremacy". Project Q, Sept. 6, 2018. Accessible at https://projectqsydney.com/2018/09/06/the-role-of-tech-companies-in-achieving-quantum-supremacy/.

③ Project Q, (2018). "The Role of Tech Companies in Achieving Quantum Supremacy". Project Q, Sept. 6, 2018. Accessible at https://projectqsydney.com/2018/09/06/the-role-of-tech-companies-in-achieving-quantum-supremacy/.

④ Project Q, (2018). "The Role of Tech Companies in Achieving Quantum Supremacy". Project Q, Sept. 6, 2018. Accessible at https://projectqsydney.com/2018/09/06/the-role-of-tech-companies-in-achieving-quantum-supremacy/.

⑤ Araya, D. (2019). "China's Grand Strategy". Forbes, January 14, 2019. Accessible at https://www.forbes.com/sites/danielaraya/2019/01/14/chinas-grand-strategy/#3895c1441f18.

另一个是自动化的影响,造成更大的财富不平等,全球阶级差异更为明显,出现首选的技术官僚阶级。这需要大规模的社会解决方案,有的用于解决失业或收入流失问题(如保证收入),有的用于令流离失所者保持社会自我价值感。在美国,这便意味着制定可持续的社会福利计划,或创建政府资助的就业计划,进行收入/财富再分配。[①]

数字经济将严重依赖创新、技术工人/劳动力培训[②]和出口市场。优化将产生最有效的商品和服务分配能力,比特链将创建不可改动的交易记录。[③]现金在交易中的作用将会减弱。税费将自动添加到价格中,依据收入扣缴税款。几乎无人需要提交任何纳税申报表,政府自会替人们完成这一工作。

6.5 劳动力开发

国家科学基金会的项目主任托马兹·杜拉凯维奇(Tomasz Durakiewicz)表示,要实现量子化技术,美国需要掌握新技能的劳动力,基金会于 2017 年在量子信息科学上投入了约 4 500 万美元,还将依据众议院法案获得额外资金。所需的技能包括:电子工程、高级编码,此外还至少需要对量子力学的基本理解。"我们没有这样的人,"杜拉凯维奇这样表示。吉尔称,美国需要"习惯于不同思维方式的量子人才。我们需要加倍努力,以便他们逐步灵活掌握'量子计算机'。"[④]

造成短缺的原因是什么? IEEE 标准协会量子计算工作组主席威廉·赫里(William Hurley)认为,原因在于学术界和产业界人士缺乏远见。"我们自 1981 年以来便已了解了量子计算及其改变世界的潜力,甚至比对人工智能更为了解。与人工智能不同的是,我们并未探讨过量子计算,没过教过它什么,也没著书说明其如何彻底改变世界。"[⑤]

找到掌握所需技能的员工是行业参与者面临的最大挑战。为了克服这一挑战,政府和量子计算机制造商正在开展与该此技术相关的培训课程。例如,D Wave Systems 公司(加拿大)向客户提供"培训模块",帮助客户了解量子计算机的工作原理。发展美国的量子劳动力应成为首要任务,因为该领域人才短缺,并不仅限于量子机器的建造人才。[⑥] 马里兰大学教授兼 IonQ 联合创始人克里斯托弗·梦露(Christopher Monroe)称,"很难招到开发人员

① de Wolf,R. (2017). "The Potential Impact of Quantum Computers on Society". Ethics and Information Technology, 19(4):271-276, 2017. Accessible (.pdf) at https://arxiv.org/abs/1712.05380.

② Snyder,A. (2018). "The race to build a quantum economy". Axios, June 24, 2018. Accessible at https://www.axios.com/quantum-computing-computers-economy-china-0ce94671-fda6-410c-a895-4d891e5e7391.html.

③ Talton,E. and Remington Tonar (2018). "Quantum Computing Can Reshape Our Physical Infrastructure If We Let It". Forbes online, Nov. 26, 2018. Accessible at https://www.forbes.com/sites/ellistalton/2018/11/26/quantum-computing-can-reshape-our-physical-infrastructure-if-we-let-it/#2653d7dc9b46.

④ Snyder,A. (2018). "The race to build a quantum economy". Axios, June 24, 2018. Accessible at https://www.axios.com/quantum-computing-computers-economy-china-0ce94671-fda6-410c-a895-4d891e5e7391.html.

⑤ Pretz,K. (2018). "Q&A: Quantum computing's Researcher Shortage". IEEE:The Institute, December 12, 2018. Accessible at http://theinstitute.ieee.org/career-and-education/career-guidance/qa-quantum-computings-researcher-shortage.

⑥ Markets and Markets (2017). "*Quantum Computing Market by Revenue Source, etc. -Global Forecast to 2023*". Markets and Markets, August 2017. Accessible at https://www.marketsandmarkets.com/Market-Reports/quantum-computing-market-144888301.html.

编写在量子电路上运行的软件。"遗憾的是,相关大学的入学人数有所下降。①

最近一项研究表明,过去一年(2018 年),美国大学知名物理课程的国际学生入学率平均下降了 12%。② 由于特朗普政府围绕旅行禁令的签证政策飘忽不定,许多国际知名科学专家纷纷放弃与美国签署技术合同。③

"例如,如今大多数量子信息科学的参与者都拥有物理背景和化学背景,"他这样说道,"材料科学和计算机科学界的人士刚刚进入该领域,但现在还需要包括电气工程师、机械工程师和包装研究人员在内的其他人才。需要改变整个生态系统,而现在这些尚未发生。"④

劳伦斯伯克利国家实验室与加州大学伯克利分校的伯克利量子研究合作团队主任伊尔凡·西迪基(Irfan Siddiqi)称:"如果我们真想培养下一代劳动力,就需要有项目让他们参与进来。当完成课题的工作时,所有的'博士'会去哪里。事实上,对我而言,学术界和产业界代表了两个专门领域,但两者之间存在很大的一个区域,事实上,能源部实验室完全可以培养新生代科学家。"⑤

国家研究实验室也可发挥作用。除了利用国家研究实验室促成其合作伙伴相互结成研发伙伴关系外,该战略还要求这些实验室通过学术界、联邦拨款和其他参与计划帮助建立"掌握量子知识的劳动力"。芝加哥大学教授、阿贡国家实验室高级科学顾问古豪(Supratik Guha)表示,国家研究实验室、产业界和学术机构间的合作可为量子计算机工程师的培训培育基础,推动该领域的发展。⑥

古豪指出,芝加哥量子交换中心正在采取该做法,建立芝加哥大学、阿贡国家实验室和费米国家加速器实验室间的伙伴关系,科学家正与学生展开 30 英里光纤链路等项目合作,作为量子纠缠和信息传递的测试床。⑦

一些人仍对此努力持怀疑态度,"当你培养出足够劳动力来完成现在所需的工作时,技术已经向前发展。这个领域变化太快,我甚至不知道,除了传授量子的基础知识及其背后的

① Snyder, A. (2018). "The race to build a quantum economy". Axios, June 24, 2018. Accessible at https://www.axios.com/quantum-computing-computers-economy-china-0ce94671-fda6-410c-a895-4d891e5e7391.html.

② Metz, C. (2018). "The Next Tech Talent Shortage: Quantum Computing Researchers". The New York Times, October 21, 2018. Accessible at https://www.nytimes.com/2018/10/21/technology/quantum-computing-jobs-immigration-visas.html.

③ Snyder, A. (2018). "The race to build a quantum economy". Axios, June 24, 2018. Accessible at https://www.axios.com/quantum-computing-computers-economy-china-0ce94671-fda6-410c-a895-4d891e5e7391.html.

④ Cordell, C. (2018). "*The message for national labs: Advances in quantum computing are about people, too*". Fedscoop, Sept. 26, 2018. Accessible at https://www.fedscoop.com/national-labs-quantum-computing-workforce-ifran-siddiqi/.

⑤ Cordell, C. (2018). "*The message for national labs: Advances in quantum computing are about people, too*". Fedscoop, Sept. 26, 2018. Accessible at https://www.fedscoop.com/national-labs-quantum-computing-workforce-ifran-siddiqi/.

⑥ Cordell, C. (2018). "*The message for national labs: Advances in quantum computing are about people, too*". Fedscoop, Sept. 26, 2018. Accessible at https://www.fedscoop.com/national-labs-quantum-computing-workforce-ifran-siddiqi/.

⑦ Cordell, C. (2018). "*The message for national labs: Advances in quantum computing are about people, too*". Fedscoop, Sept. 26, 2018. Accessible at https://www.fedscoop.com/national-labs-quantum-computing-workforce-ifran-siddiqi/.

一些计算机科学,你还能如何培训别人。"①

7. 总结和结论

直到最近(2018 年秋季),美国的量子政策一直没有明确重点领域、缺乏协调、未全心投入。但这并不意味着量子技术和应用未取得进展。政策中几乎完全没有强调量子技术或行业的治理问题,在国内和国际层面皆是如此。尽管如此,仍需对全球的量子发展趋势给予更多关注。

7.1 美国量子治理政策展望

"治理"有多种形式,包括国内和国际治理、正式和非正式治理、直接和间接治理。美国主要以监管和/或经济政策的形式(如,资金支持、税收、伙伴关系)进行间接治理。以下总结了与上文所述的量子计算/加密和通信相关的"治理"的潜在来源。

首先是正式的政府渠道。

- 行政政策:国会/白宫。
- 国会行动:监管和资金支持。
- 联邦政府部门:如商务部、能源部。
- 联邦机构:如国家科学基金会。
- 司法部门:适用的商业法和实践(特别是反托拉斯)。

量子计划业已启动且批准了额外的资金,公众对高科技和量子技术的认识普遍提高,将之视作关键的国家举措,美国似乎在此领域落后于其他国家,所有这些都很有可能形成更多的参与。即便如此,行政部门(总统)的领导力似乎尚不明确,与增加的资金相比,直接的支持依旧不足。

除了正式的治理渠道外,还有多个非正式渠道,对参与量子技术发展的研究人员和企业格外具有影响力。这些渠道的形式包括行为准则、原则和准则;技术标准;研究政策和规则;知识产权/专利、行业政策和公司政策。这些在很大程度上并未由政府执行(知识产权除外),通常多为指导和"最佳实践"。

在国际治理方面,美国与其他国家或国际组织的合作因一系列因素而变得复杂。首先,总统目前不支持参加多边活动;总统在国际层面更多关注的是关税等经济政策。高科技全球治理政策的三大候选组织,国际电联、ICANN 和世贸组织与美国的关系皆受到类似限制。

总统/白宫/行政部门清楚量子技术的问题,但直到最近才对这些问题的解决感到紧迫。即便如此,他们更倾向于鼓励私营部门和学术界管控技术进展,而将联邦政府有限的种子资金投入"重大挑战"问题。军方和安全部门在跟踪私人举措的同时,也在开展自身的研发计划。

---

① Pretz, K. (2018). "Q&A: Quantum computing's Researcher Shortage". IEEE: The Institute, December 12, 2018. Accessible at http://theinstitute. ieee. org/career-and-education/career-guidance/qa-quantum-computings-researcher-shortage.

国会已经采取了行动,在一定时间内(可能是几年)都不太可能再次将量子政策问题搬上台面(除非出现惊人发展)。国会仍需要通过拨款来为 2018 年立法所要求的活动提供资金支持。

国家层面的指导有待出台,跨国企业协议、专业机构、专利标准和国际组织形成了隐性"政策"。国际电联似乎是解决这些问题(即加密)的最高级多边机构,但互联网机构(ICANN、IGF)似乎亦不甘居于人后。世贸组织则是未来的潜在候选机构。

然而,若国会对量子计算表示关切,欲控制或管理量子计算的发展(目前尚未表现出任何迹象),现在仍有可能实现,因为实施技术的财务和技术实力仍掌握在极少数公司手中,商用级成品的部署也尚未开始。目前可通过"云"获得有限的量子计算公共服务。还没有任何"量子互联网"能够提供显著的量子可用性。量子系统一旦部署实施便难以停止,除非采取最激进的措施,因为该技术是全球性的,故一般措施的效果可能不尽如人意。

更为可能的方法是结合技术标准、许可、监管、税收、研发资金、反托拉斯法、知识产权法、侵权法、进出口管制和其他管控技术发展的传统方式,具体问题具体对待,对量子计算的具体应用加以控制。应该指出的是,随着时间的推移,量子技术将被整合到嵌入式信息空间中,所有部分将变得相互依赖,影响一个便会影响全部。

量子计算本身并不危险(与核电一样)。它被视作具有有益潜力,因此不太可能受到整体监管。但是,对人身、财产或政策构成风险的应用将受到审查。一个很好的例子,也是最好的例子——是加密/解密。量子计算能否使电子商务、银行、区块链网络、网络货币、个人隐私和安全政策变得脆弱?对于数据治理问题,需要监管的不是量子技术的技术,而是输出产品的使用目的为何,同时遵守当前有关隐私、数据保护和数据管理的全部政策。

7.2 国家和国际治理举措的作用

美国未来在制定政策的多边论坛中的作用目前尚不明确,因为美国可能退出此类论坛,转向强调双边协议。这可能会削弱美国对全球技术治理举措的支持。即使如此,量子技术问题在一些国际组织中已经开始浮出水面。

国际电信联盟的标准化部门致力于启动"量子安全"加密标准的制定。国际电联第 17 研究组积极参与有关"量子安全公钥加密"标准的讨论。在包括新兴信息技术和所有相关技术的更大范围内,学者们正在考虑新兴技术的总体治理以及如何基于所谓的"预防原则"将政策分析与社会价值相结合。

"预防措施的独特之处在于需要基于新的理解,公开进行推测。""这要求暂停或放缓技术决策过程以便有时间进行反思,对结果形成广泛而长期的理解,愿意对正在评估的任何替代方案加以考虑,在政策中反映广泛的价值观,保持决策过程的整体透明。"[1]

任何全球或多边考量都须包含量子技术在嵌入式信息空间中的作用,及其与其他技术可能存在的相互依赖。在网络空间治理更广泛的讨论背景下,这可能是最佳选择。

---

[1] Kaebnick, G. and Elizabeth Heitman, James Collins and Jason Delborne (2016). "Precaution and Governance of Emerging Technologies". Science 354(6313):710-711, November 2016. Accessible (link to . pdf) at https://www.researchgate.net/publication/309965160_Precaution_and_governance_of_emerging_technologies.

7.3 "量子"的产业化发展

尽管存在若干量子产品和服务的新兴市场,但预算充足的潜在客户的数量却较为有限。在产品有利可图之前,仍有许多必须克服的技术困难,使得可用的投资十分有限,该领域的属于需要五到十年才能成熟的长线投资领域。

具体的子市场,及其在一段时间内的美元估值可见上文第 3 章节。量子市场通常被视为稳定增长的市场,但仍存在重大的技术挑战,融资的选择也有限。

7.4 难以预见的后果/意外

引入各类量子信息系统会产生不可预测和意想不到的后果,包括不利后果,这几乎难以避免。蒸汽机、汽车和计算机等基础技术产生了其发明者无法想象的主要和次要后果。当前(2019 年)最受关注的两个"量子"领域是:①量子技术"打破"目前许多"牢不可破"的加密系统的潜力;②对联合国 1948 年"世界人权宣言"和国家法律所保护的隐私、公平和人权问题的潜在影响。

量子力学的应用创造了一类通用技术,几乎可无穷无尽地派生其他多种技术。因此,能够产生惊人效果的不仅仅是特定的技术,还有新技术之间的相互作用。这就是所谓的"嵌入式信息空间"①,包括物联网、大数据、云和人工智能,作为一个有机整体发挥作用。量子计算和通信有望加速实现此空间潜在的社会、政治和安全成果并将之加以整合。在某些时候,无处不在的区块链技术的应用也可加入其中。

7.4.1 可预见的后果

虽然几年后的具体细节多为推断的结果,但可基于该技术及其应用的已知潜力做出明智预测。例如,欧盟发布了一份报告②,描述了其认为最有希望的量子计算应用,包括密码分析;化学模拟和材料科学;机器学习和模式识别;数据库搜索和优化。考虑到量子计算的发展方向,这些领域取得进步的可能性很高。

与此同时,报告认为气候变化和天气预报、自然资源和水资源的开采、自然灾害预测、粮食生产、机器学习、自动化、化学和物理学等领域可能出现具有经济和战略意义的长期影响。

根据该研究,在应用方面的进展可能会产生以下影响。③

• 更安全的飞机;改良设计;空中交通管理;更佳的软件和材料。

---

① Taylor, R. (2017). *"The Next Stage of U. S. Communications Policy: the Emerging Embedded Infosphere"*. Telecommunications Policy, Vol. 41, Issue 10, November 2017, pages 1039-1055. Accessible (pay) at https://www.sciencedirect. com/science/article/abs/pii/S0308596116302488.

② Lewis, A., et al. (2018). "The Impact of Quantum Technologies on the EU's Future Policies". European Commission, JRC Science for Policy Report, Part 3, Perspectives for Quantum Computing, 2018. Accessible (.pdf) at https://ec. europa. eu/jrc/en/publication/eur-scientific-and-technical-research-reports/impact-quantum-technologies-eus-future-policies-part-3-perspectives-quantum-computing.

③ Lewis, A., et al. (2018). "The Impact of Quantum Technologies on the EU's Future Policies". European Commission, JRC Science for Policy Report, Part 3, Perspectives for Quantum Computing, 2018. Accessible (.pdf) at https://ec. europa. eu/jrc/en/publication/eur-scientific-and-technical-research-reports/impact-quantum-technologies-eus-future-policies-part-3-perspectives-quantum-computing.

- 发现遥远的行星/加速空间探测。
- 更有针对性的政治活动。
- 面部识别。
- 及早发现和治疗癌症,研发更为有效的药品。
- 自动驾驶汽车,缓解拥堵。

7.4.2 可能的意外情况

顾名思义,意料之外的未知是难以预测的。因此,以下内容多出于推断。很可能是由于某些发展快于预期、或是技术以我们未预见的方式发生交互,抑或出现新的可能。然而,这些无法以其他方式实现的情形或许都能够通过量子计算机来激发、促进或放大。笔者已排除了不符合物理定律的情况(隐形传态、超光速旅行、时光旅行等)。可能发生的负面外部事件亦被排除在外,如战争、大范围疾病、小行星撞击、太阳超级耀斑等,因为在灭绝级事件发生后,幸存的量子计算机可能也无甚用武之地。

本章的内容是 QIS 政策治理在美国的作用,故以下议题并未展开。尽管如此,我们不应对其置之不理,因为当可预见的技术与量子计算的力量相结合,它们便可能出现,且会带来戏剧性的影响。

- 通用人工智能;
- 联网智能;
- 拟人机器人/人形机器人/半机械人/超人;
- 意念控制设备;
- 机器辅助心灵感应;
- 机器读心术;
- 通用翻译机;

以上内容均或多或少存在实验先例。下面是一些相关的其他可能:

- 联络外星人;
- 行星探测;
- 大脑/头部移植;
- 大幅延长人类寿命。

可能随之而来的部分挑战:

- 劳动力替代,大规模失业;
- 加剧社会阶级和财富分化;
- 社会心理错位;
- 各国国力失衡;
- 企业主导,民族国家衰退;
- 数字民主 vs 数字独裁。

如前所述,以上皆为对未来的推断。但鉴于我们对量子计算机的了解,应当警惕可能发生的任何低概率/黑天鹅事件并为之做好准备。其中每一个都可能演化为实质产品,并在未来发挥有益作用。

7.5　量子信息系统和"数据开放与管理"体系

可在三个层级考虑数据：[1]

底层是技术和从嵌入式信息空间隐含的多个来源采集并处理"清洁"数据。数据来自网络、物联网及种类繁多的应用和服务。它们会产生大量未经处理的数据，需要进行传输、存储(在云中)和保护。此过程须遵循各类国家和国际法律法规，充分尊重个人的数据隐私，确保隐私安全。

上层是已处理的数据，通过"大数据"的复杂算法进行清理、去标识(或脱敏)、处理、分类和分析，运用人工智能理解其含义，洞察秋毫。此时，数据便成为一种存量资源，具有多方面的价值，是银行、政府、企业和个人的大量投资形成的价值链上的最终产品。这些数据便是"开放"的数据，可脱敏使用和出售。

中间层是政策措施，旨在保护个人隐私、保护消费者、保护数据免遭窃取和/或未授权复制、未经许可使用或侵犯知识产权、违反其他有关内容或应用的公共法律或政策。这里不仅涉及治理政策和监管，也包括适当使用技术进行执法。量子计算将是该治理过程中的核心技术。

与"传统"计算机相比，量子计算的最大优势在于速度。其超快的速度有望对密码学产生深远影响，进而影响电子商务、医疗、银行业和依赖"牢不可破"的加密的区块链技术的任何应用。许多人相信，量子计算机破解代码的能力将远远超过传统计算机。这并不一定意味着未来(可能是十年后)不可能构建"防量子破解"的加密，但当前的大多数加密可能都不堪一击。[2][3]

量子计算也可能被用于创建牢不可破的量子密码。"量子密码，也称为量子加密，运用量子力学原理来加密信息，除了指定的接收人，其他任何人都无法读取信息。量子加密利用的是量子的多个状态及其'无变化理论'，无法悄无声息地被截断。执行这些任务需要量子计算机，运用强大的计算能力进行数据加密和解密。量子计算机可快速破解当前的公钥加密。"[4][5]

利用这些能力，量子计算机可破解加密文件和加密传输，发现"开放"数据乃至"清洁"数据的未经授权、欺诈性或非法使用。凭借卓越性能，量子计算机可运用人工智能和其他算法来创造更大价值的数据资产。为实现这些应用，需要指定某些能够使用量子计算、使用为此

[1] Zhang, B. (2019). Personal communication with the author. January 14, 2019.

[2] Wikipedia (last edited February 18, 2019). "Post-quantum Cryptography". Accessible at https://en.wikipedia.org/wiki/Post-quantum_cryptography.

[3] Boyle, A. (2018c). "Experts say it's high time to create new cryptography for quantum computing age". GeekWire, December 4, 2018. Accessible at (https://www.geekwire.com/2018/experts-say-high-time-create-new-cryptography-quantum-computing-age/.

[4] Korolov, M. and Doug Drinkwater (2019). "What is quantum cryptography? It's no silver bullet, but it could improve security". CSOonline, March 12, 2019. Accessible at https://www.csoonline.com/article/3235970/what-is-quantum-cryptography-it-s-no-silver-bullet-but-could-improve-security.html.

[5] Grimes, R. (2018). "How Quantum Computers will destroy and [maybe] save cryptography". CSOonline, August 2, 2018. Accessible at https://www.csoonline.com/article/3293938/how-quantum-computers-will-destroy-and-maybe-save-cryptography.html.

而设计的代码和算法的公共实体或机构在量子计算机上开展工作。此类代码尚未开发,但随着强大的量子计算机的出现,代码亦会随之开发成功。这些应用将有利于经济和社会发展,改善民生。

可以此作为切入点,管控量子计算和信息技术,应对数据开放后带来的一系列数据治理问题。①

7.6 总结

本文讨论并回答了以下问题:①量子计算及其相关技术在美国的现状和未来前景如何?②这些技术带来的新情况是否需要通过新的政策、法律和监管措施对个人和社会进行保护?③为达到此目的,美国的政治、法律和经济体系可采取哪些治理措施?量子技术的发展尚处于早期阶段。这些技术将来有望成为主要力量,但现在就判断其应用对人类社会是利是弊仍为时尚早。

"它是随着每项新技术而变化的框架,而非仅是画框中的图片。"

——马歇尔·麦克卢汉

---

① Zhang, B. (2019). Personal communication with the author. January 14, 2019.

第二部分

数字经济时代的数据治理

政府数据开放计量：国际对比

作者：奎师那·贾亚卡（Krishna Jayakar）博士
美国宾夕法尼亚州立大学教授
翻译：金晶

摘　要：本文审视了度量各国数据开放成果的三种不同做法。对数据开放质量的决定因素进行了探讨，包括数据自身的质量和系统相关因素。对各做法所用的变量和指数编制法进行了对比。相关性分析显示，结果取决于所选的特定方法：较之仅依靠元数据自动采集的方法，依靠人工编码的方法相关性更高。

关键词：电子政务　开放数据　指数编制　信息计量

近年来，电子政务运动在全球兴起，利用信息通信技术（ICT）解决政府问题，包括经济有效地提供政府服务、协调各类政府和非政府实体以及提高政府的监督效果、透明度和问责制。众学者试图对各国在电子政务方面的成就进行对标和比较[1][2][3][4]。各组织机构亦采用了各式各样的方法编制指数，如联合国电子政务指数[5]和世界正义工程[6]的政府开放指数。

然而，此类尝试使用的理论框架和方法种类繁多，度量电子政务的若干侧重点相互关联但有各具特色。例如，Ayanso、Chatterjee 和 Cho[7] 衡量的是各司法辖区普及电子政务的就绪程度，而 Rorissa、Demissie 和 Pardo[8] 则聚焦结果，通过计算电子政务指数对各司法辖

---

[1]　Ayanso，A.，Chatterjee，D.，& Cho，D. I.（2011）. E-Government readiness index：A methodology and analysis. Government Information Quarterly，28(4)，522-532.

[2]　Rorissa，A.，Demissie，D.，& Pardo，T.（2011）. Benchmarking e-government：A comparison of frameworks for computing e-government index and ranking. Government Information Quarterly，28(3)，354-362.

[3]　Susha，I.，Zuiderwijk，A.，Janssen，M.，& Grönlund，Å.（2015）. Benchmarks for evaluating the progress of open data adoption：usage，limitations，and lessons learned. Social Science Computer Review，33(5)，613-630.

[4]　Veljković，N.，Bogdanović-Dinić，S.，& Stoimenov，L.（2014）. Benchmarking open government：An open data perspective. Government Information Quarterly，31(2)，278-290.

[5]　Whitmore，A.（2012）. A statistical analysis of the construction of the United Nations E-Government Development Index. Government Information Quarterly，29(1)，68-75.

[6]　World Justice Project（2015）. WJP Open Government Index Methodology. Accessed May 14，2019，at https://worldjusticeproject. org/our-work/wjp-rule-law-index/wjp-open-government-index/wjp-open-government-index-methodology.

[7]　Ayanso，A.，Chatterjee，D.，& Cho，D. I.（2011）. E-Government readiness index：A methodology and analysis. Government Information Quarterly，28(4)，522-532.

[8]　Rorissa，A.，Demissie，D.，& Pardo，T.（2011）. Benchmarking e-government：A comparison of frameworks for computing e-government index and ranking. Government Information Quarterly，28(3)，354-362.

区排序。Susha 等人[1]、世界正义工程[2]以及 Veljković、Bogdanović-Dinić和 Stoimenov[3] 关注的并非电子政务的方方面面,而仅是其称之为"开放政府"的部分电子政务活动。把侧重点放在实施电子政务的多个不同方面是可行的,包括就绪度、表现、服务质量、成本效益等。这些领域对电子政务绩效评估有不同影响,都值得详细加以分析。本文关注的是政府开放。

但即便将电子政务限定在此较为狭窄的范围也少不了附属的组成部分,从下文的讨论中可见一斑。因此,绩效评估的第一步是具体确定度量的内容。Scassa[4] 认为,政府开放有三个相互关联且重叠的方面:访问开放、数据开放和参与开放。访问开放的前提是公民享有从政府获取信息的基本权利。可将此概念化为政府对"访问政府信息的个人请求"的响应。与此同时,"数据开放涉及通过公开许可、以可重复使用的电子格式公布非个人、非机密的政府数据"。最后,参与开放则是公民更多地参政议政。参与开放的前提是访问开放(公民有权获取政府信息来了解问题)但又不仅限于访问开放,还要求政府积极鼓励公民参与决策和规划过程。

由此可以看出,Scassa 确定的政府开放的三个方面都涉及以某种形式访问政府数据,从而享受公民的隐私权。但正如 Scassa 指出的那样,开放访问时对公民的信息请求需具体情况具体对待,这也意味着官员有机会审视该请求对隐私的影响并在对信息适当修改后再予以发布(例如,整合分类法、数据记录脱敏等)。这并非为了最大限度地减少隐私滥用的可能,因为第三方可利用数据挖掘新技术和大数据的方法从有限或修改后的信息中创建复杂的消费者画像。

另一方面,数据开放需对政府处理信息的方法进行理念重构。数据开放涉及以第三方易于访问和使用的格式发布政府信息,包括地理信息、公共记录、普查数据等,将信息的"默认选项"从"限制"改为"发布"。因此,在电子政务涉及的各方面中,数据开放代表着对政府传统规范和实践最根本的背离。所以数据的开放程度可能表明了向电子政务转型的力度和深度。

本文对判断不同国家数据开放程度的各类方法进行了评估。具体而言,文中将审视数据开放成果相关国际指数的构建,如全球开放数据指数[5]、开放数据监测[6]和开放数据晴雨表[7]。我们分析了包含的变量、变量的定义和权重、副指数(如有),以及用于收集数据的方

① Rorissa, A., Demissie, D., & Pardo, T. (2011). Benchmarking e-government: A comparison of frameworks for computing e-government index and ranking. Government Information Quarterly, 28(3), 354-362.

② World Justice Project (2015). WJP Open Government Index Methodology. Accessed May 14, 2019, at https://worldjusticeproject. org/our-work/wjp-rule-law-index/wjp-open-government-index/wjp-open-government-index-methodology.

③ Veljković, N., Bogdanović-Dinić, S., & Stoimenov, L. (2014). Benchmarking open government: An open data perspective. Government Information Quarterly, 31(2), 278-290.

④ Scassa, T. (2014). Privacy and open government. Future Internet, 6(2), 397-413.

⑤ Open Knowledge International [OKI]. (2018) Tracking the state of open government data. Accessed May 14, 2019, at https://index. okfn. org/.

⑥ Open Data Monitor (2019). Open Data Monitor. Accessed May 14, 2019, at https://opendatamonitor. eu/.

⑦ Web Foundation (2018). Open Data Barometer -Leaders Edition. Washington DC: World Wide Web Foundation. Accessed May 14, 2019, at http://www. opendatabarometer. org.

法。参照开放数据观察①对 2013 年排名的分析,我们审视了各项指数的覆盖范围及其基于分数和排序的相关性,所用数据更新至已有的最近年份。

本文的讨论以如下方式进行。在下一部分,我们将讨论数据开放以及数据开放质量和可获取性的决定因素。接着将介绍并讨论不同指数编制法如何度量数据开放的程度。讨论了指数涵盖的国家、各国得分和排序的相关性。最后的结论部分,对评估数据开放程度的各种方法进行了对比。

1. 对开放数据的可获取性、质量和影响的度量

从历史上看,各国统计组织一直负责编制、归档和传播国家统计数据。世界银行②统计能力指标(SCI)等指数试图对各国统计系统的能力进行量化③。指标使用三个子标准:统计方法(数据的收集遵循国际标准和规范);源数据(普查周期和行政数据的可靠性);周期性和及时性(统计输出的规律性、及时性和可用性)。

度量数据开放程度的各类方法很大程度上归功于世界银行 SCI 等传统计量。但是,开放数据评估也存在显著差异。首先,开放数据指标与 SCI 不同,不仅限于国家统计组织生成的数据,还包括各级政府部门生成的各类信息。政府信息处理能力的普及大大增加了各级政府收集、归档和发布的信息量。其次,SCI 等措施以对所含元数据信息的分析为基础;但新的信息技术允许对数据库本身进行质量评估,令新的质量评估法成为可能,如 OKI④ 为其全球开放数据指数(GODI)实施的众包以及世界正义工程所用的人口调查⑤。第三,SCI 等计量并未考察数据库是否满足新媒体环境中定义的"开放"标准。

本文将按顺序讨论数据开放的三个方面:开放性、内在质量和影响。

1.1 开放性

Scassa 认为"数据开放涉及以可重复使用的电子格式和公开许可发布非个人、非机密的政府数据"⑥。倡议组织⑦给出了另一种定义:"开放意味着任何人都可出于任何目的的自由访问、使用、修改和共享(最多受保留原产地和开放性要求的约束)"。此类定义虽表面上看似

① Open Data Watch (2018a). Indexes of data quality and openness (blog). Accessed May 14, 2019, at https://opendatawatch. com/blog/indexes-of-data-quality-and-openness/.

② World Bank (no date). Note on the Statistical Capacity Indicator. Washington, DC: World Bank. Accessed May 14, 2019, at http://datatopics. worldbank. org/statisticalcapacity/files/Note. pdf.

③ World Bank (no date). Note on the Statistical Capacity Indicator. Washington, DC: World Bank. Accessed May 14, 2019, at http://datatopics. worldbank. org/statisticalcapacity/files/Note. pdf.

④ Open Knowledge International [OKI]. (2018) Tracking the state of open government data. Accessed May 14, 2019, at https://index. okfn. org/.

⑤ World Justice Project (2015). WJP Open Government Index Methodology. Accessed May 14, 2019, at https://world-justiceproject. org/our-work/wjp-rule-law-index/wjp-open-government-index/wjp-open-government-index-methodology.

⑥ Scassa, T. (2014). Privacy and open government. Future Internet, 6(2), 397-413.

⑦ Opendefinition. org (no date). Open definition 2. 1. Accessed May 15, 2019, at http://opendefinition. org/od/2.1/en/.

简单,但数据库的开放涉及多个维度,需要实施若干相互关联的行动。例如,开放数据观察①通过五项标准评估数据库的开放性。由于这些标准与数据开放度量高度相关,下面对其展开详细讨论。

①可机读:表示数据是否以 XLS、XLSX 或 CSV 等标准可机读格式提供。可机读格式允许用户将数据直接下载至计算机,通过常见的电子表格或统计软件进行分析。

②非专用格式:表示提供的数据格式是否不需要特别的软件或编程环境。例如,SAV(SPSS)和 DTA(Stata)文件只能通过各自的程序读取,因而被视为专用格式,而 CSV、XML 和 HTML 文件则是非专用格式。

③下载方式:表示是否至少可通过以下三个选项中的一种下载数据。批量下载、应用程序编程接口(API)或用户自定义选项。批量下载允许用户在一个文件中下载某指标的全部数据,包括多个年份、地理区间或地方单元。API 允许远程用户进行定制,轻松实现数据交互。用户自定义选项包括允许用户为指标创建下载或表格显示、按年份或地理单位等维度进行细分。

④元数据可用性:表示数据库是否包含变量定义、计算方法、发布日期、编译日期、数据收集代理的名称等信息。

⑤使用条款:表示用户可对数据执行的各项操作的权限类型。开放数据观察②将使用条款分为四类:不可用、限制性、半限制性和开放性。顾名思义,不可用表示未明确规定使用条款;这在某种程度上限制了使用,因为厌恶风险的用户可能因害怕违反使用条款而不使用数据。限制性使用条款包括禁止商业用途、使用数据前需获取许可和注册要求。半限制性条款包括"烦琐归属"(如每次使用数据均要求广泛引用的元数据来源)、误导性使用条款和/或措辞模糊。最后,"开放"用法包括创意公用许可、公有域安置,或说明数据可自由使用的表述。开放数据观察③实行综合评级方案,包含对此类标准中各项标准的得分。

Opendefinition. org④列出的数据库被视为"开放型"数据库的标准如下:必须属于公有域或拥有"开放式许可"(详见下文)、必须可整体访问且收取的一次性复制成本应合理、必须可机读、必须以开放格式提供即无使用限制、可通过免费/开源软件工具访问。

此类标准严格遵守开放数据观察⑤的要求,但前者的许可要求规范更为详细,在开放数据观察中,这些要求包含在标准 5"使用条款"下。Opendefinition. org 认为⑥,作品许可能够被视为"开放式"许可的条件有:作品应可免费使用,包括允许销售等再流通方式;可对作品

① Open Data Watch (2018b). Open data inventory 2018/2019 annual report. Accessed May 14, 2019, at http:// odin. opendatawatch. com/annualReport/2018/ODIN_2018. pdf.

② Open Data Watch (2018b). Open data inventory 2018/2019 annual report. Accessed May 14, 2019, at http:// odin. opendatawatch. com/annualReport/2018/ODIN_2018. pdf.

③ Open Data Watch (2018b). Open data inventory 2018/2019 annual report. Accessed May 14, 2019, at http:// odin. opendatawatch. com/annualReport/2018/ODIN_2018. pdf.

④ Opendefinition. org (no date). Open definition 2.1. Accessed May 15, 2019, at http://opendefinition. org/od/ 2.1/en/.

⑤ Open Data Watch (2018b). Open data inventory 2018/2019 annual report. Accessed May 14, 2019, at http:// odin. opendatawatch. com/annualReport/2018/ODIN_2018. pdf.

⑥ Opendefinition. org (no date). Open definition 2.1. Accessed May 15, 2019, at http://opendefinition. org/od/ 2.1/en/.

进行修改,包括筹备其衍生作品;将作品任意部分单独抽出进行独立分销;与其他作品汇编或合并;对任何类别的用户均无使用歧视;传播,即通过再流通获得作品的任何用户均适用相同的许可条款;适用于任意目的;免费使用,不收取费用、授权费或其他货币补偿。然而,Opendefinition. org[①]确实允许就作品的使用附加特定条件:归属,即对信息来源的确认;完整性,即要求再流通作品使用不同的名称或版本号,以便与原作品相区分;"共享方式一致",要求再流通方遵守与内容原创者相同的开放许可要求;来源识别,即在各衍生作品中包含指向原始内容的链接;禁止采用技术手段限制对作品的访问(如使用加密);"非激进行为",衍生作品生产者承诺不使用专利诉讼等激进法律手段限制对衍生作品的访问。

开放数据的其他评估方案的要求则稍有不同:例如,Tim Berners-Lee[②]要求将数据库链接指向可能为数据提供额外背景情况的其他来源。

1.2 内在质量

对上述开放数据质量评估框架的一个常见批评为,此类框架似乎只关注数据库的外部情况:展现数据库的技术格式或编码以及数据库的访问条件。正如 Vetrò、Canova、Torchiano、Minotas、Iemma 和 Morando[③]指出的那样,数据库即使遵循上述各项开放性标准,数据的质量可能仍然很差。基于对以往文献和数据质量理论模型的广泛回顾,Vetrò等[④]确定了一套"数据内在质量"的标记(与其归类为"系统相关"的外部标记形成对比)。以下改编自 Vetrò 等[⑤]的定义。

①可追溯性:与数据库的创建和更新相关的元数据的可用性。

时效性:数据库中包含的截至数据库发布日期(而非过去某时间段)的最新数据所占单元格的百分比。

②超期时间:考虑到数据库的周期性和自上一版本发布以来经历的时间,数据库当前内容的发布延迟时间。

③完整性:无缺失值的单元格所占的百分比。

④合规性:数据库中变量的百分比,其定义和规范符合行业标准。

⑤易懂性:具有描述性元数据或展现方式易于用户理解的列所占的百分比。

⑥准确性:数值正确的单元格所占的百分比。

[①] Opendefinition. org (no date). Open definition 2.1. Accessed May 15, 2019, at http://opendefinition. org/od/2.1/en/.

[②] Berners-Lee, T. (2006) Linked data. Accessed May 15, 2019, at https://www. w3. org/DesignIssues/Linked-Data. html.

[③] Vetrò, A., Canova, L., Torchiano, M., Minotas, C. O., Iemma, R., & Morando, F. (2016). Open data quality measurement framework: Definition and application to Open Government Data. Government Information Quarterly, 33(2), 325-337.

[④] Vetrò, A., Canova, L., Torchiano, M., Minotas, C. O., Iemma, R., & Morando, F. (2016). Open data quality measurement framework: Definition and application to Open Government Data. Government Information Quarterly, 33(2), 325-337.

[⑤] Vetrò, A., Canova, L., Torchiano, M., Minotas, C. O., Iemma, R., & Morando, F. (2016). Open data quality measurement framework: Definition and application to Open Government Data. Government Information Quarterly, 33(2), 325-337.

Vetro 等[①]的内在质量标记与世界银行的统计能力指标(SCI)存在显著重叠:统计方法(遵守有关数据收集的国际标准和规范);源数据(普查周期和行政数据的可靠性);周期性和及时性(统计输出的规律性、及时性和可用性)。

1.3 影响

政府数据开放的倡导者已指出扩大获取政府数据和信息的一系列回报:对政府项目的成本效益分析和绩效评估得到优化,提高政府服务的效率和效力;政府以外的企业利用政府数据生产新的产品和服务,推动创新和经济增长;更好地公开监督政府的项目和决策,实现政府的透明和问责;各社会群体,包括边缘化群体的包容和参与。[②]

但研究人员亦指出,要完全实现此类回报,仅提高开放数据库是不够的。"OGD 举措的成功需要的不仅仅是数据集。还需要能够获取政府数据的中间方,将政府数据转化为具有社会经济价值的平台和产品,以及能够通过不同方式重复访问并利用数据的用户"。[③] 所需要的实际是"数据生态系统",包括能够生成高质量数据且愿意开放数据的政府机构、具有知情权意识且有条件行使知情权的公民,以及具备技术和营销能力、能够利用政府数据部署创新产品和服务的企业。[④]

总而言之,衡量数据开放进展的努力集中在 Vetro 等[⑤]的"系统相关要素"(数据格式、下载选项、使用许可、元数据可用性)、"数据内在质量"(可追溯性、时效性、周期性、完整性等)或"影响"上。下一节我们将研究部分此类标准如何纳入数据开放指数(或被排除在外)。

2.数据开放指数的对比

在本节中,我们将研究三个国际数据开放成就指数的构建:具体而言,即全球开放数据指数[⑥]、开放数据监测[⑦]和开放数据晴雨表[⑧]。分析的对象为包含的变量、变量的定义和权

---

① Vetrò, A., Canova, L., Torchiano, M., Minotas, C. O., Iemma, R., & Morando, F. (2016). Open data quality measurement framework: Definition and application to Open Government Data. Government Information Quarterly, 33(2), 325-337.

② Davies, T. (2013). Open data barometer: 2013 global report. World Wide Web Foundation and Open Data Institute. Accessed May 14, 2019, at http://opendatabarometer. org/doc/1stEdition/Open-Data-Barometer-2013-Global-Report. pdf.

③ Davies, T. (2013). Open data barometer: 2013 global report. World Wide Web Foundation and Open Data Institute. Accessed May 14, 2019, at http://opendatabarometer. org/doc/1stEdition/Open-Data-Barometer-2013-Global-Report. pdf.

④ Davies, T. (2013). Open data barometer: 2013 global report. World Wide Web Foundation and Open Data Institute. Accessed May 14, 2019, at http://opendatabarometer. org/doc/1stEdition/Open-Data-Barometer-2013-Global-Report. pdf.

⑤ Vetrò, A., Canova, L., Torchiano, M., Minotas, C. O., Iemma, R., & Morando, F. (2016). Open data quality measurement framework: Definition and application to Open Government Data. Government Information Quarterly, 33(2), 325-337.

⑥ Open Knowledge International [OKI]. (2018) Tracking the state of open government data. Accessed May 14, 2019, at https://index. okfn. org/.

⑦ Open Data Monitor (2019). Open Data Monitor. Accessed May 14, 2019, at https://opendatamonitor. eu/.

⑧ Web Foundation (2018). Methodology. Washington DC: World Wide Web Foundation. Accessed May 14, 2019, at https://opendatabarometer. org/leadersedition/methodology/.

重、副指数（如有），以及用于收集数据的方法。目标在于了解三项指数如何（或是否）纳入上节所述的开放数据质量标准。

2.1 全球开放数据指数（GODI）

GODI 指数创建方 Open Knowledge International（OKI）[①]在其提供的《方法论》文档中对指数背后的方法进行了详细描述。GODI 指数基本遵循两步骤原则。第一步，OKI 通过人际网、专业会议、社交媒体和在线渠道接触各利益攸关方团体，鼓励调动其提交数据库。为确保可比性，OKI 将希望获得的数据仅限定在其认为最常发布的、最有用处的数据（预算、支出、采购、选举结果、公司注册、土地所有权、国家地图、行政界限、邮编、国家统计数据、立法草案、国家法律、空气质量和水质）。因此，尽管 GODI 的覆盖范围并未扩展到所有数据类别，OKI 仍认为该指数可表明一国的数据开放状态。（OKI 不使用国家而更倾向使用"地方"一词，因为有关数据开放的决定有时由地方部门做出）。

第二步，特别招聘的数据开放专家依照包含 12 个问题的调查问卷对提交的各数据库进行评估，问卷中有 6 个问题用于打分。总分共计 100 分，使用条款和格式问题占 40 分，及时性、数据可用性和可获取性占 60 分（见表 1）。按照得分进行分类，包括"开放数据"（得分 100%，数据的许可形式为开放式许可；以可机读的开放格式提供；可在线下载；免费）、"公共数据"（得分高达 80%，无须注册或访问控制即可在线查看数据，但可能无法即刻下载或以可机读格式提供）、"访问受控数据"（得分高达 85%，数据仅限注册用户或特定身份用户访问，且可能存在使用费），或作为"空缺数据"（类别中的数据不可用）。根据每个类别的分数，各"地点"（国家或地方自治单位）被授予百分制成绩并进行总体排名。

表 1　GODI 专家打分问卷表

问题	得分
数据是否由政府（或有政府背景的第三方）收集？	不记分
在线获取数据是否无须注册或提出数据访问请求？	15 分
数据是否完全可在线获取？	不记分
数据是否免费提供？	15 分
数据出自何处？	不记分
您对"很容易找到数据"这一表述的赞同程度如何？	不记分
数据是否可以立刻下载？	15 分
数据应每"时间间隔"更新一次：数据是否为最新数据？	15 分
数据是否为开放授权/公有域数据？	20 分
数据格式是否为开放的可机读文件格式？	20 分
使用数据所需的人力程度如何。（1 = 很少至无须人力，3 = 广需人力）	不记分

来源：OKI（2017）[②]

---

①　Open Knowledge International［OKI］（2017）. Methodology. Accessed May 14, 2019, at https://index.okfn.org/methodology/.

②　Open Knowledge International［OKI］（2017）. Methodology. Accessed May 14, 2019, at https://index.okfn.org/methodology/.

2.2　开放数据监测(ODM)

与使用众包和专家评审生成数据开放指标的 GODI 相比,ODM 利用数据采集过程创建目录,随后按照多个定性和定量指标对目录进行编码,从而得出分数。首先,ODM 使用名为"采集器"的软件程序从外部数据库、目录和门户收集元数据。由于数据集所用的格式可能有所不同,ODM 使用三个采集器:一个用于开源的综合知识档案网络(CKAN)、一个用于 HTML、还有一个用于 Socrata 平台。之后将所有元数据进行协调统一(例如,统一缩写、对数据字段重新排序)。

元数据统一后,ODM 便按照多个定性和定量计量指标对其进行编码(见方法论部分)[①]。定性计量指标包括开放式许可证的普及度(开放式许可证涵盖的数据集版本所占的百分比)、可机读的格式;元数据的完整性(许可、作者、生成组织和创建或更新日期);可用性(目录中可公开获取的数据集所占的百分比);可发现性(基于谷歌和 Alexa 流量排名系统);非专用格式。定量计量指标包括目录的大小(单位为 KB)、目录中各数据集的分发总数(版本);数据集数量;目录中代表的独特出版机构的数量;各国的目录数量。

定性指标总得分为"开放式许可证、可机读、开放访问和开放元数据的平均值"。[②]

2.3　开放数据晴雨表(ODB)

与 GODI 和 ODM 相比,ODB 指数的范围更为广泛,包括三个副指数:就绪度、实施和影响。对于就绪度,《方法论》解释称,该副指数并非旨在衡量"启动政府数据开放计划的意愿,而在于衡量是否做好准备从中获得积极成果"[③]。因此,副指数衡量的不仅是数据的可用性,还包括数据生态系统中存在(或缺失)的其他要素,表明数据开放项目取得有益成果的可能性。如前所述,当国家存在"数据开放生态系统"时,取得成功的可能性便更高[④]。因此,就绪度副指数包含四个组成成分:一是对政府政策的衡量;二是政府行为,包括行政决定;三是能够利用政府数据开放进行创新的企业家和企业的存在;四是存在知情权立法、隐私保护和政治自由且公民具备相关法律意识。如表 2 所示。

表 2　ODB 副指数、组成、权重和数据来源

就绪度(1/3) (主要/次要数据)			
政府政策 (1/4)	政府行动 (1/4)	企业家 & 企业 (1/4)	公民 & 民间社会 (1/4)

①　Open Data Monitor (2019). Open Data Monitor. Accessed May 14, 2019, at https://opendatamonitor.eu/.

②　Open Data Monitor (2019). Open Data Monitor. Accessed May 14, 2019, at https://opendatamonitor.eu/.

③　Web Foundation (2018). Methodology. Washington DC: World Wide Web Foundation. Accessed May 14, 2019, at https://opendatabarometer.org/leadersedition/methodology/.

④　Davies, T. (2013). Open data barometer: 2013 global report. World Wide Web Foundation and Open Data Institute. Accessed May 14, 2019, at http://opendatabarometer.org/doc/1stEdition/Open-Data-Barometer-2013-Global-Report.pdf.

实施 (1/3)		
（数据集评估）		
问责 数据集群（1/3）	创新 数据集群（1/3）	社会政策 数据集群（1/3）

影响 (1/3)		
（主要数据）		
政治（1/3）	经济（1/3）	社会（1/3）

来源：Web Foundation① 方法论描述链接（PDF 文档）

　　副指数的运用是为应对被视为"系统相关要素"的诸多内容和部分"数据内在质量"的计量指标②。此类内容包括政府开放数据的格式、可机读性、批量下载的可能性、开放式许可、数据库的时效性、查找数据库相关信息的难易度及数据库的可发现性。分析中包括了数据开放计划最常发布的数据类型：地图、土地数据、国民经济和人口数据集、预算、支出、公司注册、立法、运输、贸易、健康、教育、犯罪、环境、选举和政府合同。根据其影响分为三类集群——创新、社会政策和问责制。举例而言，政府合同数据属于创新集群，健康部门绩效属于社会政策集群，全国选举数据则属于问责制集群。各集群数据库的评估是相互独立的，计算实施副指数的得分时，各群集分数的权重相同。

　　最后，影响副指数所用的问题包括政治影响（对政府效率、效力、透明度和问责制的影响）、社会影响（对环境可持续发展和包容边缘化群体的影响）和经济影响（对经济的积极影响和对创业的影响）。

　　每个副指数在整个 ODB 指数中的权重相同（均为 1/3）。副指数各要素的权重也相同（见表 2）。各要素的估算以四种数据类型为基础：政府自我评估、数据开放专家的调查回复、对数据集开放的评估；次要数据。表 2 亦显示了各副指数的数据基础。

　　总结本节，尽管 GODI、ODM 和 ODB 皆对相同概念予以度量，但包括的子要素却截然不同，收集信息的方法也不相同。GODI 采用众包方式建立数据库集合，之后利用专家问卷对主要依赖于"系统"的标准数据库进行评估。ODM 通过自动化流程分别估算各国开放数据的发布质量和数量：基于软件程序采集的元数据展开评估。ODB 的评估过程更为全面且基础广泛，不仅考虑了数据开放计划的实施（数据内在质量和系统相关因素），还考虑了国家对数据开放计划的准备情况及潜在影响。ODB 方法还有赖于更广泛的多样化信息输入，包括政府自我评估、专家评审、数据库评估和次要数据。

　　在下一节中，我们将审视以上各方法和数据源能否为数据开放生成可靠的计量标准。

---

　　① Web Foundation（2018）. Methodology. Washington DC：World Wide Web Foundation. Accessed May 14, 2019，at https://opendatabarometer.org/leadersedition/methodology/.

　　② Vetrò, A., Canova, L., Torchiano, M., Minotas, C. O., Iemma, R., & Morando, F. (2016). Open data quality measurement framework：Definition and application to Open Government Data. Government Information Quarterly, 33(2), 325-337.

我们所用的相关性分析对开放数据观察[①]的方法做了调整和更新。

3.指数对比

在初始阶段,我们研究三个指数的国别覆盖范围。为确保可比性,使用了三个指数涵盖的最新年份:恰好是 2016 年。涵盖 94 个国家的 GODI 主要关注高收入和中高收入国家,对偏低收入国家亦有所体现。ODM 涵盖欧盟的 32 个国家;显然不包括任何低收入国家。覆盖 115 个国家的 ODB 的区域覆盖范围最为平衡,包括撒哈拉以南非洲和加勒比地区的若干国家。

指数的平均数反映了样本组成。主要由较富裕的欧盟国家组成的 ODM 的平均得分(45.4)高于 GODI(37.0)和 ODB(32.5)。数据开放的表现与各国经济状况密切相关。在全部三个指数中,高收入和中高收入国家的得分均高于中低收入和低收入国家。F 统计量表明,三个指数中,不同国民收入等级的得分均存在显著差异,尽管 ODM 中的显著差异仅存在于 $p < 0.1$ 的水平上。

表 3 按国别收入对比国家数量、平均数和标准差

		GODI	ODM	ODB
高收入	平均数	49.6	47.1	53.9
	国家数	40	27	39
	标准差	20.6	18.5	22.8
中高收入	平均数	33.1	50.2	27.6
	国家数	29	3	33
	标准差	17.1	19.6	15.7
中低收入	平均数	23.8	14.3	20.1
	国家数	19	2	27
	标准差	11.4	20.2	15.1
低收入	平均数	13.7		11.5
	国家数	6		16
	标准差	5.7		6.5
总计	平均数	37.0	45.4	32.5
	国家数	94	32	115
	标准差	20.9	19.8	23.7
F 统计量 p		14.73	3.00	32.31
		0.000	0.066	0.000

接下来,计算指数间的相关性。由于三个指数衡量的基本概念相同,故应呈高度正相

---

① Open Data Watch(2018a),Indexes o f data quality and openness(blog),Accessed May 14,2019,at https://open-datawatch. com/blog/indexes-of-data-quality-and-openne.

关。但是,ODB 包含的副指数可能与开放数据的质量无关;具体而言,与其他指数试图衡量的数据开放质量相比,就绪度和影响是更为宽泛的概念。因此,ODB 的实施副指数亦作为独立计量指标纳入相关性分析。结果如表 4 所示。

表 4　GODI、ODM、ODB 和 ODB 实施副指数的皮尔森相关系数

		GODI	ODM	ODB	ODB 实施
GODI 得分	皮尔森相关系数	1	0.074	0.852 **	0.861 **
	Sig.（2-tailed）		0.736	0.000	0.000
	N		23	74	74
ODM overall	皮尔森相关系数		1	0.139	0.096
	Sig.（2-tailed）			0.498	0.642
	N			26	26
ODB	皮尔森相关系数			1	0.953 **
	Sig.（2-tailed）				0.000
	N				115

** $p < 0.01$ 水平(双侧近似值)。

如表 4 所示,GODI、ODB 和 ODB 实施彼此高度相关。对相关性的观察结果高于开放数据观察[①] 2013 年数据分析的结果。显然,2013 年起对指数编制法的改动与 GODI 和 ODB 指数更为一致。此外亦观察到 ODB 与其 ODB 实施副指数间呈现高相关性。就绪度和实施($r = 0.86, p < 0.01, N = 115$)、影响和实施($r = 0.79, p < 0.01, N = 115$)以及就绪度和影响($r = 0.83, p < 0.01, N = 115$)之间亦呈明显正相关,表明 ODB 指数的可靠性较高。在数据开放质量方面取得进展的国家似乎也实施了良好的"数据生态系统"(就绪度)并从中受益(影响)。

然而,表 4 中的结果还表明 ODM 与 GODI 和 ODB 间并不存在显著相关性(尽管仍为正相关)。ODM 的指数编制法更为自动化,依靠采集器收集元数据。另两种方法则主要依靠人力输入,包括众包数据库和专家人工评估数据库质量。人类编码人员显然能够找到数据开放质量的度量角度,而这些角度在单独的元数据中却并不明显。

4.结论和探讨

本文旨在对衡量各国数据开放表现的各类方法进行评估。文中审视了有关数据开放成果的三项国际指数的构建,即全球开放数据指数、开放数据监测和开放数据晴雨表。

尽管欲度量的基本概念相同,三个指数的度量方法却截然不同。GODI 通过众包提交的方式建立数据库集合,之后利用专家问卷对主要依赖于"系统"的标准数据库进行评估。ODM 利用名为采集器的自动化软件工具分别估算各国开放数据的发布质量和数量。ODB 的评估过程更为全面且基础广泛,包括单独的实施副指数(数据内在质量和系统相关因素)、

---

① Open Data Watch (2018a). Indexes of data quality and openness (blog). Accessed May 14, 2019, at https://opendatawatch.com/blog/indexes-of-data-quality-and-openness/.

国家对数据开放计划的准备情况及潜在影响。ODB方法还有赖于更广泛的多样化信息输入,包括政府自我评估、专家评审、数据库评估和次要数据。采样方法亦大不相同:GODI主要关注高收入和中高收入国家,对偏低收入国家亦有所体现。ODM涵盖欧盟的32个国家,不包括任何低收入国家。ODB覆盖115个国家,区域覆盖范围最为平衡,包括撒哈拉以南非洲和加勒比地区的若干国家。

在可靠性方面,发现GODI和ODB高度相关,而ODM与GODI和ODB则不存在显著相关(尽管仍为正相关)。ODB的指数编制法更为自动化,依靠采集器收集元数据。另两种方法则主要依靠人力输入,包括众包数据库和专家人工评估数据库质量。人类编码人员显然能够找到数据开放质量的度量角度,而这些角度在单独的元数据中却并不明显。

本研究亦强调了度量方法在向电子政务乃至信息社会迈进过程中的重要性。尽管有关指数度量的概念明显相同,但所选具体方法和所用样本的差异令各指数产生了稍显矛盾的结果。更密切关注不同方法导致不同结果的原因可能对科学决策具有重要意义。

数据财产所有权和数据保护责任导论

作者:罗伯特·弗里登(Rob·Frieden)博士

美国宾夕法尼亚州立大学　教授

翻译:金晶

摘　要:本文将从定义的角度审视数据财产,从而将此类财产权益与传统知识产权加以区别。本文还将明确数据创建方的合法权利,以及网络活动生成可收集、整理、分析和出售的数据的个体得到数据保护的权利。本文还将确定包括政府、商业企业、民间社会和个人在内的各利益攸关方的阵营、概念和利益。陈述国家政府、行业协会、公司和公共利益团体提出的目标、战略和工作成果,给出立法、政策和监管建议。此外,本文将从更广泛的角度审视特定国家和地区拟议及现行的保障措施,明确当前在数据财产保护方面的最佳实践。

技术的创新增强了人们收集、整理、分析和出售个人数据的能力。随着人们开始通过宽带网络获取服务,大数据、[①]数据挖掘[②]和数据分析[③]成为人们耳熟能详的词汇。数据日积月累,进而形成价值,让人们有机会改善生活质量,更好地开展私人、社会和商业交易。但数据的收集、分析和出售亦对人们长期秉持的传统国家安全和执法形成挑战,也以各种方式挑战着个人隐私、维持匿名的能力以及守法者对独处权和自身数据免遭未经许可的商业利用的期望。

被收集数据的主体在一定条件下有权期待受到保护,令自身数据免遭损坏、篡改、商业利用、歧视或丢失[④]。即便数据的创建者大多有别于主体自身,为支持主体对隐私和数据保护的合理期待,数据创建方、处理方、经纪方和购买方在使用此类材料时须谨慎行事。法律、合同和个体的合理期待所构成的数据保护权使得数据收集方、处理方和营销方有责任确保数据的使用和出售获得同意,保护数据免遭篡改,披露数据泄漏事件,确保任何数据在损坏或丢失后可快速得到恢复。

---

① "'大数据'一词指的是多种要素的汇聚,包括几乎无处不在地从各类来源收集消费者数据、骤降的数据存储成本和强大的数据分析新能力,从而找出关联,进行推断和预测。归纳大数据的常见框架有赖于'三个 V',数据的数量、速度和种类,随着技术的进步,数据以之前难以企及的方式被加以分析利用,每个 V 都在快速增长"。Federal Trade Commission (2016, Jan. p. 1). Big Data A tool for inclusion or exclusion? Understanding the issues. Retrieved from: https://www. ftc. gov/system/files/documents/reports/big-data-tool-inclusion-or-exclusion-understanding-issues/160106big-data-rpt. pdf.

② "外行人口中的数据挖掘多半是指'试图从一组数据当中发现有用规律或关系的一种数据库分析'或'运用数学公式对庞大的数据集合进行筛选,从而找出规律并对未来行为进行预测'"。Colonna, L. (2013 p. 310). A taxonomy and classification of data mining. *Southern Methodist University Science & Technology Law Review*, 16 309-369.

③ "关于大数据分析的独特之处,最基本的便是分析的信息量极为庞大且来源丰富多样。确实,对此问题最常见的引用中,大数据这一指称与被分析数据的三个特性相关:数量(数据的量)、速度(生成数据的速度)和种类(被收集数据的类型)"。Helveston, M. (2018 p. 867). Consumer protection in the age of big data. Washington University Law Review 93 859-917.

④ Hacker, P & Petkova, B. (2017). Reigning in the big promise of big data: Transparency, inequality, and new regulatory frontiers. *Northwestern Journal of Technology & Intellectual Property* 15 1-42.

数据带来了一系列不断增加且丰富多样的财产权,与传统的知识财产及其所有权的概念有很大不同:

数据现已成为一种新型财产——一种可被创建、制造、处理、存储、传输、授权许可、出售和盗窃的资产。但在全球范围内,尚无法律监管框架或模式可指导以数据为资产的交易。这一法治空白不可再被忽视。[①]

知识产权("IPR")指的是出于科学、文学、艺术、文化和商业等目的,创造有益的产品和服务。知识产权受健全的法律体系、判例和共同理解的约束,对通过版权、专利、商业秘密、商号和商标创建的所有权性质和范畴的共识是最为显著的约束手段[②③]。通过条约级的约束措施,各国已就知识产权的性质和范畴及可执行的所有权达成共识。

目前尚未形成有关数据财产所有权和责任的全球共识。对构成数据的内容以及数据的私人和公共收集方应对公众行使何种审慎义务也缺乏统一定义。此外,无论是否须告知数据被访问和使用的一方并征得其同意,目前也未就数据合法使用的性质和范围达成共识。各国正努力确定包括隐私在内的个人所有权,[④]以及如何平衡个人所有权、政府在保障公民安全中的利益、国家主权和为包括执法在内的合法目的使用新型数据的需求。因此,在并无完美选择的情况下,各国退而求其次采用了法律、法规、指令、判例和期待相结合的做法,给数字化信息、通信和娱乐("ICE")新技术的运用带来了不确定性和风险,可能令人们失去对技术的信任[⑤]和兴趣。

1.数据产权定义/背景

可将定义数据财产的一组通用特征作为基础,理解哪些所有权适用于数据。通常情况下,数据表示的是与可识别身份的活动相关的信息集合。私人、商业和政府的各类互动在人们正常参与特定交易或遭遇的过程中生成数据。与有目的地创造知识产权不同,简单的各类日常交互便可生成数据,通过电信和信息网络传播的交互活动尤为易于生成数据。生成的数据对交易的执行大多是必要的,如处理表示电话号码的数字,或电话或计算机用户输入的因特网万维网地址。

数据的生成是许多交易的例行过程。但是,随处可见并不意味着数据的生成对其触发者的影响也总是微不足道的。数据可为法律、法规、指令、合同、同意法令、法院命令和紧急

---

① Ritter, J. & Mayer, A. (2018, March 6 pp. 221-22). Regulating data as property: A new construct for moving forward. *Duke Law & Technology Review* 16 220-277.

② United States Copyright Office (2017). Copyright Basics. Circular 1. Retrieved from: https://www.copyright.gov/circs/circ01.pdf.

③ United States Patent & Trademark Office (n. d.). Trademark basics. Retrieved from: https://www.uspto.gov/trademarks-getting-started/trademark-basics.

④ "美国缺乏对个人信息收集和利用加以规范的联邦统一综合性立法。政府对隐私和安全的规定仅限于部分行业和敏感信息(如健康和财务信息),使不同的保护规定间出现重叠和矛盾"。Council on Foreign Relations (2018 Jan. 30 p. 1). Reforming the U. S. approach to data protection and privacy. Retrieved from: https://www.cfr.org/report/reforming-us-approach-data-protection.

⑤ "大多数美国人(64%)都有过自身数据遭大规模泄露的经历,相对多数的公众对主要机构缺乏信任,特别是联邦政府和社交媒体网站,认为个人信息难以得到保护"。Pew Research Center (2017 Jan. 26 p. 2). Americans and cybersecurity. Retrieved from: https://www.pewinternet.org/2017/01/26/americans-and-cybersecurity/.

公告的执行提供依据。无论是否征得同意,生成的数据都可成为行为不当的证据,但同时也会侵犯合法的私人活动。

数据多是在人们无意识的情况下创造生成的,但少了数据的创建便无法实现预期的交易或遭遇。例如,无线电话和宽带网络运营商若不收集呼叫数据或会话发起方的位置、预期呼叫接收方的身份、发起方的信用水平和用户账户信息等,便无法完成电话呼叫或提供互联网站的宽带接入。

财产所有权的要素可适用于上述类型的交易,因为生成、收集、存储、处理和分析的数据也可产生价值,且该过程与完成电话呼叫或发起互联网数据会话完全无关。生成的数据在提供有关拨打电话和互联网访问的详细信息的同时也可产生新的价值,即使这可能侵犯个人对隐私的合理期望。对收集的其他数据进行快速全面的分析可令分析人员识别出许多真实但私密的内容。

数据挖掘的概念包括利用人工分析和机器分析,使用多个来源和交易生成的大量数据集创建准确且可能侵犯隐私的个人档案。数据挖掘可以出于狭隘、单一的目的,例如完成电话呼叫,亦可轻松扩展至各类任务,对个人需求、需要、愿望、地理位置、物理运动、健康、商业交易、个人互动、网页访问等[①]进行全面乃至侵入性的分析。

数据是指有关个人日常活动的事实,包括使用电信和信息网络访问他人、数据库、内容、软件和服务。鉴于对事实数据的分析可能产生积极后果,也可能产生消极后果,此类信息的使用带来了诸多争议。换言之,基于数据分析,被收集、分析、留存和出售的个人数据以某种方式被加以关联或对他人进行识别,相同类型的数据可能对一个人产生良性、中性和有害的影响。

个人数据包括以下使用类别:档案信息或当前生活状况,包括出生日期、国家保险和身份号码、电话号码和电子邮箱地址;外形、外貌和身体特征,包括眸色、体重、身高和肤色;工作单位数据和个人教育、工作地点、职称、责任及纳税信息;关于个人宗教信仰、政治观点、社交网络发帖、旅行、网络搜索的事实信息;个人健康状况报告,包括病史、遗传构成和病假信息。

1.1 区别数据财产和知识产权

最近,人们对数据产权的兴趣与历来用于知识产权("IPR")创造、注册、保护、许可和创收的法律、政策和商业应用环境形成了鲜明的对比。知识产权是有目的的劳动所建立的所有权,将思想和想法转化为可识别、可见、创新且有益的商品、服务、艺术表现和产品。知识财产的所有权为创意、创新和创业提供了激励和回报。知识财产的创造者试图为社会做出贡献并收获个人利益,例如对工作成果的使用许可可收费,增强业内声誉等。

知识产权适用于若干不同类型的工作成果。版权提供了在特定时间段内使用创造性作品的独家权,允许他人将该作品用于公开表演,"衍生"不改变原作品根本性质和构成的新

---

① "无须数秒便可将你出卖。不,等等;数毫秒就够了。对你的访问,至少对网络中那个你的访问,眨眼间便被买卖。在网上,强大的算法依托数据金字塔将你归类;你谷歌的内容、访问的网站、点击的广告。接着,向你投放广告的机会被实时拍卖给出价最高者"。Singer, N. (2012, Nov. 17). Your online attention, bought in an instant, *The New York Times*, N. Y. TIMES. Retrieved from: https://www.nytimes.com/2012/11/18/technology/your-online-attention-bought-in-an-instant-by-advertisers.html.

作品。受版权保护的创作作品包括书籍、戏剧剧本、电影和视频制作以及诗歌等书面作品。版权还可从若干角度"纪念"音乐的所有者权益,包括歌词、歌曲表现、对音乐作品的音符和旋律的改编,以及音乐会公开表演和 CD 机、点唱机播放的词曲。版权还涵盖口头表演,如歌剧、电台剧本和有声书籍的录音。

其他类型的知识产权包括新的发明和创造在内的各种内容,从医学治疗到更好的捕鼠器,无所不包。与版权一样,专利所有人在特定期限内享有独家使用创新作品的价值并从中衍生价值的权利,期限过后,作品可供公众使用,无须向所有权的原始注册人支付费用。专利仅适用于有益、创新的内容且非对现有内容稍作扩展。若某作品与以往注册过的内容——即现有技术,表现出某种关联,则必须存在重大创新且具有"变革性"。

产权也适用于商业秘密,包括创作者因担忧他人通过"逆向工程"加以复制而不想汇报任何相关信息的创新。商业秘密的例子包括番茄酱等成功商业产品的配方,也包括各种流程,如管理和计算商业投资价值的新方法。商标是指艺术设计,包括消费者容易联想到特定公司、品牌或产品的"著名"标志的颜色和字体等。商号则是容易引发同类联想的名称。

知识产权所有人享有一系列可判别且令人满意的所有者权益,若所有者授权他人使用,便可产生收入。使用权通常由商业协议保护,潜在用户支付特定使用权的许可费用。举例而言,若某企业想将一部小说改为电影剧本,该企业必须获得小说作者的许可且往往需要支付许可费。企业可一次性支付全部款项,也可根据版权人书籍所改编的新作品的赢利水平和受欢迎程度,以版税形式付费。

知识产权使用的具体规则众所周知且形成共识,创造了有利环境,推动了知识产权的创造、许可使用和其他衍生作品的发展。访问权和使用权必须遵循完善的规则,其主要基础是在使用受法律保护的内容前有义务征得许可。未经许可的使用确实存在,但此类未经授权的无偿使用也须符合有关规定所列的性质和类型。知识财产最终会进入公共领域,此时原创作者不再有资格收取许可费或收到使用告知。例如,药品制造商可提供以往专利产品的共性版本,其使用无须获得许可或支付专利费。

还有"正当使用"的概念,甚至可以超越独家所有权。此类无须征得许可的特例十分有限,服务于教育等社会利益,使用范围和次数有限,属于受保护的一小部分内容,不会对财产所有者获得专利费的能力产生不利影响。

数据产权和责任从根本上缺乏类似知识财产保护的具体而完善的"交通规则"。技术创新的速度、能够产生收入的多种数据挖掘和分析新技术进入市场、政府机构和消费者无力监控企业行为,令人们普遍担忧数据财产的创造和商业化对个人、商业和社会的影响及其不确定性。

1.2 区别数据产权和隐私

虽然数据产权可能会影响个人对隐私的期望和不受侵犯的权利,但更直接、更迅速的影响在于上文所述的若干所有者权益的创建。产权是指控制有形和无形所有者权益的产生和出售的法定权力。有形财产指人们可以检查和触碰的实物,无形财产则指软件等作品,其价值在于原创思想、概念和"头脑风暴"的实现和使用。

隐私权是指个人不受私人或政府侵犯的权利,可安静享受,不被观察、记录和监控。隐私权涉及的不只是个人期望隐私所有者权益不会被实际剥夺,或在未经授权且无补偿的情况下被侵占。

个人对隐私的合理期望还包括个人财产和自身免受非法侵犯的权利。这一系列的权利更为广泛,使个人的位置、活动、外貌、与他人的关联以及与特定类型的有形或无形内容无直接关联的其他活动不受跟踪。例如,有形财产权保障房东有权有条件地摆脱任何侵犯或干扰,"安静享受"住宅。只有出于合理理由,私人或政府方可进入个人的家园和土地。

无形财产权涵盖了版权等法律保护,未经许可的访问和使用会受到制裁。隐私权不仅限于有形和无形财产,包括保护免受干扰,如地址、其他位置信息等有关个人的事实。隐私权还可有条件地扩展到保护电话交谈和其他形式的通信等免受记录、监控和监测的侵犯。可通过正当理由限制或推翻此类不受侵犯的权利,如法院批准但未公开的某人在一定时间内的电子通信记录。

1.3 区别数据保护权和数据产权

数据产权归有机会收集、整理、分析和出售个人网络活动信息的企业所有。此类数据并非个人有意创造,即便如此,个人仍有合法权利和合同权利,对收集数据的企业可就数据开展的行为加以限制。此外,数据收集方承担着明确的职责和义务,保护数据和数据的个人主体免遭非法使用,使用范围不得超出数据收集方在与各数据收集主体的协议中明确的许可范围。

数据收集方可监控、记录和出售有关个人需求、需要、愿望、网页搜索、在线购物、位置、社交网络发帖和其他形式的互联网通信信息,其获取的数据产权具备重要价值。数据收集方利用数据收集权形成经济补偿,抵消其为个人用户和消费者提供服务的成本。许多网络服务提供商,如社交网络,并不要求直接支付服务费用,但要求用户同意收集数据,因而建立起合法的数据产权。这种收集数据的机会常被称为数据挖掘,可为有能力收集网络消费者个人行为数据的企业带来可观的收入和利润。

数据收集方获得了合法的数据保护权,被观察的主体同样拥有法律和合同确立的合法权利。数据保护一词通常是指受数据收集活动影响的个体所享有的权利。数据保护权为允许商业企业收集数据的个人提供保障。此权利可限制合法收集数据的范围以及数据收集方可向其他公司提供的用于分析和出售的内容。

数据收集方的数据产权并非无限制、无条件,参与交易数据收集方所创建的数据财产的其他公司亦是如此。若公司超出合法的商业使用范畴,或因疏忽大意令他人得以如此利用数据,皆可能被限制使用和出售数据财产,承担民事乃至可能的刑事责任。

此外,部分国家或区域集团已寻求为数据收集主体提供额外的数据保护权。例如,欧盟委员会要求数据收集方必须为个人提供一定程度的数据所有权。虽然数据收集方可以多种方式行使其数据财产所有权并从中谋利,数据收集的对象主体也可对数据收集方可从商业角度利用其数据权的性质、范围和期限进行一定程度的控制。

数据可携带是指数据收集的对象主体有机会控制哪家企业当前拥有数据产权。换言之,数据可携带赋予数据收集的个体对象权利,可更换拥有数据挖掘机会的企业。通过部分控制数据的收集方和挖掘方,个人可对有条件访问其网络活动的数据要求获得一次性付款或持续付款。

1.4 数据的创建、分析和变现

多种技术和商业因素成就了政府和私营企业收集、处理、分析和出售个人数据的能力，包括许多以前被看作私密或不易得知的活动。数字化、宽带网络的普及、大幅降低的数据存储和电信成本、相机光学分辨率的提高、电子器件和计算机组件的小型化以及新的监控能力使数据收集更为容易且更为经济的同时也减少了人们隐姓埋名的可能性。[①]

此外，许多商业企业通过收集和出售数据来交换"免费"互联网服务。[②] 消费者同意互联网企业收集数据而非每月支付费用来补偿服务提供商。由服务提供商编写但大多数用户并未阅读或无法理解的《最终用户许可协议》和其他无协商余地的合同，为"挖掘"和出售数据创造了广泛机会。

最理想的情况是服务提供商及其用户均可从此安排中获益。服务提供商获得对消费者行为数据流的访问，得到可量化的货币价值。例如，广告商自愿参与自动在线竞价，从而获得机会，向历史活动表明其对特定类型的广告接受度更高的个体投放广告。在数据挖掘出现前，大量广告触及的是不太可能做出购买响应的受众，如看到狗粮广告的是不养狗的人。

即使没有直接补偿，同意数据挖掘也同样对消费者有利。消费者无须向提供商直接付款便可访问所需内容，还可能收看到更好的精准广告，得到满足特定需求和期望的解决方案，例如，关于狗粮的信息会针对有强力数据证据表明其对养狗的用户进行投放。

最糟糕的情况集中表现为直接向消费者转嫁意外成本。消费者可能承受不易量化的额外成本，隐私和安全性有所降低，在愿意支付的最高金额范围内获得商品和服务的机会减少。关于消费者行为的可商用数据表明，消费者在同意数据挖掘、分析和出售时放弃了某些价值。Facebook、谷歌和推特等互联网企业产生的巨额收入大部分来自网站上广告位的竞拍。

此外，消费者数据使商业企业能以更高的精度和频率为商品和服务定价。互联网公司利用数据挖掘了解特定客户的特定需求、愿望及偏好程度。此种对消费者的了解可转化为更强的价格调整能力，这一做法多称为动态定价。[③] 此种定价波动可能会使消费者感到困惑，减少经济学家所谓的消费者剩余，[④]即消费者为商品或服务支付的固定价格低于其愿意支付的最高金额时产生的货币节余。

通过数据挖掘，企业可将对当前供需的实时评估与对特定消费者的更好了解相结合。这会进而转化为频繁改变价格的能力，而非提供固定不变的价格。叫车服务企业展示了动态定价如何根据当前市场条件和对特定消费者的了解实现成本节约和高于预期的收费。在低需求期间或软件确定不存在无法推迟或替换的强烈服务需求时，叫车服务企业通常会提

---

① Froomkin, A. (2017). Lesssons learned too well: Anonymity in a time of surveillance. *Arizona Law Review* 59 95-159.

② Newman, J. (2018, March). The myth of free. *George Washington Law Review* 86 513-586.

③ "动态定价利用消费者的'电子足迹'——以往的购买记录、地址乃至访问过的其他网站来判断消费者愿意为产品或服务支付的价格。足迹若表明其愿意支付更高价格，则消费者支付的价格也更高，而对价格更为敏感的消费者则以更低价格获得相同的产品或服务"。Adame, V. (2016 p. 667). Consumers' obsession becoming retailers' possession: the way that retailers are benefiting from consumers' presence on social media. *San Diego Law Review* 53, 653-700.

④ Loewenstein, A. (2010). Ticket sniping. *Journal on Telecommunications and High Technology* 8 243-276.

供相当具有吸引力的价格。当报价低于传统出租车公司向政府机构备案的固定费率时,消费者便从中受益。

另一方面,数据挖掘还可帮助叫车公司识别供不应求和特定消费者出现高强度需求的条件,即经济学家口中的刚性需求。此种条件下的运费报价通常是常规费用的数倍。消费者对这种远超出租公司常规价格的"峰时溢价"倍感震惊和不安。

数据收集、分析和出售创造了价值。此价值由谁捕获、多方是否慷慨共享,取决于交易的具体情况。广义上讲,特定国家的公民在政府利用数据挖掘监控、预测和避免对国家福祉的实际或潜在破坏时会受益,例如,挫败有预谋的恐怖威胁。同样,个人消费者可因节省成本而受益,包括降低搜索和交易成本。但在其他场景下,也会直接或间接带来可量化或无法量化的更高成本。

1.5 服务生成数据举例

本节将明确由服务提供商所创建的数据的性质和类型。部分服务需要生成数据,否则无法确保消费者获得适当的服务质量。其他服务可用数据来强化和定制产品。还有一些具有特定的行业特征,可触发更具挑战性的隐私和数据安全的具体问题。[①]

1.5.1 电话——顾客专有网络信息

提供语音和数据服务的运营商需要收集数据为流量提供手机路由。然而,收集的数据还可支持创建有关用户电话号码、所用电信网络及手机使用位置的档案来营销附加服务并出售给广告商。这种基本数据和非必要数据的组合体现了制定规则、法规和消费者保障措施的难度。政府监管机构需要保证运营商收集和使用客户基本网络信息的权利,以提供拨号音、正确路由并收取服务费用。监管机构还需遏制运营商的动力和能力,避免将此信息用于非必要的目的,或在未告知消费者并提供可能补偿的情况下推销数据以产生额外收入。

美国联邦贸易委员会试图通过创建"禁止呼叫"清单[②]并对违规行为予以经济处罚的方式保护电话用户,未经同意不得发送商业广告("远程营销")。美国联邦通信委员会("FCC")制定了规则,限制运营商使用顾客专有网络信息("CPNI")。[③] 委员会力求将运营商对用于流量交换、路由和计费的数据的收集和使用合法化,但限制将此类数据用于业务开发、营销和创造额外收入。此外,较之与用户缺乏直接商业关系的竞争对手,电信运营商可使用 CPNI 获得竞争优势。FCC 制定了规则防范拥有设施的运营商利用获取 CPNI 的能力实现反竞争目标,包括利用用户信息增强提供增值服务的能力,向其他企业营销数据以提高缺乏 CPNI 访问权限的其他对手无法具备的竞争力。

1.5.2 互联网——数据挖掘的权利和责任

互联网企业同样可生成用户的相关数据,在改善服务的同时产生额外收入。前者的例

---

① McGeveran, W. (2019, Feb.). The duty of data security. *Minnesota Law Review*, 103 1135-1208.

② National Do Not Call Registry (n. d.). Federal Trade Commission. Retrieved from: https://www.donotcall.gov/.

③ Federal Communications Commission (2008). Small Entity Compliance Guide, Customer Proprietary Network Information (CPNI). Retrieved from: https://www.fcc.gov/document/customer-proprietary-network-information-cpni.

子包括改进内容过滤以阻止垃圾邮件和其他有害内容,利用汇总信息来监测一般趋势和消费者偏好。后者的示例则包括使用数据来确保相对缺乏数据的其他企业的竞争优势,向愿意付费的企业提供数据以增强对特定消费者的访问和了解。

对互联网服务用户的数据挖掘多生成关于特定个体的信息。服务提供商可模糊具体身份,该过程称为匿名化,但提供商也可组合并汇总数据,形成有关消费者一般需求、愿望和兴趣的洞见。制定用户的特定档案带来了重大财务激励,广告商和数据买家可针对个人定制消息。

鉴于数据挖掘能够指向特定个体,隐私权益和数据保护要求涵盖了防止未经许可的数据收集和传播、纠正有缺陷、不完整或不正确的阐释以及在特定情况下忽略或取消数据收集和推论的明确义务。若强制实施,这些义务会给服务提供商造成巨大成本。此外,可能会对具备机会无条件、广泛收集、分析和营销消费者数据的商业计划产生不利影响[1][2]。

1.5.3 金融服务——信用卡和其他商业交易

金融服务需要生成、存储和访问数据。若没有推动互利交易的规则、程序、协议和其他合约,社会不可能从易货贸易不断向前演变。构成支付的属性和特征已从易货商品和服务等实物对象发展到象征性的受信对象、黄金和纸币,再到电汇等无形借贷。在交易演变的过程中有两个要素贯穿始终:①交易各方必须相互信任,也信任货物、服务和补偿的交换过程,②各方必须建立基础以评估交换价值、记录交易,拥有一个或多个交易融资机制。即使一个或多个参与方希望保持匿名,也无法在没有任何交换记录、备案和确认方式的情况下进行交易。

金融交易要求各方在达成具有约束力的协议时相互信任并核实。因此,数据的收集和保护是两大基本要素。当参与方确信能够获得预期利益以换取其所提供的补偿时,金融交易程序便受到信任。核实包括通过验证技术确认交易方的身份、查询数据库以确认可信度、借贷双方出入账、通过强有力且可持续的记录技术来备案和确认交易的执行。

数据记录、收集、存储、归档和其他功能是促进金融交易的必须手段。毫无疑问,除特定交易外,生成的数据还可额外支持热门交易,包括未经授权的交易和意外交易。当前,数据保护的目标包括保护个人身份免于失窃,保护金融账户信息,以免窃贼用以提取金钱和其他价值。若没有数据保护措施和对信用卡等信用工具被盗的财务补偿,消费者可能会对依赖高速数字网络作为金融交易渠道的各类金融技术失去信心。

隐私权益来自信任关系:与信任的人分享信息,对不信任的人隐瞒信息。尊重信任,信心便会增长,出卖信任,信心则会减少。网络生态系统中的公司需要消费者的信任,这样消费者才会持续上网、接受观察、浏览广告并购物。但这些公司也利用消费者的信任来赚钱——利用获取的信息制定个人资料,通过广告让人们购买并不真正想要或需要的东西且支付的价格存在个体差异而非统一价格。因此,最好将信任和隐私视为网络生态系统管理

---

① Bamberger, K. & Lobel, O. (2017). Platform market power. *Berkeley Technology Law Journal* 32 1051-1092.

② Khan, L. (2017, Jan.). Amazon's antitrust paradox. *Yale Law Journal* 126(3) 710-805.

的公共资源池,而非消费者和卖家在市场上交换的商品。[①]

政府早在互联网交易兴起前便已介入金融服务市场,为消费者提供保护,增强信心、信任和网络的使用,推动物理上独立的个体和设备间发生的交易和其他不易确定交易地点的各类交易。

以下总结了美国主要的消费者保护法,涉及金融交易的各个方面。[②]

(1)儿童网络隐私保护,15 U.S.C. §6501-6506

该法禁止自动收集 13 岁以下在线用户的信息。面向儿童的互联网网站、在线服务及第三方广告网络不得故意在线收集儿童的个人信息。此外,该法还规范了以儿童为对象的行为广告,要求在收集任何地理位置信息前均需征得家长同意。

(2)电子资金转账法案(1978),15 USC 1693 et seq.

法案规定了提供电子资金转账服务的金融机构对消费者的基本权利、义务和责任。法案明确了自动柜员机、销售点终端、话费支付计划、工资直接入账等顾客账户预授权划缴服务提供商的责任。

(3)平等信用机会法案(1974),15 U.S.C. §1691 et seq

该法案禁止在信用交易中基于顾客的性别、婚姻状况、年龄、种族、宗教、肤色、国籍、是否接受公共援助资金或依据《消费者信用保护法案》行使任何权利对顾客区别对待。信用卡公司、借款公司等金融信贷提供商必须为有资格的个人提供信贷。其他要求还包括向申请失败者书面说明信贷被拒的原因,允许已婚个人在共同账户中以配偶双方的名义留存征信记录。

(4)加速资金到位法案(1987),12 U.S.C. Ch. 41

该法规定了存款机构何时必须允许消费者将其存款取现。要求机构向顾客披露有关资金到位的政策。

(5)2003 年公平准确信用交易法案,Pub. L. 108-159

该法增强了消费者打击身份盗窃的能力,提高了消费者报告的准确性,更好地控制了消费者可收到的营销宣传的类型和数量,限制了敏感医疗信息的使用和披露,为规范消费者报告树立了统一的国家标准。

(6)1988 年公平信用卡与借记卡信息披露法案,Pub. L. 100-583

该法要求贷方和信用卡发卡机构披露其服务合同的关键条款,包括通过邮件发送、电话营销时同意或当面向公众提供的信用卡申请。

(7)公平信用账单法案(1974),15 U.S.C. §1601 et seq.

该法规定了债权人必须回应消费者账单投诉的情况,要求公平、及时地处理消费者的投诉。主要适用于循环费用账户和信用卡账户。

(8)公平信用报告法案(1970),15 U.S.C. §1601 et seq.

该法保护消费者免受信用报告机构所维护的信用档案中出现不准确或误导性信息的影

[①] Savage, C. (2019 p. 95). Managing the ambient trust commons: The economics of online consumer information privacy. *Stanford Technology Law Review* 22 95-162.

[②] Federal Reserve Board (n. d). Major Consumer Protection Laws. Retrieved from: https://www.federalreserve. gov/pubs/Complaints/laws.htm.

响。法案要求信用报告机构为申请人提供方法以纠正其信用记录,消除错误和不正确的信息。

(9)公平债务催收法案(1977),15 U.S.C. § 1692-1692p

该法禁止贷款人及其代理(如收债公司)的滥用和侵犯性债务催收行为。

(10)联邦信息安全管理法案,Pub. Law 107-347

该法明确了国土安全部是联邦政府负责执行联邦行政部门民事机构的信息安全政策并监督政策合规性的主要机构。内容包括要求向个人发送联邦机构数据泄露通知,在发生重大信息安全事件和数据泄露时向国会汇报,同时每年提交年报。

(11)格雷姆·里奇·比利雷法案(1999),12 U.S.C. § 78, § 377;15 U.S.C. § 80

该法亦称《金融服务现代化法案》,规范了财务信息的收集、使用和披露。法案适用于银行、证券公司、保险公司等金融机构以及提供金融服务和产品的其他企业。法案对非公开个人信息的披露进行了限制,在部分情况下要求金融机构告知其隐私实践并给予数据主体选择不共享其信息的机会。此外,法案还提供了若干隐私保护措施,包括企业保存、保护及在某些情况下消除个人数据的要求。

所谓的法规 P 规定了金融机构何时以及如何向非附属机构的第三方披露消费者的非公开个人信息,为消费者提供了有条件的退出权以制止与非附属机构的第三方共享信息,同时要求金融机构向消费者告知其隐私政策和实践。

(12)1988 年住宅权益贷款消费者保护法案,Pub. L. No. 100-709

该法要求债权人向消费者提供由消费者住所担保的开放式信贷计划的详细信息,包括总体描述住宅权益贷款的手册。法案还规范了住宅权益贷款的广告,限制了住宅权益贷款计划的期限。

(13)1974 年隐私法案,5 U.S.C. § 552

该法为联邦政府机构收集、维护、使用和传播个人信息确立了公平的信息实践准则。《隐私法案》要求各机构在《联邦公报》中向公众通报其数据收集系统。法案禁止在未经个人书面同意的情况下从记录系统中披露有关个人的记录,依法规定的十二项特例除外。法案还为个人提供了访问和修改个人记录的途径,明确了机构保存记录的要求。

(14)诚信放贷法案(1968),15 U.S.C. ch. 41 § 1601

该法为信贷成本的计算和信贷期限的披露确立了统一方法,令借款人有权在三天内取消由其住所担保的某些贷款。法案还禁止主动发放信用卡,限制持卡人对未经授权的使用承担的责任,对费率或费用超过规定门槛的住宅权益贷款予以限制。

(15)电子通信隐私法案与计算机欺诈和滥用法案,Pub.L. 99-508

此类法律条款就联邦政府对电子和数据通信的拦截进行了规定。法院已进行法律解释,说明此类规定适用于互联网服务提供商(ISP)和广告公司,对从个人计算机传输至 ISP 服务器的内容进行深度数据包检查的行为将受到制裁。

1.5.4 医疗保健——健康信息的创建、留存和披露

个人的健康信息是医疗保健公司定期获取、使用和分享的数据中最为私密且具有潜在伤害的内容之一。政府认识到此薄弱环节及在缺乏强制保障的情况下数据被利用的条件已驱成熟。另一方面,数据保护的要求不应妨碍数据交换的及时性和挽救生命的可能性。

美国的《健康保险便携和问责法案》（"HIPAA"）规范了医疗保健提供方、数据处理方、药房和其他能接触到医疗信息的实体对医疗信息的收集和传播。[①] 法案及其实施细则为受保护的健康信息的收集、传输、分享和使用提供了可执行的标准。与其他数据保护法不同，医疗保健企业在从事以下任何活动的过程中若泄露了创建、存储、处理和分享的受保护健康信息，HIPAA 要求相关实体予以：数据分析和处理；质量保证、计费、福利管理、实践管理、对商品和服务重新定价。

另有一项《家庭教育权利和隐私法案》（FERPA）规定了免疫接种和其他学校健康记录中的隐私权益。[②]

2. 数据财产保护的权利和责任

本节明确了参与数据创建和使用的多方间的利益和潜在冲突，以及保护数据免受破坏、非法和未经授权使用的义务。笔者将从消费者、政府和商业企业的角度审视数据保护。权利是指个人对数据如何创建、处理、分析和营销的合理期望，以及通过数据访问推动实现国家安全和商业目标的机会。责任则是指法律、合同和合理期望所产生的确定义务，保护个人免受数据泄露、不当使用、侵犯隐私、身份盗用和其他形式的占用和利用所造成的伤害。

2.1 消费者利益

即使未主动参与，消费者仍是数据创建的对象主体。消费者通过填写表格和披露个人信息创建可用数据，但更多的数据是通过公共、私人和商业活动创建的。这意味着消费者可能不了解有关特定活动的数据是否被收集、以何种方式收集。若非数据收集方自愿或义务披露，消费者甚至可能不知道被获取、处理、分析和营销的信息的性质和范围如何。因此，在谁收集数据、收集何种数据、何时收集、如何使用以及向谁出售或以其他方式交换数据方面存在消费者利益。

2.1.1 检查、反对和纠正被收集数据的权限

在许多情况下，消费者不知道自身数据何时被收集以及何种信息被收集。数据保护法和服务合同条款在不同程度上为消费者提供了一定权利，使其了解被收集数据的性质有权纠正错误的数据。被收集的数据中，有部分是消费者清楚的内容，因其获取服务时必须提供信息，或已被告知特定数据收集所涵盖的内容。但许多情况下，数据的收集可在非公开的情况下进行，各类软件也可能对消费者做出不正确的推断和预测。

举例而言，计算机算法可就怀孕或最近生育的消费者向广告商提供相当准确的判别。此类信息为婴儿产品广告商提供了瞄准新手妈妈的机会，但若缺乏调校和校正，算法预测对个体的识别可能会发生错误。此类错误识别可能并无重大影响，但我们可以从中设想正确

---

① Health Insurance Portability and Accountability Act，（1996）. Pub. L. 104-191，110 Stat. 1936. Retrieved from：https：//codes. findlaw. com/us/title-42-the-public-health-and-welfare/42-usc-sect-1320d. html.

② United States Department of Education (n. d.). Family Educational Rights and Privacy Act (FERPA). Retrieved from：https：//www2. ed. gov/policy/gen/guid/fpco/ferpa/index. html?.

或不正确的预测侵犯合理的隐私权益的情形。

消费者可能会同意某种程度的数据收集,但并未意识到数据分析和多个数据源的数据组合可能使企业能够对个体的种族、教育、宗教、财富、年龄、政治党派等私人情况进行非常准确的预测:

事实上,这种同意很少是真正的知情同意,也并不充分,原因通常有二。一是消费者和数据处理方之间存在"知识差距"。普通消费者甚少知道、甚至不会考虑其个人数据的用途,可能是由于条款的复杂、对隐私政策的无视、或仅仅出于无法处理此类冗长告知。个人同意难以见效的第二个原因在于所谓的"同意谬误",个人可能无法真正选择是否同意,因其需要使用必要的服务,或害怕遭到报复。[①]

无论是模糊其词还是故意措辞晦涩,向消费者发送的数据收集告知往往无法解释被获取数据的全部属性和范围以及数据收集方通过单个数据或多个来源的数据组合能够预测的内容。数据保护法令消费者有机会获知被收集的内容和纠正乃至删除数据的权利。

2.1.2 选择使用和退出

消费者已接受为企业提供更多机会去汇编和营销其数据以换取所需的内容和服务。要激活该交换,消费者必须同意合同条款。数据收集方可通过两种方式获得同意:①可在新用户激活服务时征得同意。②获得明确授权,作为开始为新用户提供服务前必须满足的条件。对于前者,服务提供商认定消费者使用服务即是接受了服务条款。用户若"选择退出"不再继续使用服务和收集数据,必须告知服务提供商。选择退出服务后,用户不再拥有访问权,服务提供商则不再拥有继续进行数据挖掘和营销的授权。

"选择使用"带有数据收集权的服务,就需要在服务开始前就合同条款达成确定协议。用户通过书面文件或其他可记录的证据对数据的收集表示同意。该选择此令服务提供商获得更多法律保护,以防日后因侵犯隐私和数据保护违规被索赔,因为明晰的条款确定了允许进行的数据挖掘和营销的性质与范围。

2.1.3 数据可携带

全世界的消费者直到最近都对生成的有关其自身的数据不享有任何所有者权益。虽然服务协议条款规定了数据收集方可对生成内容所展开的行动,但生成此类数据的对象主体几乎无法控制经纪商、分析公司和广告商等第三方可访问的内容,亦未理解可供数据挖掘方交换或出售的数据的真正价值。简言之,数据挖掘方从档案和其他数据汇编中生成的价值构成了其有权获得的补偿,作为交换,挖掘方向用户提供内容和服务。

数据可携带的概念为数据收集和出售的对象主体提供了机会,使其得以更换有权访问原先生成数据的公司并获得未来的权利。数据可携带令消费者能够就过去的有关行为提供有价值的东西,而非仅提供新收集的数据。它指的是个人移动、复制或传输自身相关数据的能力。

消费者无缝移动数据的权利扫清了以市场为基础的数据交易的障碍,包括为争取个人

---

① Palmieri, N. (2019 p. 299-300). Data protection in an increasingly globalized world. *Indiana Law Journal* 94 297-329.

数据的挖掘和出售机会所提供的补偿。若数据不可携带,消费者将被困在现有安排中,唯一的办法是终止服务,终止公司继续收集前客户数据的权利。数据可携带后,消费者能够寻求更好的内容和服务,并且可提供一些有价值的东西。此外,消费者更能了解数据挖掘方收集并提供给广告商、经纪商和数据分析公司的内容。

数据挖掘公司大都不欢迎数据可携带,这不足为奇,因为这些公司认为开展业务的成本会增加。企业基本不会主动推动数据库实现技术互操作,除非其认为消费者实现了数据可携带后将更多地成为用户而非流向竞争对手。

2.1.4 对数据泄露和无授权使用的告知

每周总不乏影响数百万消费者的重大数据泄露的相关新闻,或是数据挖掘方对信息的使用和共享超出其在用户协议中确立的业已颇为宽泛的数据收集条款的报道。值得注意的是,报道的泄漏事件和不允许的数据交换多发生在数周甚至数月之前,而许多国家遭受入侵的企业却并无法律义务或激励进行及时披露。① 可以理解的是,消费者并不欣赏那些在报告网络入侵、数据失窃和数据过度交换方面不甚坦诚的企业。对于大多数人而言,唯一的补救在于终止服务或更改密码以期防止资金和身份失窃。②

透明度是指完全披露影响顾客的活动。若数据收集方认为数据传输和网络泄露的披露会对消费者信任及共享数据的意愿产生不利影响,便会刺激其不完全透明的方式运营。在缺少立法的情况下,单靠用户协议可能无法保证完全透明。在此环境中,数据收集方和营销方可能更有机会模糊交易且不披露安全漏洞,进而令越来越多的消费者不愿参与其中。

即便是 Facebook 社交网络服务最忠诚的活跃用户都表示震惊和沮丧,因其事后方知该公司未能阻止极为私人的有价值数据未经授权在 Cambridge Analytica 等企业广泛传播③④。Facebook 未能监控和限制个人数据交换,许多人感到震惊,表示这是侵犯隐私的可耻行为。该公司允许所谓的学术研究人员收集超过 5 000 万 Facebook 用户的个人信息并将之与商业企业 Cambridge Analytica 分享,而 Cambridge Analytica 则代表政治候选人使用这些数据。Cambridge Analytica 公司将 Facebook 用户的个人资料与其他数据源相结合,根据用户的预期性格、价值观、观点、态度、政治看法、兴趣和生活方式,创建个人的"心理"画像。

舆论法庭通过降低股票市场总估值和各类谴责作为公司的临时惩罚。预计 Facebook 将因违反 2011 年联邦贸易委员会的同意法令而支付数十亿美元的罚款,法令包括禁止第三

---

① Kuhn, M. (2018, Nov.) 147 million social security numbers for sale: Developing data protection legislation after mass cybersecurity breaches. Iowa Law Review 104 417-445.

② Marcus, D. (2018, Dec.). The data breach dilemma: Proactive solutions for protecting consumers' personal information. Duke Law Journal 68 555-593.

③ Frier, S. (2018, March 17). Facebook on defensive as cambridge case exposes data flaw, Bloomburg Businessweek. Retrieved from: https://www.bloomberg.com/news/articles/2018-03-17/no-breach-but-not-secure-cambridge-misuse-shows-facebook-flaws.

④ Rosenberg, M., Confessore, N. & Cadwalladr, C. (2018, March 18). How Trump consultants exploited the Facebook data of millions. The New York Times. Retrieved from: https://www.nytimes.com/2018/03/17/us/politics/cambridge-analytica-trump-campaign.html.

方在用户不知情的情况下未经同意收集受保护的数据。[①]

2.1.5 行使数据保护权无财务惩罚

若政府开始为消费者制定保障数据保护的立法和监管措施,保护的另一个关键内容是阻止数据收集方惩罚选择使用服务并选择此类保护的用户。数据挖掘方认为消费者保护会增加成本,因此可能会寻求将任何额外费用部分或全部转嫁给行使数据保护权的用户。政府可禁止此类报复性收费。

2.1.6 数据泄漏或非法交换的救济措施

鉴于存在数据泄露和未经授权或非法使用受保护数据的可能,政府需考虑适用的制裁措施。须牢记,用户协议可能会通过强制要求庭外仲裁或调解来回避司法救济。虽被吹捧为以较低成本加快解决冲突和争议,强制性仲裁往往会打消消费者寻求救济的积极性,即使存在可衡量的损害和明显的违约或违法行为亦是如此。商业合同中的强制性仲裁条款可能是片面的,对起草不可协商的用户协议的数据挖掘公司有利。此类合同条款的存在,再加上某些国家的法院不愿支持受侵害个人的集体诉讼,在缺乏政府干预的情况下便转化为昂贵且无法获得的救济措施。

政府可要求及时披露安全漏洞并对不遵守者予以制裁,同样也可保护个人诉诸法律的权利。数据挖掘方免责可能会促进创新和创业,但也打消了保护用户免因外部不良行为受到伤害的积极性。

2.1.7 独处权

隐私的一个基本要素在于有权被忽视、不受监控、不被统计和不受监视。个人既可以合理地期望受到此种尊重,也可通过合同放弃此隐私权。政府出于国家安全和其他令人信服的理由便可凌驾于个人隐私权和互联网服务提供的部分功能之上,如加入志同道合的人以分享观点、照片和其他形式的内容。

简言之,商业企业不希望个人行使并坚持尊重隐私权。商业计划和收入流的基础在于企业获取个人数据并提供有价值的信息以换取报酬。

2.1.8 被遗忘的权利

被遗忘的权利涉及个人是否以及如何要求政府和私人企业删除信息,此类信息虽然在收集时是准确的,但不再能提供个人当前的真实情况。欧盟《通用数据保护条例》("GD-PR")规定数据收集方和加工方在一定条件下有义务根据要求删除有关个人的信息。[②] 此项要求旨在移除会对某人产生错误推论的材料,以免过往行为的真实记录不再反映真实情况。

---

① Federal Trade Commission (2011 Nov. 29). Facebook Settles FTC Charges That It Deceived Consumers By Failing To Keep Privacy Promises. Retrieved from: https://www. ftc. gov/news-events/press-releases/2011/11/facebook-settles-ftc-charges-it-deceived-consumers-failing-keep.

② European Parliament and Council (2016, April 27). Regulation (EU) 2016/679, 59 Official Journal of The European Union 59 L119 (May 4, 2016). Retrieved from: https://eur-lex. europa. eu/legal-content/EN/TXT/? uri＝OJ: L:2016:119:TOC.

举例而言,某人过去可能陷入财务困境,但随着时间的推移,努力恢复了信誉和稳定性。但搜索引擎的首页结果可能会强调并展示关于过去很长一段时期的财务不稳定性。在努力恢复信用评级之后,个人会反感基于软件技术凸显不再有效或公允的新闻报道和其他事实信息。

GDPR 令个人有机会要求消除过去的新闻报道和其他网络存储资料的链接。该程序类似于执法机构在被告满足监禁时间、罚款等全部要求后从犯罪行为的记录信息中删除有关内容。在某些情况下,未满 18 岁的未成年人同样可在满足监禁和财务支付要求并达到特定年龄后被删除有关记录。

2.2 国家利益

保护个人数据和在必要情况下访问数据均对政府有利。数据访问可能侵犯个人对隐私的合理期望并造成重大的财务和个人损失,但也可以提供预谋犯罪活动的基本信息,帮助对犯下的罪行进行司法调查。若数据保护法律过于严格,或隐私保护技术过于有效,那么关键的、实效性高的调查可能无法成功逮捕犯罪嫌疑人并预防灾难后果。

国家需要平衡个人的隐私利益和国家利益,保护人民免受恐怖分子等无差别打击的伤害。执法机构通常需要向司法机构给出令人信服的理由方可侵入个人的隐私权益。此"合理原因"说明了为何某人可能有计划犯罪,或已经犯下罪行。

在以通信选择多样化和强大加密技术保障隐私为标志的数字时代,执法官员需要扩展技术工具以进行调查和监视。对所谓元数据进行访问的新手段定期生成企业为兑现服务承诺所需的个人信息。例如,无论何时打开手机,无线电信运营商都会生成有关所有用户位置的元数据。运营商需要此类所谓的蜂窝基站位置信息("CSLI")来发起和终止向预期接收者传送的语音、短信、数据和视频。

除必要的呼叫交换和路由功能外,CSLI 还可为执法人员提供前所未有的机会,日复一日跟踪犯罪嫌疑人,不同于以往昂贵且费时费力地由一个或多个特工跟踪嫌疑人行径。新技术有助促进隐私和数据保护,如加密技术令消息解码成本高昂且耗时,有时甚至难以实现。技术也可以侵犯守法者的隐私和数据保障。

美国最高法院曾在涉及自动生成犯罪嫌疑人 CSLI 的一案中面临艰难的权衡选择。[①]法院多数人认为,执法人员应通过获取法院命令强制无线运营商提供由嫌疑人手机生成的、自动存储的 CSLI。即使第三方——无线运营商被授权收集 CSLI 信息,因其揭示内容的深度、广度和全面覆盖及其收集信息的无法避免和自发性,法院拒绝授权该州无限制地访问无线运营商的物理位置信息数据库。

在以往的案例中,法院认为执法部门对已发布数据的访问是合法的,因为数据创建的对象同意了数据的创建和传播。1976 年,[②]法院裁定,执法人员无须手令即可访问银行记录,因为宪法第四修正案所禁止的不合理搜查和扣押不包括之前曾披露给银行等第三方的信

[①] Carpenter v. United States (2018). 138 S. Ct. 2206. Retrieved from: https://www.supremecourt.gov/opinions/17pdf/16-402_h315.pdf.

[②] United States v. Miller (1976). 425 U.S. 435. Retrieved from: https://supreme.justia.com/cases/federal/us/425/435/.

息。1979 年,法院将所谓的第三方原则扩展到电话公司呼出和呼入号码的相关记录。[1]

美国法院将允许在无手令的情况下通过全球定位卫星跟踪器对移动中的个人进行监视,因其车辆本就处于众目睽睽之下。[2] 但最高法院认为,执法部门要检查手机的本地内容必须获得手令,因手机的内存芯片包含所有呼入和呼出电话的元数据。[3]

国家安全的内容如下所述。

国家及其居民的安全可能因恐怖分子的行为受到威胁。相应的,政府可给出令人信服的例证,以积极全面的努力维护国家安全。然而,并非每个例证都为广泛的侵入性监视和搜索提供了直接基础。与数据保护和隐私带来的诸多问题一样,个人和国家利益也需要平衡。

即使高度尊重个人隐私权且限制不合理监视的国家也颁布了立法,对监控和其他形式的个人跟踪予以授权。2011 年,美国纽约世界贸易中心和北弗吉尼亚州靠近华盛顿特区的五角大楼发生恐怖袭击后,国会颁布了《通过提供拦截和阻止恐怖主义所需的适当工具团结和强化美国法案》(2001 年美国爱国者法案)。这份长达 300 页的法案旨在通过一系列技术访问个人数据以加强国内的反恐安全。[4]

法案授权使用"强化监视程序"监视在国内外活动的恐怖嫌疑分子、涉嫌计算机欺诈或滥用的嫌疑人以及从事秘密活动的外国特工。法案要求银行、电信运营商、互联网服务提供商等私营企业向执法机构披露电子通信和转账活动。《爱国者法案》甚至允许执法人员获得"秘密"搜查令,调查包括美国公民在内的个人在一定时间段内的行为模式,且未说明要求哪些私营企业给予合作。

《爱国者法案》还旨在提高执法部门和国家安全机构在伤害发生前识别恐怖威胁的能力。鉴于网络恐怖主义和其他国家安全威胁需要更好、更广泛、有时甚至更迅速地监视,法案放宽了原有的正当程序和隐私保障。实际上,保护个人数据和隐私与政府合法监督间的天平已向政府倾斜。

2015 年,美国联邦调查局 FBI 寻求苹果公司配合一案展示了执法部门如何凌驾于手机的密码保护之上。[5]

在此案中,两名被确定为恐怖分子的死者拥有的个人物品中有一部苹果智能手机。FBI 希望尽快检查手机以确定是否尚有其他恐怖分子和同谋。苹果公司拒绝协助执法部门破解恐怖分子手机的密码保护,理由是这样会伤害苹果所有顾客的安全,包括绝大多数遵守法律的顾客。执法官员找到了破解密码的方法,并未强迫苹果公司在非自愿的情况下给予配合。

本案给出了相互冲突的价值观和动机出现在时间至关重要的场景中的示例。最糟糕的

---

① Smith v. Maryland (1979). 442 U. S. 735. Retrieved from: https://supreme. justia. com/cases/federal/us/442/735/.

② United States v. Jones (2012). Retrieved from: https://www. supremecourt. gov/opinions/11pdf/10-1259. pdf.

③ Riley v. California (2014). 134 S. Ct. 2473. Retrieved from: https://epic. org/amicus/cell-phone/riley/riley-v-california. pdf.

④ United States Department of Justice (n. d). The USA PATRIOT Act: Preserving life and liberty. Retrieved from: https://www. justice. gov/archive/ll/highlights. htm.

⑤ Khamooshi, A. (2016 March 21). Breaking down Apple's iPhone fight with the U. S. government. The New York Times. Retrieved from: https://www. nytimes. com/interactive/2016/03/03/apple-iphone-fbi-fight-explained. html.

情况是苹果公司拒绝合作可能会拖延执法调查的步伐,无意中帮助尚未归案的恐怖分子犯下更多暴行。然而,更糟糕的是在未得到手令的情况下肆意使用密码破解技术监视守法的个人,即使没有正当原因,缺乏自律的政府官员也希望跟踪这些人。

2.3 商业利益

商业厂商出于各种原因使用个人数据,包括改善顾客体验、收回因免费提供或补贴商品或服务所产生的成本、通过增加消费者的购买行为和数据营销产生新的收入。企业通常不会为了恶意目的积累个人数据,尽管个人在完全了解被收集数据的范围和广度后会感到不快。

正如我们在本章中所见,厂商的利益需要与个人利益相平衡。充分披露厂商获得的内容及其使用方式将有助于缓解消费者对侵犯隐私和对其数据不当使用的担忧。数据挖掘有助更容易地搜索商品和服务,使广告投放更能瞄准对购买商品和服务感兴趣的个人,厂商可通过这些优势为消费者提供更为令人信服的价值主张。

商业企业已制定了商业计划,这些计划出于不同目的获取个人数据,并通过数据营销产生新的收入来源。这些企业通常在下游的消费者与上游的商品和服务来源之间充当着中间人的角色。一些最成功的新兴企业建立了宽带平台,消费者可利用平台获得比传统的"实体店"提供更快、更好、更智能、更廉价且更方便的各类商品和服务。

数字化平台和电子商务双边市场的运作如下所述。

平台运营商能够快速占领主导市场份额有若干有利因素。它们为任何宽带用户提供服务均无须安装和运营所需的网络基础设施,通常也无须向ISP付费,包括为往返于互联网云间的完整路由提供第一公里和最后一公里连接的运营商。此类中间运营商还可低成本地访问几乎无处不在的消费者来积累有利的网络外部性——随着网络访问和使用的增长而增加的经济值。宽带平台运营商吸引的服务用户越多,发展便越为迅速[1][2]。

平台运营商提供的服务看似未对用户造成任何成本,此服务的吸引力令平台运营商取得了市场主导地位。如此强有力的价值主张是有可能发生的,因为平台运营商可调整由谁为服务买单。在双边市场上经营[3][4][5],通常只需要上游企业支付现金并将此资金用于免费为消费者提供服务。平台运营商可通过向用户提供"免费"服务来增加收入,条件是用户允许中间商收集、分析和出售有关消费者行为的数据。平台服务的用户可能并不完全理解其为交换服务所付出的代价。

爱彼迎、阿里巴巴、亚马逊、Facebook、谷歌、Netflix、腾讯、推特和优步等公司发挥宽带网络平台的服务运营能力迅速在市场上取得了成功。互联网生态系统偏爱双边市场平台,

① Katz, M. & Sallet, J. (2018). Multisided platforms and antitrust enforcement. *Yale Law Journal* 127 (7) 2142-2175.

② Lobel, O. (2016). The law of the platform. *Minnesota Law Review* 101 87-166.

③ Evans, D. & Schmalensee, R. (2016). *Matchmakers: The New Economics of Multisided Platforms*. Cambridge, MA: Harvard Business Review Press.

④ Evans, D. & Schmalensee, R. (2008). Markets with two-sided platforms. Issues in competition law and policy, 1 667-693.

⑤ Rochet, J. & Tirole, J. (2003). Platform competition in two-sided markets. Journal of the European Economic Association 1 1990-1029.

因为中间商可在消费者付出极少甚至无须付出现金代价的前提下提供极具吸引力的价值主张。最为成功的宽带中间商多依靠广告补贴和低成本的宽带网络分发,通过单一顾客链接捆绑内容和渠道,为顾客提供所需的互联网服务,如社交网络。作为几近"免费"的服务的交换,用户允许中间商挖掘有关其在线活动的数据。

过去也有对服务和内容的补贴访问模式,如广播电视网和信用卡发卡行的模式,互惠交易更新了此类已有模式,为平台运营商和消费者带来丰厚回报。但不论是旧平台还是新平台,其商业计划均要求大多数消费者为内容的访问付费。广告产品和服务中包含了媒体渠道的成本,接受信用卡支付的厂商则在标记价格时纳入信用卡发卡机构收取的"刷卡"费。

此类成本未经过计算且常被忽视,抵消了双边平台被夸大的鲜明优势。对成本和收益进行全面评估需要分析对中间市场上双方的影响。

1. 峰时溢价和消费者剩余的丧失

平台运营商和上游厂商可开发复杂的数据分析以帮助评估当前的供需情况,从而更好地计算利润最大化的收费并在市场状况发生变化时频繁修改价格。这种校准有助厂商消除或减少经济学家所谓的消费者剩余:以低于消费者愿意支付的价格水平获得商品或服务的机会。

以优步和滴滴出行提供的叫车服务为例。这些平台运营商并不拥有车辆,而是依靠个体车主提供的动态库存。数字化的叫车中介将特定地区可用驾驶员的当前位置加以统计,运用算法根据当前服务需求设定价格。

这种动态定价方式根据供需变化频繁而及时地调整价格来实现利润最大化并提升效率。当供应滞后而需求增加时,所谓的激增定价的报价远高于传统出租车公司收取的固定费率。虽然消费者对有机会享受低于传统费率的服务表示欢迎,却可能会认为激增定价并不公平且存在剥削。

2. 对数据挖掘获准范围的困惑

很少有数字服务的用户能够完全了解消费者数据平台运营商能够获取何种内容及其如何将之加以利用。内容固定且不可协商的用户协议常使用晦涩难懂的语言来说明平台运营商可执行的数据挖掘权及其将数据出售给第三方的机会。有充分的证据表明,许多中间媒介在披露其数据挖掘权时缺乏透明度,在保护用户隐私、避免数据挖掘超出其服务条款中自定的业已颇为宽泛的范畴方面则表现傲慢。

若平台中介未能披露数据泄露,或有权访问消费者数据的企业超出获准范围访问数据,则尤为容易面临丧失用户信任的风险。当被问及数据泄露或在获准范围之外挖掘数据等媒体报道时,部分平台运营商拒绝承担责任,或声称数据泄露及过度使用用户数据对用户并未造成伤害。

3. 天下没有免费的午餐,亦没有免费的平台

平台服务的大多数消费者可能已经开始意识到免费服务会带来消费者成本。消费者已经了解数据挖掘的存在,但未必了解其全部影响。从好的方面而言,数据挖掘可为消费者提供更优、更准确的精准广告、周到的音乐和视频推荐以及其他购买者的产品和服务组合的有关报告。在不购买广告商品和服务,也不按照平台软件的建议进行补充购买的情况下,消费者仍然可以"免费享受"部分补贴服务。

然而,大多数消费者似乎仍未完全确定其数据的市场价值、与之相关的数据挖掘的全部货币、社会和个人影响,以及伴随着数据挖掘的以数据分析为基础的广告位拍卖。很少有人批评平台运营商未能提供重要价值,但也很少有人完全理解自身为平台服务付出的代价。

经济学家提醒我们,商业中"没有免费的午餐",同样,也不存在真正免费的平台内容和服务。平台运营商不需要货币支付,而是从挖掘、处理、整理、包装、分析和出售消费者数据中攫取价值。实际上,用户既是中间媒介提供服务的消费者,也是平台运营商用以向广告商换取直接现金收入的产品。[①]

3.数据财产保护的最佳实践

本章明确了数据收集、使用和保护方面的各类利益攸关方,尝试对平衡利益的方法进行评估。在本节中,笔者将探讨个人通过数据保护应当得到的保障并研究各国政府如何建立起此类保护措施。

3.1 关键保障

许多数据保护策略都可在提供保障的同时避免对国家政府合法获取所需数据的能力产生不利影响。政府应支持将数据保护作为一项基本权利,除非存在国家安全和执法等正当理由,这是最为基本的原则。[②] 数据保护的公平性确保个人有权免受监视和隐私侵犯,除非政府机构给出令人信服的理由,如数据访问对维护国家安全或开展刑事调查至关重要。

若政府无法出示证据表明需要访问受保护的数据,则不得对此类信息进行访问。数据编制方应承担保护数据的责任,保护数据不被非法访问,或超出与数据主体达成的协议中规定的合理程度对数据进行处理、分析、编制和营销。所谓的数据挖掘应该具有特定且有限的目的,这些目的应为数据主体所理解且得到主体的知情同意。换言之,数据挖掘不应利用当前和未来技术对可获取的内容进行无限制、无休止的收集。

至于合法收集的数据的性质,应对数据主体承担的责任包括准确性、限制数据的留存和出售期限、及时披露泄露事件和未经授权的使用,以及充分披露获准的用途。数据挖掘方应通过简单易懂的表述来说明其数据收集的性质和范围,获取哪些信息并通过个人数据脱敏和汇总进行保密。

数据收集方应享有收集信息并将其货币化的实质权利,但也负有实质性的义务来防止过度收集、隐私泄露、侵犯隐私及被收集数据的失窃。微软公司提供了以下清单,说明其为实现适当平衡而采取的明确行动:[③]

[①] Elvy, S. (2017, Oct.). Paying for privacy and the personal data economy. *Columbia Law Review* 117 1371-1459.

[②] Accessnow (2018, Jan.). Creating a data protection framework: A do's and don'ts guide for lawmakers. Retrieved from: https://www.accessnow.org/cms/assets/uploads/2018/01/Data-Protection-Guilde-for-Lawmakers-Access-Now.pdf.

[③] Microsoft (n.d.). Journey to GDPR compliance. Retrieved from: http://clouddamcdnprodep.azureedge.net/asm/1736412/Original.

为消费者提供隐私自助服务门户,通过门户网站请求复制和删除微软云服务使用的个人数据;

构建全面的数据清单,准确描绘各业务中的个人数据流向;

创建通用基础设施以规范数据制度,实现自动化,实施隐私策略;

审查并规范各类业务、系统和合作伙伴/供应商的数据留存规定;

更新技术文档并整理合同,为顾客履行自身的合规义务提供所需的信息和保障;

审查公司供应商《数据隐私要求》并在采购流程中建立合规要求。

在下文中,笔者将审视欧盟各国如何公平权衡数据的开发和保护。

3.2 欧盟《通用数据保护条例》

自 2018 年 5 月 25 日起,欧盟实施了一系列全面的数据保护要求,影响范围涉及设立于欧盟的公司以及拥有欧盟顾客的公司。《通用数据保护条例》("GDPR")提供了一套通用的保障措施和要求,共同强化了个人有权获得的数据属性及其范围。GDPR 第 4 条第(1)款将个人数据定义为"与已识别或可识别的自然人相关的任何信息('数据主体');可识别的自然人是可被直接或间接识别身份的人,特别是依靠姓名、身份证件号、位置数据、在线身份或该自然人特有的一个或多个因素,如物理、生理、遗传、心理、经济、文化或社会特征予以识别。"

在应用层面,GDPR 对广泛的各类个人数据给予保护,包括:档案信息或当前生活状况,包括出生日期、社会保障号码、电话号码和电子邮箱地址;外形、外貌和行为,包括眸色、体重和性格特征;工作单位数据和教育相关信息,包括工资、纳税信息和学生证号;私人和主观数据,包括宗教、政治观点和地理跟踪数据;健康、疾病和遗传信息,包括病史、遗传数据和病假信息。[①] 虽然存在例外,但一般情况下,数据挖掘方无法获取和传播有关个人种族和民族、政治、宗教或哲学信仰的信息,包括所属团体、健康状况、性生活和性取向以及能够识别个人具体身份的遗传和生物识别数据。

GDPR 确立的主要数据保护有:

(1)确保知情同意的义务

数据挖掘方(GDPR 中称为控制方和处理方)只能在合法且征得主体同意的情况下方可收集个人数据。个人数据处理的法律依据包括合同条款以及政府出于合法权益展开监视。数据控制方必须提供清晰易懂的条款说明将收集哪些信息。个人必须明确同意数据收集且有权撤回该同意。数据挖掘的主体必须在非强迫、自愿的条件下就具体内容给予知情且明确的同意。

(2)数据保护官的任命

根据 GDPR 的要求,非司法机构和商业企业若将个人数据处理作为核心业务的一部分,在法律上便有义务指定数据保护官("DPO")。DPO 必须具备数据保护法和 IT 安全方面的专业知识,其职责包括帮助确保遵守所有相关的数据保护法、监控数据保护影响评估等特定流程、提高员工对数据保护的意识并展开相应培训,以及与监督部门合作。

---

① Irwin, L. (Feb. 7, 2018). The GDPR: What exactly is personal data? IT Governance web site: Retrieved from: https://www.itgovernance.eu/blog/en/the-gdpr-what-exactly-is-personal-data.

（3）隐私影响评估

数据控制方必须就对自然人的权利和自由产生不利影响的高风险数据收集活动进行影响评估。此类活动包括评分/画像、对受影响人群造成法律后果的自主决策、系统监控、特殊个人数据的处理、大规模数据处理、对各类流程收集的数据进行合并或组合、无行为能力或行为能力受限者的相关数据、使用新技术或生物识别程序、向欧洲以外的国家传输数据以及阻碍有关人员行使其权利的数据处理。

（4）及时告知泄露事件

若发生安全泄露，数据控制方应在 72 小时内向顾客报告数据泄露事件。

（5）记录及个人的数据访问权

若用户请求访问现有数据，数据控制方必须免费、详尽地提供其所收集数据的电子副本。此外，还必须披露数据挖掘方如何使用收集的信息。数据处理活动的记录必须包含有关数据处理的重要信息，包括数据类别、数据主体所属群组、处理目的和数据的接收方。有关部门针对此信息提出请求时，必须完全予以提供。

（6）知情权

GDPR 规定了数据控制方在透明度方面的总体义务，要求其授权个人了解自身数据的收集和使用情况。此规则适用于数据处理方直接访问数据及第三方获得访问权限的情况。若直接获得数据，必须立即告知当事人，即在数据被获取之时便予以告知。在内容方面，控制方的告知义务包括其身份、数据保护官的联系信息（如有）、处理目的和法律依据、追求的任何合法利益、个人数据传输的接收方及将个人数据传输至第三国的任何意图。

其他权利包括获知存储期限、数据主体的权利、撤销同意的能力、向有关部门投诉的权利以及获知个人数据的提供是出于法律还是合同要求。此外，必须告知数据主体包括画像在内的任何自主决策行为。

对于获得间接访问的企业，必须在合理的时间段内（通常为一个月）向数据主体提供信息。若收集的信息用于直接联系数据主体，主体有权在被联系的第一时间得到告知。间接数据处理方必须公开个人数据的来源，且提供的信息通常必须与直接获得数据的处理方所提供的信息相同。

（7）被遗忘的权利

数据的删除权源于个人针对谷歌提起的诉讼，诉讼人反对自己姓名的首页搜索结果指向很久前的破产申请。[①] 当数据不再满足其原始处理目的、数据主体已撤销同意、没有其他合法或合理理由继续处理数据、或需要删除数据以满足欧盟法律规定的义务或成员国的权利时，GDPR 要求立即删除个人数据。此外，若数据处理行为本身已违反了法律，自然也必须删除数据。

（8）数据可携带

GDPR 确立了被收集个人数据的个体所享有的所有者权益。数据控制方必须提供对其收集数据的访问权限并将其开放给其他数据挖掘企业使用。GDPR 第 20 条提出两项要求：

---

① Google Spain SL, Google Inc v Agencia Española de Protección de Datos, Mario Costeja González (2014). European Court of Justice. Case C-131/12，Retrieved from：https://eur-lex.europa.eu/legal-content/EN/TXT/PDF/? uri=CELEX：62012CJ0131&from=EN.

"①数据主体有权从数据控制方处获得个人数据的副本;②有权将数据从一个数据控制方传输至另一数据控制方"。①

（9）从设计着手保护隐私

GDPR 要求公司在设计其数据收集、处理、分析和营销系统时附以必要的安全协议,以满足《条例》规定的数据保护要求。若数据收集系统的设计不符合规定,数据控制方可能面临罚款。

4. 总结及结论

数据保护法律法规和政策的制定者力求在保护个人免受伤害、允许商业性创业企业将消费者数据用作收入来源以及确立政府访问私人信息的程序和条件之间取得适当平衡。最佳情况是平衡的过程促进了创新,刺激就业,为消费者提供获得补贴内容和服务的途径,确保国家监控只在真正必要时才会进行。而最糟糕的情况是数据挖掘造就了监视型社会,在此社会中,技术创新成为支撑手段,令过去未犯罪且未来亦无计划犯罪的个体的私人生活受到无理侵犯。

新技术增强了公共和私人机构获取有关个人需求、需要、愿望、私人和公共活动、位置、通信和万维网交易相关数据的能力。此类侵入式行为的动机多种多样,包括预防灾难性的犯罪活动、更精准地针对个人投放广告和宣传等。所用的技术本身并不存在好坏,差别在于其所服务意图的好坏。从积极的角度而言,数据挖掘为各类互联网企业提供了货币,用以提供备受追捧和期盼的服务。从消极角度而言,收集和营销私人数据的合法权利创造了广泛干涉个人对隐私的合理期望的新方式,无论个人同意以何种方式换取互联网内容和服务皆是如此。

个人和政府均越发意识到,不受约束和管制的数据收集市场将给个人和社会带来诸多可预期和不可预期的危害。越发清楚的是,消费者必须贡献更多价值,甚至超过其通过互联网推广免费获得的各类补贴服务所能提供的价值。即使从短期来看,同意用广泛的数据挖掘换取 Facebook 等互联网内容和服务的价值主张也可能趋弱,因为消费者开始了解其生成的数据具有货币价值,了解数据挖掘方有能力对商品和服务进行动态定价并将数据作为可销售的商品出售给上游广告商和数据经纪商。

从长远看,随着消费者数据的商品化,已成功利用正向的网络外部性获得大量市场份额的企业有可能积累更大的战略和财务优势。若消费者无法有效管理数据并在企业间轻松转移数据,此种优势将扼杀创新和竞争。很少有消费者有意愿和能力进行定期成本/收益分析、决定是否应安于现状或寻求更好条件。此种惯性强化了老牌公司维系市场主导地位的能力。

数字宽带服务的消费者同样可能遭受更为严重却不易量化的伤害,因为数据控制方会找到更新、更精确且更具侵入性的方法处理数据并最大化来自上下游的收入。对此行为具有监督权的部分政府机构由于相信现已值得怀疑的经济理论和反垄断理论,无法或不愿考虑双边市场上双方的成本和利益,强调消费者的短期收益可能并不像最初估计的那样丰硕,

---

① Vanberg, A. (2018, Jan. p. 2) The right to data portability in the GDPR: What lessons can be learned from the EU experience? *Journal of Internet Law* 21(7) 1-18.

因而显得无力提供有效监督。其他政府部门则根本没有资源来跟踪数据挖掘技术和使用它们的公司。

政府和消费者都需要提高对数据收集、挖掘、商品化和出售的性质及其影响的了解。此外,数据挖掘方需高度尊重数据保护,以便将政府监管限制在合理合法的水平,同时防止消费者失去信任而放弃交换数据以换取内容和服务。

千呼万唤始出台的欧盟《通用数据保护条例》显示了政府对商业性数据滥用的响应深度和广度。对几乎所有人而言,更糟糕的结果可能是广泛失去对数据控制方和处理方的信任,导致消费者参与极具互惠性的社交网络、商业平台和宽带网络的意愿显著下降。

负责任、务实的利益攸关方是时候达成新的商业条款以限制数据挖掘的性质和范围了。若各方做不到自律和规范,政府可能会以不甚有益的方式加以干预。

数据权益的法律保护

作者：支振锋博士

中国社会科学院法学研究所　研究员

摘　要：数据相关权益的法律保护是当前探讨数据治理的重要问题。本文首先阐述数据在商业或者非商业领域运用中的乱象和问题。进而通过对数据基本概念的理清以及既有的司法实践和司法判例的讨论，探讨可能对数据相关权益进行保护的方式、方法或者途径。最后，提出对数据相关权益进行法律保护的初步理论框架。

关键词：数据权益　法律保护　司法判例

近年来，数据相关权益的法律保护虽然讨论热烈，但在法学领域始终是一个难以做出突破性研究进展的重要话题。所面临困难在于不少研究者和实践者一直试图给数据赋予新型的权利，即数据赋权，但理论和实践中却难于用一个权利来概括数据的相关权益，或者用新的理论形态给数据相关权益一个框架性的解释。实际上由于数据本身的独特特性，可能我们仍然会在一段时间里不得不始终面临这个问题。

1. 数据乱象

1.1　数据大战

近些年，在数据的商业流通和商业利用领域，数据"战争"越来越普遍。数据的价值日益凸显，但数据权利或围绕数据产生的相关权益的边界一直难以界定。2017 年 6 月，阿里巴巴旗下的菜鸟与顺丰因快递数据的交换引起一场相互封杀的大战，成为中国数据治理史上一个具有标志意义的事件；紧随其后，华为与腾讯也因用户数据产生冲突。由此可见，数据的争夺和控制即为对市场生态和行业话语权的争夺和控制，是抢占未来信息化竞争制高点的重要保障，数据竞争甚至战争将成为互联网时代的新常态。

1.2　数据黑产

数据黑产正以无孔不入的态势入侵人们的正常生活，表现形式有数据非法采集、加工、倒卖数据，数据泄露以及其他形式的衍生犯罪。最近两年，公安部门已经查处了多起关于个人数据非法倒卖的案件，非法倒卖的数据量不少都是以亿为单位。数据泄漏和滥用更是长期被诟病的问题之一，诸如去年 Facebook 数据泄露事件，除了涉及用户个人隐私，还会牵扯到政治和时局，可能会影响相关国家正常的民主运行，衍生出其他重大的政治问题。

电信诈骗和网络诈骗是一种数据泄露的衍生犯罪。近些年手法不断翻新，如利用恶意程序、钓鱼网站等实施诈骗的情况层出不穷。如犯罪分子冒充公检法，谎称受害人涉嫌洗钱、贩毒等严重犯罪，诱导受害人将资金转入实为骗子持有的所谓"安全账户"，此类诈骗造成损失金额最大;再如犯罪分子通过非法渠道,获得受害人亲友的手机号码、社交账号密码,并掌握受害人的社会关系,从而骗取受害人信任,进而编造"发生意外急需用钱""资金周转""代缴话费"等理由,诱使受害人转账等等。

1.3 数据沉睡

互联网巨头是流量入口,采集了大量个人或企业的相关数据。政府也在日常管理行为中,采集了大量各类数据。但这些海量数据往往都处于"沉睡"状态,并未得到很好的利用。如阿里巴巴等电子商务类互联网企业拥有大量交易数据、支付数据和信用数据,百度搜索和地图沉淀了十多年的用户行为数据,社交巨头腾讯拥有用户关系数据和基于此产生的社交数据。但这些行业巨头的数据往往并不对市场和社会提供,主要用于巨头企业内部的广告营销分析,进行本体系内、本公司内闭环的运转。而政府数据更形成了一个个的数据孤岛,离信息的互联互通和共享还为时尚远。

网络价值在于互联,信息的价值在于互通,而数据的价值在于利用。如果个人的任何数据都不能被分析、挖掘和利用,就难以最大限度的发挥其价值,我们也难以充分享受互联网的福利。甚至说,如果大家拒绝分享个人的任何数据,那互联网可能也就不存在了。然而,数据利用一旦开放、共享或交易,就会涉及相关权利和相关权益保护的问题。这就引发了数据的法律概念。

2. 数据概念和属性

2.1 数据的分类

由于不同的社会习惯和法律传统,不同法域往往在法律中使用的概念是不同的。比如,中国法律采用"个人信息"的概念,美国法也用"个人隐私",而欧盟则使用"个人数据"的概念。但是在我们在这里讨论的数据,实际上指的是被采集和加工的数据,很多情况下是"大数据"。大数据往往是基于个人、企业、政府相关信息而采集并加工的数据,所以不必细究"信息"与"数据"的差别。

自然存在状态下的数据最简单,我们称之为"电子数据"。比如 0、1、0 的比特流,它是纯粹自然的存在,没有法律意义。但更多的数据往往具有商业属性,例如大量的个人数据、政府数据和企业数据,都作为资源具有潜在的法律意义。

个人数据分为自然性个人数据、社会性个人数据以及复合性个人数据。自然性个人数据主要是相貌、指纹、血型、基因等与生俱来且无法轻易改变的身体自然属性;社会性个人数据包括姓名、身份证号、电话号码、电子邮箱、家庭关系、工作单位、浏览记录、购物消费记录等为了社会生活的便利由个人主动或被动地获取到的相应符号或信息;复合性个人信息的典型例证是个人画像信息,实际上是一种经过信息收集者分析处理之后得出的对个人行为趋向与潜在偏好的预测。从它们产生的过程来看,自然性个人信息内化于相应自然人的身体之中,应当归属于其个人进行支配;社会性个人信息的获得则颇为复杂,并不能轻易将其权属配置给具体的个人;复合性个人信息,收集者和处理者在此类信息形成的过程中投入了更多资金、技术和智慧,但由于其利用又时常直接与具体个人发生联系,也具有法律意义,在被用于价格歧视或者精准广告推送时也可能产生法律问题,故也不能轻易将其权属配置给收集者和处理者。

政府数据是政府履职中收集到的数据,共包括两类,一类是政府履职中所收集到的自然数据,如气象、海洋、地理自然数据,也包括交通、经济、文化等社会数据;另一类是政府部门加工产生的数据,如政府年度的统计分析报告、政府资助的科研院校的研究成果数据,这些数据也有法律意义。

企业数据分为三大类,一类是企业运营中产生的数据,如产品数据、营收数据、人事数据;还有企业运营中采集的数据,包括交易购买的数据以及整理后的消费者数据;最后也包括平台企业呈现的用户生产数据,如淘宝展示的商户产品信息,抖音展示的短视频信息,微信朋友圈信息都是平台企业所呈现的客户生产的数据。

当然,无论是对个人、企业还是政府数据,都有敏感数据与一般数据之分。敏感数据可能会涉及个人隐私、国家机密、商业秘密,一般不宜公开和商业利用;而一般性数据在符合法律的条件下可以公开和商业利用。

2.2 法律意义上的"数据"

个人信息的权利属性在理论与实务中均面临较大争议。1972年,美国学者卡拉布雷西与梅拉米德提出从法律后果的角度对法律规则进行逻辑分类,并以财产规则、责任规则和禁易规则的划分形成了"卡梅框架"。这对个人数据(信息)的利用,有较大的参考意义。

在利益归属明确的前提下,禁易规则不允许利益的转移,某些个人数据,如隐私与基因、虹膜、指纹等生物信息数据,即使交易双方完全自愿,一般也不应该进行商业利用或交易,现在对人体生物信息的滥用其实很令人担心;财产规则下利益的转移必须征得拥有者的同意并由其确定交易价格,例如网络服务提供者等主体要收集相关个人信息并进行使用、处理,必须通过自愿交易的方式,从数据拥有者处以其同意的价格或条件购买;责任规则是指如果相对方愿意支付一个客观确定的价格,无论拥有者是否同意,均可发生利益转移。

政府数据由于既具有公共性,又可能涉及国家机密,所以此处暂不讨论。而实际上最大的问题是企业数据,一是企业采集、加工、利用、存储和传输数据是否合法;二是如何鼓励企业将掌握的数据拿出来供社会利用,同时确保数据利用的合法合规。

3. 案例讨论

3.1 理论争议纷纭

数据法律保护加速了数据权利化的理论诞生,数据权利化的理论包括"数据物权理论""数据知识产权理论""信息财产权理论(知识产权或其他权利)""新型财产权(个人信息相关人格与财产权益,数据经营权与数据资产权)""多重保护理论"和"无名合同(数据服务合同)理论"。其中,"商业数据无形财产权理论"又存在两个分支,其中一个分支为以保护数据本身为出发点的"数据财产权说",另一分支为以保护数据所承载的信息为出发点的"信息财产权说"。上述理论体现了对当今社会对数据经济价值的重视,虽然这些权利化的理论在成熟度、合理性抑或完备性方面存在或多或少的不足,但均从不同角度对数据的权属、权利内容做出安排,具有很大的参考价值。

3.2 法律规定不明

虽然在诸多法律、法规、规章和司法解释均涉及保护我国公民的个人信息,但整体来看,个人信息或数据的保护与利用仍然缺乏系统性、规范性和全局性,无法应对司法实践中日益出现的各类新型侵犯个人信息和隐私的违法犯罪行为。目前,我们尚没有一部专门的《个人信息保护法》,个人信息保护仅仅是《网络安全法》中的一个方面。相比较而言,欧盟 GDPR 更重视保护自然人的个人隐私数据权,法律规定更明确。

另外,对数据库的保护一直是各国法律关注的主题,特别是在全球信息化以及市场一体化的背景下,对信息之集合的数据库的保护就显得尤为重要。早在 1996 年,欧洲的《关于数据库法律保护的指令(96/9/EC)》(以下简称欧盟指令)开数据库特殊保护之先河,建立了一种独立于版权法体系的数据库保护制度;美国《数字千年版权法》以汇编权保护数据库;

而我国目前在数据库保护方面还缺乏专门的立法。仅仅有概括性规定,如《民法总则》第 111 条:"自然人的个人信息受法律保护",第 127 条规定:"法律对数据、网络虚拟财产的保护有规定的,依照其规定。"即使是涉及数据库保护的《中华人民共和国著作权法》也仅仅限于选择和编排上具有独创性的作品,而对非独创性的数据库则未有提及。

3.3 司法有判例

但是,从司法判例而言,关于数据相关利用的保护,中国和西方均有大量的司法判例。简单列举如下:

1991 年广西电视节目预告表案。法院认为节目表不属于作品,但原告付出了大量复杂劳动,因此被告应承担赔偿责任。

1996 年北京阳光公司与上海霸才数据信息公司技术合同纠纷案。原告授权被告使用其"SIC 实时金融"系统,约定被告不得转发、不得透露软件分析格式、不得做分析软件之外用途。但被告向第三人有偿提供了原告数据而被诉。法院不认为原告产品具有独创性,但认为其进行了投资,因此应予保护,二审法院则以构成不正当竞争判被告败诉。

1997 年 NBA v. Motorola,Inc 案也值得讨论。Motorola 销售一款 Sportstrax 产品,系利用收听或收看 NBA 实况而整理出来的节目,被诉侵权。但法院未支持 NBA。

2000 年 eBay, Inc. v. Bidder's Edge, Inc 案。eBay 是大型拍卖和购物网站,BE 则是专门提供拍卖信息的网站,从 eBay 抓取大量信息。eBay 认为每天超十万次的抓取耗费了其资源,专设了 Robots 协议禁止抓取。一审 BE 败诉,二审和解,但 BE 做出了赔偿。

2003 年,德国联邦法院审理的 E-mail address taten bank 案。原告经营一家翻译中介网站,译者可以在该网站登记其姓名、地址、电子邮件地址等信息,被告经营的猎头网站复制了原告的电子邮件列表。法院判决侵犯了数据库权。

2016 年,大众点评诉百度案。百度公司未经许可在百度地图、百度知道中大量抄袭、复制大众点评网的用户点评信息,直接替代大众点评网向用户提供内容。法院判决百度构成不正当竞争。

同年还有 2016 年的新浪诉脉脉案。法院一审判决脉脉构成不正当竞争,二审维持原判。至于 2017 年发生的菜鸟-顺丰纠纷、华为-腾讯纠纷,均未进入司法程序。

从这些判例可以看出,很少有判决直接承认"数据权",但一般会保护围绕数据而产生的权益。

4. 数据相关权益的法律保护

4.1 数据的特点

数据一般具有无体、无形、易变化、易复制、易散播的特点,突出表现为不具有确定性;而法律的确定性是所有法律制度追求的基本目标之一,其作用不仅在于提供公正判决,也使个人能够根据现行法律制度对特定规范自身行为,也是构成法庭判决合理性的最重要基础之一。

数据的不确定性和法律的确定性构成了天然的矛盾。但是,法律很多时候不仅因为明确了权利才进行保护,有时没有明确的权利,但是属于合法利益,也应该给予保护。数据代表了民事的利益,所以应该给予保护。

4.2 数据是民事上的利益

考虑到个人数据具有的商业价值、管理价值等多重价值越来越突出,因此构建一套切实有效的数据规范,不仅要考虑行政规制,也要考虑民事法律上对自然人予以赋权,多管齐下,做出合理的制度安排。目前,各国对于个人数据的保护与使用,都采取了公法规制与私法赋权双管齐下的治理模式。公法规制就是颁布各种规范个人数据收集、存储、转让和使用方面的监管性法律或法规,如我国的《网络安全法》及国外颁布的各种个人数据保护法或个人信息保护法。私法赋权的方式就是通过确立民事主体对个人数据的民事权利,通过私权制度对大数据时代的个人数据给予保护。

另一方面,赋予自然人对个人数据以民事权利还具有充分调动广大自然人保护个人数据积极性的作用,如鼓励人们就侵害个人数据的违法行为向执法机关举报、针对侵权人提起民事赔偿诉讼,或者由法律上规定的有权机关就大规模侵害个人数据的行为提起公益诉讼,从而将个人数据的保护落到实处。

4.3 数据财产权属性的法律保护

数据相关财产权不具有对世权的可能,无法绝对支配,所以不属于物权,也无法被知识产权所完全涵盖。但由于数据的财产性和无形性,其权利属性应为财产权。"财产权理论"体现在两个方面,一方面视数据本身创设一种"无形财产权";另一方面,保护数据的本质是保护信息,因而应当对数据所反映的信息设立财产权,称为"信息财产权"。

例如,对于电商收集的多位用户的购物数据,就个体数据而言,其反映的是用户的姓名、住址等个人信息;但从整体来看,其还可以反映产品的销量、去向分布等商业信息。这些信息可以由不同人产生、利用,利益也归属于不同的主体。对于含有用户个人信息的商业数据而言,商业数据之上反映的个人信息的相关利益应由个人享有,商业数据之上反映的商业信息的相关利益则由经营者享有,两者并行不悖。因此,如果确有必要设立产权制度,那么关键之处也在于数据所承载的信息而不是数据本身。

但数据显然可以给予某些财产权的保护。比如,联合国 TRIPS、欧盟及我国相关法律中,为数据库或汇编作品进行保护;尤其是欧盟,强调数据库具有特殊权利,只要具有实质性投入,就应该给予保护。

4.4 数据权益的法律保护

虽然数据权是否成立在理论和实践上仍有争议,但对数据相关权益进行保护,在法律上并非完全没有办法。我国《反不正当竞争法》第二条规定,经营者在生产经营活动中,应当遵循自愿、平等、公平、诚信的原则,遵守法律和商业道德。该法对不正当竞争行为进行了界定,指的是经营者在生产经营活动中,违反反不正当竞争法规定,扰乱市场竞争秩序,损害其他经营者或者消费者的合法权益的行为;此处的经营者,是指从事商品生产、经营或者提供服务(以下所称商品包括服务)的自然人、法人和非法人组织。

我国《合同法》第 124 条也规定,本法分则或者其他法律没有明文规定的合同,适用本法总则的规定,并可以参照本法分则或其他法律最相类似的规定。《合同法》规定了 15 种合作类型,有些合同不在这 15 种之内,也应该给予保护,属于兜底性的保护条款。例如依据合同法,可以以数据服务合同的形式进行数据交易,哪怕没有赋予明确的权利类型,这些数据仍然可以流通和利用,也可以进行交易。特殊条件下,如互联网平台的用户协议里,有些数据有可能被定为商业秘密来保护数据的相关权利,虽然目前还没有司法实践。

对数据的权益进行保护,需要把握三个基点。第一个基点是实质性的投入,即有没有付出劳动、财产或者这些数据与企业的经营模式关系有多大。如新浪微博以不正当竞争为由对脉脉进行起诉,法院判定原被告同为网络社交服务提供者,存在竞争关系;被告获取并使用涉案新浪微博用户信息的行为,以及获取、使用脉脉用户手机通讯录联系人与新浪微博用户对应关系的行为,没有合同依据,也缺乏正当理由,主观恶意明显,构成不正当竞争。但如果切换场景,某个与新浪非竞争关系的个人或组织从新浪微博抓取数据进行分析研究,便不一定构成侵权了。

第二个基点是数据标签技术的进步。在大数据环境下,一切数据皆有源头,但数据源头的跟踪技术有赖于数据标签技术。通过技术赋能来保障各方在数据交易市场中的数据所有权、使用权、支配权和收益权,进而在保障数据安全的基础上激励用户分享数据,充分激发数据的价值和活力。

第三个基点是未来的数据赋权,数据权属体现为企业或个人的数据相关权益,在数据的采集、生产、加工、存储过程中,确定数据的生产者、控制者是保证相关数据权益的关键。当然,数据使用的总体原则是合法、正当和必要性,这也是建立数据秩序、赋予数据权利的必要保障。

4.5 数据权益法律保护的限制:国家安全、重大公共利益。

未来数据赋权是非常可能发生的。随着大数据挖掘、分析等技术的全面成熟,数据的权属就有了更高的确定性,进行数据赋权就顺理成章了。

与此同时,当数据权益与国家安全、重大公共利益等发生冲突时,应当优先维护国家安全和重大公共利益。例如个人或企业滥用数据权益会损害国家、社会及他人的权利与自由,国家安全事件和重大公共利益的衡量制度会改变数据权益中的利益格局,限制了个人与企业不当滥用数据权益。诚如《欧盟一般数据保护条例》中规定,个人数据的处理、提供、更正、删除、被遗忘等,都应受到公共利益、科学研究及历史统计的限制。因此,数据权益保护在满足国家安全、重大公共利益最大化的实现中,数据的财产性利益与经济效率才能得到切实有效的保障。

5. 总结

由于数据本身独特特性,到今天为止,数据赋权应给予其权利还是权益,仍没有新理论形成,也没有框架性解释。数据在商业或者非商业领域的运用已经产生了很多数据乱象,包括数据大战、数据黑产、数据泄露、数据犯罪以及数据沉睡等。数据沉睡非常可惜,但是要利用好涉及数据权益保护,需要理清数据基本概念。个人数据有自然属性和社会属性,后者是画像数据,具有法律意义,产生法律问题。政府数据包括收集数据和产生数据,后者具有法律意义。企业数据来自产生、收集和商业聚集。其中,企业数据争议最大。中国已颁布《网络安全法》等相关法律法规,但在国内外震慑力不大。但是欧洲 GDPR 出来之后为什么中国所有互联网企业都在做"合规"呢?非常值得思考。从一些既有的司法实践和司法判例中我们可看到对数据相关权益进行保护,有可借鉴的方法或途径。数据不能有物权、债权但可以有财产权。数据具有不确定性,而法律讲的是确定性,数据交易有赖于数据赋权,数据赋权有赖于数据标签技术的成熟。

大数据和人工智能时代的隐私与数据保护：
美国的政策挑战

作者：詹妮佛·温特(Jenifer·Winter)博士

美国夏威夷大学 教授

翻译：金晶

摘　要：本文聚焦美国政策，论述了大数据和人工智能时代的隐私与数据保护问题。开篇先探讨了如何以有益的方式将隐私概念化，包括应对新型信息技术相关变化的新途径。之后探讨了大数据和人工智能时代的隐私与数据保护挑战，归纳了造成美国隐私保护论战的社会和道德伦理问题。随后，笔者概述了美国的数据保护法规及政策，总结了国际数据传输与 GDPR 的影响，探讨了联邦政府整合隐私监管规定的努力。最后，本文对美国的隐私政策进行了展望。

1. 在大数据和人工智能时代定义隐私

"隐私"一词在美国最常用于个人信息处理的相关法律法规和政策中，其他国家则往往称之为"数据保护"。审视美国的数据隐私保护时，重要之处在于明确这是一个模糊的概念，缺乏统一定义，其含义亦随着时间的推移而逐渐演化[1][2][3]。数十年来，美国在隐私保护方面未出现过重大变革，仅依赖于各部门自身的具体法规。法律学者 Daniel Solove 创建了最全面、最实用的隐私分类法，包括四大类：信息收集；信息处理；信息传播和侵犯行为。[4]

（1）信息收集包括监控和询问。监控涉及对个人活动的观察或记录，询问则涉及"各种形式的询问或对信息的探查"。[5]

（2）信息处理包括信息聚合、身份识别、突破安全屏障、信息的二次使用和将信息所有者排除在外。信息聚合是将关于个体的各数据源加以组合。身份识别指将信息与特定个体相关联。突破安全屏障的行为令个人信息易于受到不当访问。二次使用是指未经主体同意、将为特定用途收集的数据重新用于其他目的。将信息所有者排除在外则是指个体未被告知有关其数据的管理、对自身数据的访问被拒绝，或被排除在外、无法参与自身数据管理的情

---

① Solove, D. J. (2010). Understanding privacy. Cambridge, MA: Harvard University Press.

② Acquisti, A., Brandimarte, L., and G. Loewenstein. 2015. Privacy and human behavior in the age of information. Science 347(6221):509-514.

③ Igo, S. E. (2018). The known citizen: A history of privacy in modern America. Cambridge, Ma.: Harvard University Press.

④ Solove, D. J. (2006). A taxonomy of privacy. University of Pennsylvania Law Review, 154(3), 477.

⑤ Solove, D. J. (2006). A taxonomy of privacy. University of Pennsylvania Law Review, 154(3), 477.

况。"这些活动涉及的是数据的维护和使用方式",而非其收集方式①。

（3）信息传播涉及违反保密规定、信息披露、信息曝光、扩大信息获取范围、勒索、盗用或扭曲信息。违反保密规定是指不遵守对数据保密的承诺。信息披露指暴露"有关个人的真实信息从而影响他人对其性格的判断"。信息曝光指的是披露裸露图像、暴露人体私密部位或强烈的情绪状态。扩大信息获取范围指的是个人信息的获取范围被放大。勒索指威胁透露个人信息。盗用涉及"使用数据主体的身份,服务于他人的目标和利益"②。扭曲描述的是分享数据主体的虚假信息。

（4）侵犯类别涉及侵入或决策干预。侵入行为指的是侵入并打扰他人的独处。决策干预"涉及政府干涉数据主体对其私人事务的决定"。③

随着新技术令个人数据的收集、处理和传播方式不断转变,学者们试图重新定义隐私,包括：

（1）隐私即语境完整性。Nissenbaum 发展了隐私即语境完整性的概念,以解决早前隐私概念无法应对新颖信息系统带来的彻底变化的问题。Nissenbaum 认为隐私并非保密权或控制权,而是特定社会语境下"个人信息的恰当流动"——或语境的完整性④。她的语境完整性框架是一种描述性、启发式的工具,用于理解人们对影响个人信息流动的新颖或不断变化的技术体系的响应。

（2）互联隐私。Danah Boyd 的概念中,数据隐私为"互联隐私"："我们分享的关于自身的内容包含了许多与他人相关的信息"⑤。此种方式定义的隐私将焦点从个体转移,展现了我们自身的隐私和数据与其他人有着密不可分的联系。

（3）大数据隐私。Jens-Eric Mai 注意到,大数据分析和机器学习技术的传播使我们有必要扩展隐私的概念,纳入预测性分析的使用和数据使用的社会经济背景⑥。正如 Kitchin 和 Lauriault 所言,"一个人的数据影子不仅仅是跟随着他们;更会超前于他们"⑦。个人数据越来越多地用于预测性分析,将个体归类为不同的广告类别或风险类别。概率模型被用于预测人类行为,通常在未征得同意或未被察觉的情况下进行。

2. 大数据和人工智能时代的隐私与数据保护

随着互联网日益融入人类活动的方方面面,决策部门要跟上新的发展势头困难重重。原本就复杂多样的数据隐私已经越来越难以治理。本节介绍了大数据和人工智能时代美国隐私政策的一些主要挑战和论点。

---

① Solove, D. J. (2006). A taxonomy of privacy. University of Pennsylvania Law Review, 154(3), 477.

② Solove, D. J. (2006). A taxonomy of privacy. University of Pennsylvania Law Review, 154(3), 477.

③ Solove, D. J. (2006). A taxonomy of privacy. University of Pennsylvania Law Review, 154(3), 477.

④ Nissenbaum, H. 2010. Privacy in context: Technology, policy, and the integrity of social life. Stanford, CA: Stanford University Press.

⑤ Boyd, d. : Networked privacy. Surveillance & Society 10(3/4), 348-350 (2012).

⑥ Mai, J. E. (2016). Big data privacy: The datafication of personal information. The Information Society, 32 (3), 192-199.

⑦ Kitchin, R. , & Lauriault, T. P. (2016), Towards critical data studies: charting and unpacking data assemblages and their work. Retrieved from: http://www. nuim. ie/progcity/.

2.1 大数据相关挑战

"大数据"一词用于描述包括实时用户数据在内的非常庞大且复杂的数据集。大数据不仅仅意味着数据集更大,因为还需要新的数据管理工具和分析,对自然和科学过程以及人的行为进行建模和预测。通过互联网监控技术(如网络搜索、手机、基于位置的服务、面部识别)收集的个人数据越来越多地来自物联网技术,包括现代汽车、住宅智能读表和丰富的智能电器。这导致了新型数据的收集和数据量的大量增加。

由于此类数据的汇总和挖掘,人们得以对敏感的个人信息进行推断,进而可能对个人加以区别对待(包括受美国民权法保护的阶层)影响其寻求住房、移民资格、保险、医疗保健或就业[1],[2]。特定时刻的物理位置、商店收据、消费的媒体、短暂的社交互动等信息若单独来看,可能不会揭示广泛的个人信息,但通过大数据分析,便可做出相应判断,可能对个人或社会群体产生有害或不利影响。

许多美国公司都寻求积累和销售个人数据,已经出现了一类在公开市场上收集和销售消费者信息的综合性数据汇聚企业。Experian 是一家主要的信用报告机构和数据经纪商,出售"'数据丰富化'服务,提供与特定 IP 地址相关的'数百种属性',如年龄、职业和'财富指标'"[3]。数据经纪商 idiCORE 搜集了每个美国公民的信息,包括以下个人信息:

所有已知地址、电话号码和电子邮箱地址;买卖的各套房产,包括相关按揭抵押;曾经和现在拥有的车辆;从超速罚单到各类犯罪传票;选民登记;狩猎许可;邻居的姓名和电话。此类报告还包括私营公司利用车牌自动识别器拍摄的车辆照片——数十亿张带有 GPS 坐标和时间戳的快照,用以帮助 PI(私家侦探)进行人员监控或推翻不在场证明。[4]

即使联邦或州政府法律要求从个人数据中剥离可识别个人身份的信息,高级的分析手段仍可能重新识别出身份信息[5]。此外,通过删除或避免采集某些社会类别的内容(如性别或种族)以保护敏感个人信息的做法实际上可能"令偏见更难以被发现,从而加剧歧视现象"[6]。

2.2 人工智能、机器学习和深度学习的相关挑战

人工智能(AI)的进步带来了各行各业和各类应用的创新。随着数据量的增加,已经形

---

① Winter, J. S. (2013). Surveillance in ubiquitous network societies: normative conflicts related to the consumer in-store supermarket experience in the context of the Internet of Things. Ethics and Information Technology. DOI: 10.1007/s10676-013-9332-3.

② Winter, J. S. (2017). Big data and information/power asymmetries: What role for scholars? In C. George (Ed)., Communicating with Power (pp. 85-98). ICA Annual Conference Book Series. Bern: Peter Lang.

③ Angwin, J. (2015, November 9). Own a Vizio smart TV? It's watching you." ProPublica. Retrieved from: https://www.propublica.org/article/own-a-vizio-smart-tv-itswatchingyou.

④ Herbert, D. G. (2016). This company has built a profile on every American adult. Bloomberg Businessweek, August 5. Retrieved from: https://www.bloomberg.com/news/articles/2016-08-05/this-company-has-built-a-profileon-every-american-adult.

⑤ Schwartz, P. M., & Solove, D. (2011). The PII problem: Privacy and a new concept of personally identifiable information. New York University Law Review, 86, 1814-1894.

⑥ Williams, B. A., Brooks, C. F., & Shmargad, Y. (2018). How algorithms discriminate based on data they lack: Challenges, solutions, and policy implications. Journal of Information Policy, 8, 78-115.

成适用于诸多情形的充足数据,可用于训练算法,强化学习模型的性能[1][2]。深度学习算法依靠此海量数据集训练并完善 AI 学习模型[3][4],随着深度学习算法的日益复杂,可将迥异的数据源加以关联,从而强化预测性分析[5][6]。亦可关联跨领域、跨活动的多种"跟踪数据"(如网络搜索、Alexa 或 Google Home 跟踪设备)。以健康领域而言,不受 HIPAA(美国健康数据隐私法案)保护的数据"可与其他来源——包括医疗保健提供方和制药公司的个人信息相结合,从而造成歧视性分析、操纵性营销和数据泄露等潜在危害"[7]。

Pasquale 将深度学习描述为一个"黑匣子",复杂的算法令过程变得不透明。[8] 虽然在创建可解释的机器学习和人工智能方面已经有了一些尝试,但人类对此抽象过程的理解及其在现实世界中的应用仍然存在问题[9]。这种不透明现象日益受到西方学者的质疑。Burrell 认为算法不透明主要有三大类:①可能是"公司或机构刻意的自我保护和隐瞒"[10],旨在保护知识产权和竞争优势;②人工智能系统的评估方可能缺乏必要的专业编码技能,无法理解系统的工作原理;③机器学习/深度学习的规模和复杂度超出了人们的理解范围。缺乏透明日益成为许多领域和应用中开发和部署深度学习算法的固有问题[11]。

不透明也模糊了数据使用的目的和结果。正如 Barocas 和 Selbst 指出的那样,歧视通常是"使用算法时无意造成的意外情况,而非程序员的有意选择,但可能难以确定问题的根源或向法院进行解释"[12]。在有法可依的情况下,有必要明确、全面地阐述监管要求,监管机构亦须有能力展开合规监督[13]。

---

① Chen, X. W., & Lin, X. (2014). Big data deep learning: Challenges and perspectives. IEEE Access, 2, 514-525.

② Jordan, M. I., & Mitchell, T. M. (2015). Machine learning: trends, perspectives, and prospects. Science, 349 (6245), 255-260.

③ Chen, X. W., & Lin, X. (2014). Big data deep learning: Challenges and perspectives. IEEE Access, 2, 514-525.

④ Jordan, M. I., & Mitchell, T. M. (2015). Machine learning: trends, perspectives, and prospects. Science, 349 (6245), 255-260.

⑤ Bates, D. W., Saria, S., Ohno-Machado, L., Shah, A. and Escobar, G. (2014). Big data in health care: using analytics to identify and manage high-risk and high-cost patients. Health Affairs, 33(7), 1123-1131.

⑥ Siegel, E. (2016). Predictive analytics: The power to predict who will click, buy, lie, or die Hoboken, NJ: John Wiley & Sons.

⑦ Montgomery, K., Chester, J., & Kopp, K. (2018). Health wearables: Ensuring fairness, preventing discrimination, and promoting equity in an emerging Internet-of-Things environment. Journal of Information Policy, 8, 34-77.

⑧ Pasquale, F. (2015). The black box society: The secret algorithms that control money and information. Harvard University Press, Cambridge.

⑨ Abdul, A., Vermeulen, J., Wang, D., Lim, B. Y. and Kankanhalli, M. (2017), "Trends and trajectories for explainable, accountable, and intelligible systems: an HCI research agenda", CHI 2018, April 21-26, Montreal.

⑩ Burrell, J. (2016). How the machine 'thinks': Understanding opacity in machine learning algorithms. Big Data & Society January-June, 1-12.

⑪ Faraj, S., Pachidi, S., & Sayegh, K. (2018). Working and organizing in the age of the learning algorithm. Information and Organization, 28 (1), 62-70.

⑫ Barocas, S., & Selbst, A. D. (2016). Big data's disparate impact. California Law Review, 104.

⑬ Jordan, M. I., & Mitchell, T. M. (2015). Machine learning: trends, perspectives, and prospects. Science, 349 (6245), 255-260.

即使在拥有健全数据保护制度的领域，如欧盟的《通用数据保护条例》(GDPR)[①]，可能也不足以解决机器学习的数据使用问题。训练深度学习算法所需的数据规模和数据范围及上文所述的算法不透明令准确、全面制定数据使用规则并开展合规监督变得复杂[②③④]。例如，GDPR 第 22 条第(1)款涉及"用于自主决策的个人数据"，指出数据的收集只能用于"特定的、明确的、合法的目的，不得进行不符合该目的的后续处理"[⑤]。这很可能与训练深度学习模型所需的大量数据发生冲突[⑥]。

2.3 关联数据的相关挑战

大数据/物联网/人工智能生态系统的基础是代表对象和个人的可机读标准[⑦⑧]。能够理解上下文的语义查询令数据越来越多地相互关联、结构化并被引用，令算法得以在不受监督的情况下搜索全球数据空间并采取行动[⑨]。Taylor 将此嵌入式网络、机器智能、大数据和全球云计算资源网络统一称为"嵌入式信息空间"。技术的发展速度超前于治理机构和治理政策的速度[⑩⑪]。

形成美国隐私保护论战的社会及道德伦理问题总结

2.4 大数据时代的告知与同意

Lipman 认为，美国"消费者不断陷入盲目网络交易"，用个人数据换取方便，却不清楚个人数据将被如何处理。即使有现行的告知和选择制度（即隐私政策），"公司仍可以在技术允许的条件下最大化地收集和利用数据，相关的法律限制却很少。消费者承受的后果往往与

① European Parliament and Council of the European Union. (2017). General data protection regulation. Retrieved from: https://gdpr-info. eu/.

② Kuner, C. , Svantesson, D. J. B. , Cate, F. H. , Lynskey, O. , & Millard, C. (2017). Machine learning with personal data: is data protection law smart enough to meet the challenge? International Data Privacy Law, 7(1), 1-2.

③ Winter, J. S. , & Davidson, E. (2019). Governance of artificial intelligence and personal health information. Digital Policy, Regulation and Governance (DPRG). Special issue on "Artificial Intelligence: Beyond the hype?" Doi:10. 1108/DPRG-08-2018-0048.

④ Winter , J. S. , & Davidson, E. (2019). "Big data governance of personal health information and challenges to contextual integrity. " The Information Society, 35 (1), 36-51. Doi:10. 1080/01972243. 2018. 1542648.

⑤ Kuner, C. , Svantesson, D. J. B. , Cate, F. H. , Lynskey, O. , & Millard, C. (2017). Machine learning with personal data: is data protection law smart enough to meet the challenge? International Data Privacy Law, 7(1), 1-2.

⑥ Xiao, C. , Choi, E. , & Sun, J. (2018). Opportunities and challenges in developing deep learning models using electronic health records data: a systematic review. Journal of the American Medical Informatics Association, 25(10), 1419-1428.

⑦ Berners-Lee, T. (2000). Weaving the Web: The past, present and future of the World Wide Web by its inventor. London: Texere.

⑧ Breslin, J. , Passant, A. , & Decker, S. (2009). The Social Semantic Web. Heidelberg: Springer-Verlag.

⑨ Heath, T. , & Bizer, C. (2011). Linked data: Evolving the Web into a global data space. Synthesis lectures on the Semantic Web: Theory and technology, 1(1), 1-136.

⑩ Taylor, R. D. (2017). The next stage of U. S. communications policy: The emerging Embedded Infosphere. Telecommunication Policy, 41(10), 1039-1055.

⑪ Winter, J. S. (2017). Big data and information/power asymmetries: What role for scholars? In C. George (Ed). , Communicating with Power (pp. 85-98). ICA Annual Conference Book Series. Bern: Peter Lang.

其行为大相径庭,甚至完全不得而知"①。欧盟的《通用数据保护条例》(GDPR)则要求明确征得"同意"以收集数据,且个人对自身数据的访问和管理权得到了强化②。

公共和私人空间中,智能电视、游戏设备、接入面部识别系统的摄像机等物联网智能设备的数量快速增长,令告知和同意流程变得复杂。即使有些情况下人们能够预料到此类联网设备会合理采集个人信息,其他详细数据仍可能在没有直接交互的情况下被观察到或推断出来。由于这种交互并未摆在台面上(即是隐形的)或数量庞大,可能也难以征得同意。

2.5 算法歧视

大数据分析已成为核心业务和运营职能的一部分③。在美国,越来越多的学者和政府机构对不公正的算法歧视表示关切④⑤⑥⑦。

对算法风险评估的一个主要关切在于缺乏透明度。之所以成为问题,在于个人无法查看或纠正其个人数据中的错误,且如前文所述,算法不是透明的。因此,基于这些过程做出的决定可能是不公正且有害的。

在医疗保健领域,微软公司的研究人员发现可以通过分析一个人的网络搜索内容来预测其(未来)患胰腺癌的可能性⑧。虽然可以利用此技术来强化医疗保健,但出于对缺乏同意和隐私以及潜在滥用的关切,这仍是有问题的。举例而言,若将此预测分享给保险公司,保险公司因而拒绝承保,该如何处理?

大数据分析可能以若干方式背离其应有之义:①选择的目标变量与受保护内容的关联可能偏多;②取决训练实例好坏的过程中可能夹杂了当前或过去的偏见;③选取的特征集合过小;④样本可能不具有代表性;⑤未对各项特征进行深入分析⑨。

这些潜在误差中的每一项都有两个特点:事后才确定总体结果是不公平的,并且数据挖

---

① Lipman, R. (2016). Online privacy and the invisible market for our data (January 18, 2016). Penn State Law Review 777 (2016). Retrieved from: https://ssrn. com/abstract=2717581.

② Singer, N. , & Rao, P. S. (2018, May 20). U. K. vs. U. S. : How much of your personal data can you get? The New York Times. Retrieved from: https://www. nytimes. com/interactive/2018/05/20/technology/what-data-companies-have-on-you. html.

③ Davenport, T. H. , Barth, P. , & Bean, R. (2012). "How 'big data' is different." Retrieved from http://sloanreview. mit. edu/article/how-big-data-is-different/.

④ Gangadharan, S. (Ed.) (2014). Data and discrimination: Collected essays. Washington, DC: Open Technology Institute - New America Foundation.

⑤ Federal Trade Commission. (2016a). Big data: A tool for inclusion or exclusion? Understanding the issues. Retrieved from: https://www. ftc. gov/system/files/documents/reports/big-datatool-inclusion-or-exclusion-understanding-issues/160106big-data-rpt. pdf.

⑥ Pasquale, F. (2017, November 29). Algorithms: How companies' decisions about data and content impact consumers. " Written testimony of Professor Frank Pasquale, University of Maryland before the United States House of Representatives Committee on Energy and Commerce Subcommittee on Digital Commerce and Consumer Protection.

⑦ Smith, L. (2017). Unfairness by algorithm: Distilling the harms of automated decision-making. Washington, DC: Future of Privacy Forum. Retrieved from: https://fpf. org/wpcontent/uploads/2017/12/FPF-Automated-Decision-Making-Harmsand-Mitigation-Charts. pdf.

⑧ McFarland, M. (2016, June 10). What Happens When Your Search Engine is First to Know You Have Cancer? The Washington Post. Retrieved from https://www. washingtonpost. com/news/innovations/wp/2016/06/10/what-happens-when-your-search-engine-is-first-toknow-you-have-cancer/.

⑨ Barocas, S. , & Selbst, A. D. (2016). Big data's disparate impact. California Law Review, 104.

掘者做出的看似非歧视的选择中至少有一个产生的影响具有差别性。在数据挖掘"正确"的情况下，鉴于流程的切入点已经给定，数据挖掘者不可能比已有结果更加准确了；正是这种准确性令用于预测目标变量的属性呈不均匀分布，从而使结果产生了差别性影响。[①]

举例而言，算法决策如今被用于美国刑事司法系统的各个环节，有研究表明，在预测未来犯罪的可能性时，黑种人的预测错误率是白种人的两倍多[②]。

Barocas 和 Selbst 注意到，在法律可能禁止采集或披露某些个人信息、或禁止基于种族等受保护的信息类别进行决策的情况下，可使用非受保护类的"代理"字段（即未明确受到保护的其他模式或基于数据的证据）来绕过此类限制。Barocas 和 Selbst 对美国以流程为导向的民权法能否解决此差别性影响提出了质疑。[③]

2.6 匿名性

在美国，匿名被视作政治实践的重要方面，网络上的有害行为则是通过单独的刑事或民事程序来处理。人们认为匿名有助在自由表达不受欢迎的观点或批评政府的同时免于被报复的风险[④]，受宪法第一修正案的保护。丧失匿名权被看成一种威胁，可能会压抑有价值的意见和建设性的异议。随着隐私和匿名的减少，获取信息的自由和讨论民主决策相关问题的能力便会受到限制。与此同时，面对恐怖主义和网络霸凌、报复性色情案件、网络跟踪和仇恨言论等网络负面行为的威胁，有人士认为可在匿名/隐私和安全之间进行有益权衡。

3. 美国的数据保护措施、法律和政策

美国国会自 20 世纪 70 年代起颁布隐私法，但一直避免通过综合性数据隐私法，而是聚焦于范围有限的部门法。虽然多个国家就个人数据采取了全面的法律保护措施，但美国仍依赖于松散的针对具体部门的法律法规、行业自律和各州立法。随着时间的推移，一系列大规模数据泄露事件、对企业和政府监听的揭露以及不断涌现的、证明数据保护工作不到位的证据使得人们再次呼吁联邦政府建立综合性数据保护制度。

1997—2007 年间，为处理个人数据而制定了一系列行业或政府支持的自我监管指导方针，但"发起的大多数行业自律方案以一种或多种方式惨淡收场，许多甚至完全消失"[⑤]。

自 2000 年以来，由于党派偏见，国会"制定的法律缺乏解决隐私和数据安全问题所需的细微差别和平衡。多个州承认其公民可能因个人数据被广泛收集和分享而受到伤害。在此期间，各州紧锣密鼓纷纷通过各自立法。每个州都颁布了数据泄露告知法。各州通过的隐

① Barocas，S.，& Selbst，A. D. (2016). Big data's disparate impact. California Law Review，104.

② Angwin，J.，Larson，J.，Mattu，S.，& Kirchner，L. (2016). Machine bias. ProPublica. Retrieved from https://www.propublica.org/article/machine-bias-risk-assessments-in-criminalsentencing.

③ Barocas，S.，& Selbst，A. D. (2016). Big data's disparate impact. California Law Review，104.

④ Solove，D. J. (2016). The virtues of anonymity. *The New York Times*. Retrieved from: https://www.nytimes.com/roomfordebate/2011/06/21/youre-mad-youre-on-youtube/the-virtues-of-anonymity.

⑤ Gellman，R.，& Dixon，P. (2011). Many failures: A brief history of privacy self-regulation in the United States. World Privacy Forum. Retrieved from: http://www.worldprivacyforum.org/www/wprivacyforum/pdf/WPFself-fregulationhistory.pdf.

私法亦是数不胜数——加利福尼亚州尤为如此"[①]

联邦政府和州政府的法律间存在一些冲突,在许多情况下,州政府和联邦政府的要求难以协调。

总体而言,数据保护相关的联邦法律法规在过去几十年间未发生重大变化。然而,欧盟《通用数据保护条例》的颁布、各州新的立法以及对大型科技公司权力的日益关注,促使人们考虑制定全面性的联邦隐私法,本文稍后会对此进行探讨。

主要的联邦隐私法摘要如下。

(1)联邦贸易委员会法案(FTCA)

1914年的《联邦贸易委员会法案》(Federal Trade Commission Act)旨在促进美国企业间的公平竞争,保护消费者免受欺诈性、不公平或欺骗性商业行为的侵害。"依据本法案,商业中或影响商业的不公平竞争方法及商业中或影响商业的不公平或欺骗性行为或做法均视为非法"[②]。依据该法案设立了联邦贸易委员会,委员会是独立的执法机构,负责加强竞争、保护消费者免受不公平或欺骗性商业行为的影响。在过去的百年间,FTCA已经过多次修改。

(2)电子通信隐私法案(EPCA)

《电子通信隐私法案》和《有线电子通信存储法案》统称为《1986年电子通信隐私法案》。目前,法案"对有线、口头和电子通信的进行、传输及其在计算机上的存储予以保护。法案适用于电子邮件、电话通话和以电子形式存储的数据"[③]。

(3)计算机欺诈和滥用法案(CFAA)

《计算机欺诈和滥用法案》于1986年由国会颁布,旨在解决计算机犯罪问题。法案的初衷在于将"黑客攻击或入侵计算机系统或数据"定为犯罪。该法案已多次修订以适应技术的变革。法案将以下行为视为犯罪:

故意未经授权或超出访问权限访问计算机并获取受保护的信息;

故意以欺骗为目的,未经授权或超出授权权限访问受保护的计算机,且一年内所获价值超过5 000美元;

故意致使程序、信息、代码或命令发生传输,从而有意导致受保护的计算机因未经授权的行为遭受损害;

在未经授权的情况下有意访问受保护的计算机并肆意造成损害;

故意以欺骗为目的窃取密码或获取信息;以及涉及计算机的勒索。[④]

(4)健康保险便携和问责法案(HIPAA)

随着美国医疗保健行业开始转向电子化病历和索赔处理,1996年的《健康保险便携与

① Solove, D. J. (2019, April 22). Will the United States finally enact a federal comprehensive privacy law? Tech-Privacy. Retrieved from: https://teachprivacy.com/will-us-finallyenact-federal-comprehensive-privacy-law/.

② Federal Trade Commission Act of 1914 (incorporating U. S. SAFE WEB amendments of 2006). Retrieved from: Federal Trade Commission Act Incorporating U. S. SAFE WEB Act amendments of 2006.

③ United States Department of Justice. (2019, April 23). Electronic Communications Privacy Act 1986. Retrieved from: https://it.ojp.gov/PrivacyLiberty/authorities/statutes/1285.

④ Freeman, J. (2017, October 2). Computer Fraud and Abuse Act (CFAA). Retrieved from: https://freeman-law-pllc.com/computer-fraud-abuse-act-cfaa/).

问责法案》(HIPAA)要求对数字形式的特定健康信息进行保护和保密处理。HIPPA 法案要求美国卫生与公共服务部(HHS)制定法规以实现该目标。HHS 颁布了两条相关细则。《可识别个人身份的健康信息隐私标准》("隐私细则")为特定健康信息的数据保护确立了国家标准。《受保护电子健康信息的安全防护标准》("安全细则")为数字形式的特定数据制定了国家安全标准。卫生部下设民权办公室(OCR)负责两部细则的执行。2009 年,《经济和临床健康信息技术法案》(HITECH)引入了 HIPAA 隐私和安全法规的补充条款,2013 年,《HIPAA 综合法规》对此类隐私和安全规定进行了更新。[①]

(5)金融服务现代化法案(FSMA)

《格雷姆·里奇·比利雷法案》(亦称为《1999 年金融服务现代化法案》[②])要求金融机构将隐私的共享告知客户以解释其共享信息的做法,同时要求金融机构保护敏感数据。隐私声明中必须允许消费者有选择退出的能力。该法案包含一项《保障细则》,要求各金融机构采取措施保护客户数据,并对数据处理部门进行全面的风险分析。

(6)公平信用报告法案(FCRA)

目前,美国有三个主要的信用机构。这些机构是赢利性公司,负责监控、收集和维护个人信用信息,并将其作为展示个人信誉的个人信用报告对外出售。该法案于 1970 年通过,后经多次修订,旨在保护消费者免受信用机构的不公正伤害。此外,法案允许授信公司(如银行或移动电话运营商)、雇主、住宅楼业主和其他人对个人信誉进行评估。法案令各消费者均得以了解自身信用报告中包含哪些信息,同时纠正可能导致财务损失的不准确之处。法案还规定了相应内容在消费者信用报告中的留存期限[③]。

(7)儿童网络隐私保护法案(COPPA)

《1998 年儿童网络隐私保护法案》(COPPA)针对为 13 岁以下儿童提供服务的网站运营商或其他在线服务的要求进行了规定,同时对知晓自身从 13 岁以下儿童处收集数据的运营商进行了规定。法案要求"经家长同意且可验证",即"任何合理的努力(考虑现有技术条件),包括在告知中就未来收集、使用和披露信息征求授权,确保在收集儿童信息前,该儿童家长收悉运营商有关个人信息收集、使用和披露行为的告知,并对个人信息的收集、使用和披露(如有)及后续使用进行授权"[④]。

4.司法管辖权限和管理机构

4.1 联邦贸易委员会(FTC)

在美国,联邦贸易委员会(FTC)是负责隐私政策和执法的主要联邦机构。委员会是独立执

① United States Department of Health and Human Services. (nd). HIPAA for professionals. Retrieved from: https://www.hhs.gov/hipaa/for-professionals/index.html.

② Financial Services Modernization Act of 1999. United States Congress. Retrieved from: https://www.congress.gov/bill/106th-congress/senate-bill/900.

③ Heath, J. C. (2019). What is the Fair Credit Reporting Act? Retrieved from: https://www.lexingtonlaw.com/credit-education/fair-credit-reporting-act.

④ Children's Online Protection Act of 1998. United States Congress. Retrieved from: http://uscode.house.gov/view.xhtml?req=granuleid%3AUSC-prelim-title15-section6501&edition=prelim.

法机构,负责加强竞争,保护美国经济各领域的消费者。"机构利用执法、政策举措及消费者和企业教育来保护消费者的个人信息,确保其有信心利用不断变化的市场带来的诸多裨益"①。

委员会依据《联邦贸易委员会法案》成立,其法定权力来自《联邦贸易委员会法案》第5节。委员会还被授权执行与隐私相关的若干行业法,包括《儿童网络隐私保护法案》和《公平信用报告法案》②。

委员会保护消费者个人信息的主要方式是通过"执法,制止违法行为,要求公司采取积极措施纠正不法行为",包括"实施全面的隐私和安全计划、每两年由独立专家进行一次评估、对消费者予以金钱补偿、放弃不义之财、删除非法获取的消费者信息以及为消费者提供强有力的透明和选择机制"③。委员会还开展研究、发布报告、举办公共研讨会、为消费者和企业编写教育材料、出席国会作证并就影响消费者隐私的立法和监管提案给出意见、与国际伙伴就全球性隐私问题展开合作④⑤。

委员会在隐私和数据安全执法方面常常举步维艰⑥。虽然委员会有义务禁止"不公平、欺骗性的贸易行为",但企业"已经开始激进地反对委员会管理数据安全实践的合法权威,而委员会对银行、保险公司、非营利实体,乃至部分互联网服务提供商的管辖权颇为有限"⑦。

2019年7月,由于Facebook在剑桥分析丑闻中对用户个人数据处理不当,联邦贸易委员会对其处以约50亿美元的罚款。这一行动标志着美国监管机构对大型科技公司开始采取更激进的监管措施,但许多批评人士指出,这仅仅是"手腕上的一击",不太可能改变Facebook对个人数据的整体处理行为。⑧

4.2 联邦通信委员会(FCC)

美国联邦通信委员会是"受国会监督的美国政府独立机构,是美国通信法律法规和技术创新的主要权威机构,委员会负责监管通过无线电、电视、线缆、卫星和有线方式进行的洲际

---

① Federal Trade Commission. (nd). Protecting consumer privacy and security. Retrieved from: https://www. ftc. gov/news-events/media-resources/protecting-consumer-privacy-security.

② Federal Trade Commission. (2016b). Privacy & data security update: 2016. https://www. ftc. gov/system/ files/documents/reports/privacy-data-security-update-2016/privacy_and_data_security_update_2016_web. pdf.

③ Federal Trade Commission. (2017). Privacy & data security update: 2017. Retrieved from: https://www. ftc. gov/system/files/documents/reports/privacy-data-security-update-2017-overview-commissions-enforcement-policy-initiativesconsumer/privacy_and_data_security_update_2017. pdf.

④ Federal Trade Commission. (2016b). Privacy & data security update: 2016. https://www. ftc. gov/system/ files/documents/reports/privacy-data-security-update-2016/privacy_and_data_security_update_2016_web. pdf.

⑤ Federal Trade Commission. (2017). Privacy & data security update: 2017. Retrieved from: https://www. ftc. gov/system/files/documents/reports/privacy-data-security-update-2017-overview-commissions-enforcement-policy-initiativesconsumer/privacy_and_data_security_update_2017. pdf.

⑥ Hoofnagle, C. J. (2016). Federal Trade Commission privacy law and policy. New York: Cambridge University Press.

⑦ Council on Foreign Relations. (2018). Reforming the U. S. approach to data protection and privacy. Retrieved from: https://www. cfr. org/report/reforming-us-approach-dataprotection.

⑧ Kang, C. (2019). F. T. C. approves Facebook fine of about $5 billion. *New York Times*. Retrieved from: https://www. nytimes. com/2019/07/12/technology/facebook-ftc-fine. html.

和国际通信"①。尽管由于历史原因,委员会仅负责电话网络方面的消费者隐私,但委员会于2015年通过了《开放互联网法令》,确立了网络中立规则。该法令还将宽带互联网从信息服务重新归类为电信服务,将其归属于委员会的管辖范围之下。于是,委员会开始负责制定互联网服务提供商的隐私规则②。

2016年,在总统奥巴马领导下,委员会制定了宽带提供商(互联网服务提供商或ISP)消费者隐私保护规定,描述了ISP使用和分析客户私人数据的方式。禁止宽带提供商在未经同意的情况下跟踪客户的上网行为,并要求ISP保护客户的个人信息,包括在发生数据泄露时予以告知。这些规定本应阻止互联网提供商收集、分享和出售消费者信息,如浏览历史记录、位置详情和其他敏感数据③。

2017年,在特朗普总统的新政府下,"委员会宣布暂缓执行有关数据安全的规定。当月,国会通过了一项决议,使用《国会审查法案》撤销了有关规定。特朗普总统于4月3日签署该决议,废除相关规定并防止联邦通信委员会制定实质内容与之相似的任何规定"④。

5. 国际治理举措的作用

美国保护个人数据的法律框架在过去几十年间未发生重大变化,因此未能应对新技术带来的诸多挑战。欧盟的《通用数据保护条例》(GDPR)促使全球各国就数据隐私和保护展开讨论。许多其他国家(包括日本、巴西、加拿大、以色列和南非)已转向采用与GDPR相符的制度。美国尚未朝着制定更全面监管的方向迈出重大步伐。然而,诸如加利福尼亚、纽约等个别有影响力的州已寻求制定更契合GDPR的立法。

5.1 "安全港"政策框架和隐私盾

欧美安全港框架于2000年建立,旨在促进跨大西洋隐私保护。该自愿性隐私框架允许美国公司按照欧盟法律处理来自欧盟的数据。美国公司可通过自我认证的方式证明其遵守七大数据保护原则:"告知、选择、转发、安全、数据完整性、访问和执行"⑤。2015年10月,欧洲法院(EUCJ)宣布《安全港决定》无效,裁定"欧盟委员会2000年生效的跨大西洋数据保护协议无效,因斯诺登事件揭示其未对消费者予以充分保护"⑥。此项决定的基础是某法律案

① Federal Communication Commission. (nd). What we do. Retrieved from: https://www.fcc.gov/about-fcc/what-we-do.

② Federal Communication Commission. (2016, October 27). FCC adopts broadband consumer privacy rules. Retrieved from: https://www.fcc.gov/document/fcc-adopts-broadbandconsumer-privacy-rules.

③ Fung, B. (2017). Trump has signed repeal of the FCC privacy rules. Here's what happens next. Retrieved from https://www.washingtonpost.com/news/the-switch/wp/2017/04/04/trumphas-signed-repeal-of-the-fcc-privacy-rules-heres-what-happens-next/.

④ Feld, H., Gilbert, D., & Lewis, C. (2017). Broadband privacy. Retrieved from: https://www.publicknowledge.org/issues/broadband-privacy.

⑤ Federal Trade Commission. (2015). Trans-Atlantic privacy protection. Retrieved from: https://www.ftc.gov/news-events/blogs/business-blog/2015/03/trans-atlantic-privacyprotection.

⑥ Gibbs, S. (2015, October 6). What is 'Safe Harbour' and why did the EUCJ just declare it invalid? The Guardian. Retrieved from: https://www.theguardian.com/technology/2015/oct/06/safe-harbour-european-courtdeclare-invalid-data-protection.

件控诉科技巨头 Facebook 未遵守欧盟的数据保护法。决定的另一个立足点在于爱德华·斯诺登揭露的国家安全局监听事件引发了对欧盟数据主体的数据无法得到充分保护的关切[1]。美国公司和依赖美国科技公司进行云存储和其他服务的诸多欧洲公司都对此决定表示关切。

2016 年 7 月,欧盟委员会就取代安全港协议的欧美隐私盾框架的充分性做出决定[2]。2018 年 5 月执行的 GDPR 进一步削减了隐私盾的现实意义。但由于美国被认为缺乏充分的数据保护法,故不符合 GDPR 下国际数据传输的具体要求。因此,许多美国公司正使用隐私盾证明其符合 GDPR 更为严格的要求。

隐私盾本身正受到质疑,两起诉讼辩称隐私盾仍然与欧盟法律不符。欧盟普通法院在 2019 年 7 月开庭审理了第一起诉讼[3],预计将在 2020 年上半年对此案做出最终决定。

5.2 欧盟《通用数据保护条例》(GDPR)对美国数据隐私政策的影响

GDPR 是一部综合性法律,规范了在欧盟境内外开展业务时对欧盟公民个人数据的保护。该条例于 2018 年 5 月生效,"主要有两大目的:统一欧盟范围内的数据隐私法,确保在'大数据'时代背景下贯彻欧洲人民的基本隐私权"[4]。

欧盟通过 GDPR 从根本上制定了一项全球标准,要求美国公司和世界各地的公司予以遵循[5]。尽管在 2018 年 5 月 GDPR 生效前,美国在制定综合性数据保护法方面几乎未取得任何进展,但 2018 年 7 月,白宫宣布将与国会共同制定"消费者隐私保护政策,适当平衡隐私与繁荣的关系"[6]。国会议员已就数据保护给出提案,且有迹象表明民主党与共和党可能愿意团结起来,通过全面性的数据隐私法[7]。然而,其他人对此情况会否发生则持较大的怀疑态度[8]。

因数据泄露频发[9]而饱受民众和国会抨击的亚马逊、苹果、Facebook 和谷歌等大型科技

---

① Lomas, N. (2019, May 28). EU-US Privacy Shield complaint to be heard by Europe's top court in July. Tech-Crunch. Retrieved from: https://techcrunch. com/2019/05/28/eu-us-privacyshield-complaint-to-be-heard-by-europes-top-court-in-july/.

② Federal Trade Commission. (2015). Trans-Atlantic privacy protection. Retrieved from: https://www. ftc. gov/news-events/blogs/business-blog/2015/03/trans-atlantic-privacyprotection.

③ Lomas, N. (2019, May 28). EU-US Privacy Shield complaint to be heard by Europe's top court in July. Tech-Crunch. Retrieved from: https://techcrunch. com/2019/05/28/eu-us-privacyshield-complaint-to-be-heard-by-europes-top-court-in-july/.

④ Meyer, D. (2018, November 29). In the wake of GDPR, will the U. S. embrace data privacy? Fortune. Retrieved from: http://fortune. com/2018/11/29/federal-data-privacy-law/.

⑤ Meyer, D. (2018, November 29). In the wake of GDPR, will the U. S. embrace data privacy? Fortune. Retrieved from: http://fortune. com/2018/11/29/federal-data-privacy-law/.

⑥ Meyer, D. (2018, November 29). In the wake of GDPR, will the U. S. embrace data privacy? Fortune. Retrieved from: http://fortune. com/2018/11/29/federal-data-privacy-law/.

⑦ Lashinsky, A. (2019, March 1). Data privacy legislation is coming for Big Tech. Retrieved from: http://fortune. com/2019/03/01/data-privacy-legislation-us/.

⑧ Solove, D. J. (2019, April 22). Will the United States finally enact a federal comprehensive privacy law? Tech-Privacy. Retrieved from: https://teachprivacy. com/will-us-finallyenact-federal-comprehensive-privacy-law/.

⑨ Kang, C., & Frenkel, S. (2018). Facebook says Cambridge Analytica harvested data of up to 87 million users. New York Times. Retrieved from: https://www. nytimes. com/2018/04/04/technology/mark-zuckerberg-testify-congress. html.

公司面对日益增长的反垄断情绪也开始游说国会制定新的数据保护法。虽然到目前为止的大多数执法都发生在欧洲并且相对来说都无关痛痒(最大一笔是谷歌公司的 5 000 万欧元罚金),但是 2019 年 7 月联邦贸易委员会对 Facebook 罚款 50 亿美元则标志着美国对技术巨头违反个人数据处理行为的执法更为激进。另外,据称已针对包括 Facebook、领英和推特在内的美国高科技公司发起调查,潜在罚金可能高达数十亿欧元。

制定全面性联邦法的另一个驱动因素在于美国各州通过了与 GDPR 相符的法律[①]。最值得注意的是 2018 年的《加利福尼亚消费者隐私法案》(CPPA),法案授予个人权利以查看企业持有的个人数据、数据的来源及与谁共享。"自 2020 年起,加州人民将能够要求删除自身的数据,并选择不得向第三方出售自己的数据"[②]。加利福尼亚是美国人口最多的州,若该法案在 2020 年顺利实施,预计将为美国树立标准。纽约等其他人口众多的州计划自行制定与 GDPR 相一致的立法[③],高科技业界正推动制定全面性数据隐私法,以避免因美国各州隐私规则各异带来的复杂性。部分国会议员也可能抢占先机,避免各州制定更为严格的立法。加利福尼亚州的法律将于 2020 年生效,有人将此视为国会颁布全国性法律的最后期限[④]。

5.3 "从设计着手保护隐私"

美国和其他西方国家的一些学者和民权倡导者认为,仅靠法律和监管补救措施不足以解决隐私和数据保护问题。其中一个主导理念为"从设计着手保护隐私"[⑤⑥],该理念提出了个人数据保护的框架和原则,重点关注"主动将隐私保护纳入 IT 系统、网络基础设施的设计运营以及商业实践之中"[⑦]。七大原则是:

(1)主动响应而非被动反应;预防而非补救——在侵入事件发生前进行预测、识别和预防;这意味着事前而非事后采取行动。

(2)隐私作为默认设置——确保在所有 IT 系统或商业实践中自动保护个人数据,无须任何个人进行任何额外操作。

(3)设计过程中嵌入隐私——隐私措施不应作为附加组件,而应充分集成于系统之中。

(4)保留全部功能(正和,而非零和)——从设计着手保护隐私,以"双赢"的方式实现所

---

① Serrato, J. K., Cwalina, C., Rudawski, A., Coughlin, T, & Fardelmann, K. (2018). US states pass data protection laws on heels of the GDPR. Retrieved from: https://www.dataprotectionreport.com/2018/07/u-s-states-pass-data-protection-laws-onthe-heels-of-the-gdpr/.

② Meyer, D. (2018, November 29). In the wake of GDPR, will the U. S. embrace data privacy? Fortune. Retrieved from: http://fortune.com/2018/11/29/federal-data-privacy-law/.

③ Rashid, F. Y. (2019, May 30). New York considers its own GPDR-style data law. Decipher. Retrieved from: https://duo.com/decipher/new-york-considers-its-own-gdpr-style-datalaw.

④ Lima, C., & Hendel, J. (2019, February 21). California Democrats to Congress: Don't bulldoze our privacy law. Retrieved from: https://www.politico.com/story/2019/02/21/congressdata-privacy-california-1185943.

⑤ Langheinrich, M. (2001). Privacy by design: Principles of privacy-aware ubiquitous systems. In Proceedings of the 3rd International Conference on Ubiquitous Computing (pp. 273-291). London: Springer-Verlag.

⑥ Cavoukian, A., & Kursawe, K. (2012). Implementing privacy by design: The smart meter case. Proceedings of the 2012 IEEE International Conference on Smart Grid Engineering (pp. 1-8). Piscataway, NJ: IEEE.

⑦ Deloitte. (nd). Privacy by Design: Setting a new standard for privacy certification. Retrieved from: https://www2.deloitte.com/content/dam/Deloitte/ca/Documents/risk/ca-en-ersprivacy-by-design-brochure.PDF.

有合法的系统设计目标;换言之,隐私和安全都很重要,两者均无须通过不必要的取舍来实现。

(5)端到端安全——数据全生命周期安全,指所有数据都应根据需要安全保留,不再需要时则予以销毁。

(6)保持可见和透明(保持开放)——向利益攸关方保证,商业实践和技术根据目标进行运作并接受独立验证。

(7)尊重用户隐私——以用户为中心;个人的隐私利益必须得到强有力的默认隐私设置、酌情告知和用户友好型选项的支撑。[①]

6.美国数据隐私政策展望

2018年5月实施的欧盟GDPR及2018年6月通过的《加利福尼亚消费者隐私法案》(CCPA)(将于2020年实施)将有关美国联邦综合性隐私法的讨论带入了新阶段。在越来越多的联邦和国际监管下,大型科技公司也呼吁进行法制改革:"2018年11月,在对NTIA的联邦隐私法进行意见征集的过程中,众多公司纷纷表示其现在赞成通过联邦隐私法"[②]

此时,一些关键的不确定因素可能在不久的将来影响美国联邦隐私法的结果:鉴于目前国会的僵局和即将到来的选举,各州和联邦政府隐私法间的紧张局势如何解决?取代各州立法的联邦政府立法会否成为无效的一般隐私法,将产生何种意外后果?联邦贸易委员会的职责是否有可能扩大?隐私盾诉讼、其他GDRP执法以及针对大型科技公司的待决反垄断诉讼将出现怎样的结果?

许多专家认为,鉴于国会和科技界重新表现出兴趣,形成的联邦隐私法与严格的CCPA相类似的可能性日益增大[③]。2020年生效的CCPA被视为国会采取行动的最后期限。出于隐私相关问题的复杂性,其他人士则持更为怀疑的态度[④],包括"个人信息的定义、法律的范围、删除权、数据便携权、厂商管理、从设计着手保护隐私、联邦法取代州立法、补救措施、私人行动权等。对几乎已经无法妥协的国会而言,哪怕只解决其中一个问题都很困难"[⑤]。

联邦贸易委员会委员克里斯蒂·威尔逊(Christine Wilson)将正在讨论过程中的众多

[①] Deloitte. (nd). Privacy by Design: Setting a new standard for privacy certification. Retrieved from: https://www2.deloitte.com/content/dam/Deloitte/ca/Documents/risk/ca-en-ersprivacy-by-design-brochure.PDF.

[②] Solove, D. J. (2019, April 22). Will the United States finally enact a federal comprehensive privacy law? Tech-Privacy. Retrieved from: https://teachprivacy.com/will-us-finallyenact-federal-comprehensive-privacy-law/.

[③] Rayome, A. D. (2019, March 8). Will we see a federal privacy law in the US? TechRepublic. Retrieved from: https://www.techrepublic.com/article/will-we-see-a-federal-privacy-lawin-the-us/.

[④] Blumenthal, P. (2018, July 27). The last time Congress threatened to enact digital privacy laws, it didn't go so well. HuffPost. Retrieved from: https://www.huffingtonpost.com/entry/congress-digitalprivacylaws_us_5af0c587e4b0ab5c3d68b98b.

[⑤] Solove, D. J. (2019, April 22). Will the United States finally enact a federal comprehensive privacy law? Tech-Privacy. Retrieved from: https://teachprivacy.com/will-us-finallyenact-federal-comprehensive-privacy-law/.

州政府隐私法称作"不可行的东拼西凑"[①]并主张加以取代。Swire 警告称，联邦立法取代各州法律可能对多个行业的诸多州政府规定产生严重后果："简言之，为避免对其他法律领域产生意外后果，联邦隐私优先条款需要考虑的法律影响范围远比许多人认为的范围要广泛得多"[②]。此外，如加州、纽约州等人口众多且颇具影响力的各州的代表可能不愿意由联邦政府接管解决此问题，尤其因为出现的任何联邦法可能都远不如 CCPA 和其他州政府立法严格。

Solove 建议国会授予联邦贸易委员会特别的规则制定权，制定全面的隐私法规。这将扩大委员会的权力范围，不再属于特定行业法下的规则制定机构。目前，委员会的规则制定能力"有限而烦琐"——因此，国会需要赋予委员会这一权力。[③]

---

① Patrick, K. (2019, April 5). FTC says fed privacy law should preempt all state laws. InsideSources. Retrieved from: https://www.insidesources.com/ftc-says-fed-privacy-lawshould-preempt-all-state-laws/.

② Swire, P. (2019, January 10). US federal privacy preemption part 2: Examining preemption proposals. Retrieved from: https://iapp.org/news/a/us-federal-privacy-preemption-part-2-examining-preemption-proposals/.

③ Solove, D. J. (2019, April 22). Will the United States finally enact a federal comprehensive privacy law? Tech-Privacy. Retrieved from: https://teachprivacy.com/will-us-finallyenact-federal-comprehensive-privacy-law/.

数据主权和数据跨境流动:数据本地化论战

作者:理查德·泰勒(Richard Taylor)博士

美国宾夕法尼亚州立大学 教授

翻译:金晶

摘　要: "数据本地化"已成为势不可挡的全球趋势,各国纷纷制定法律法规,要求在数据原产地的地理边界内保存和处理数据。此发展势头引发种种关切,担忧其可能对"云"服务/电子商务、大数据、人工智能和物联网等新兴数据密集型技术产生不利影响。无法就数据跨境流动的规则达成任何全球共识可能对全体互联网用户造成巨大的不良后果。

本文对数据本地化新趋势的探讨建立于对两个相互区别而又相互关联的议题进行阐释:数据主权和数据跨境流动(TBDF)。两个概念的起源不同。"数据主权"来自国家在地理边界内历来享有的绝对、排他的"主权"控制力。第二次世界大战后,德国使用早期原型计算机帮助抓捕犹太人,促成了欧洲有关"数据跨境流动"的政策。此后,数据跨境流动政策主要针对个人数据保护。

本文首先讨论了"主权"(国家、网络、数据)和"数据跨境流动"(与贸易政策的关系)的问题。描述了支持和反对"数据本地化"的论据,给出了相关的部分国家案例,确定了多个(互不相容的)待决政策提案。文中还涉及两个相关的政策问题:人权("寻求、接收和传递信息……不受国界所限")和隐私/数据安全。

本文得出的结论是,虽然对解决方案的需求很明确,但问题似乎难以处理。没有简单的短期解决方案。对大多数发达国家而言,未来的道路似乎是通过政策趋同而令规则相容,形成不同程度的数据保护和问责制。目前尚不清楚此类规则是否将直接解决人权意义上的"自由流动"问题,此问题现在尚须在单独的、强制性较低的文书中加以解决。对于可能形成统一阵营且代表世界很大一部分人口的部分国家而言,政治和文化阻力将为数据本地化提供支撑,成为日益阻碍潜在进展的一个锚点。

关键词: 数据跨境流动　数据主权　数据本地化　人权　网络主权

"信息是一切治理的基础"[①]

"数据主权"和"数据跨境流动"(TBDF)涉及的概念相互交叉而冲突,都与数据跨越国界的流动及其控制相关。澄清有关原则的范围不仅对数据在全球的流通、存储和处理至关重要,对"云""大数据""物联网(IoT)"和人工智能技术高效顺利的应用同样重要。对国际关系、社会、经济和安全均具有深远影响。

本文探讨了"数据主权"和数据跨境流动的相互关系。两者间存在何种摩擦?是互不相容

---

①　Mayer-Schoenberger, F. and David Lazer, eds. "Governance and Information Technology: From Electronic Government to Information Government". Cambridge, MA: MIT Press, September 2007. Accessible at https://pdfs. semanticscholar. org/ea97/5e436d1174dcf3ea5011601bb979a1106551. pdf.

还是有望互为补充？哪些国家实施了相关政策？这些政策有何不同之处？何为"数据本地化"及其有何影响？两者是否有可能合二为一，成为一项全球性政策？如若不然，未来前景如何？

文中的全部信息均来自公开资料。一切错误及误解全为笔者自身责任。笔者已尽最大努力从可靠来源获取信息，但由于议题题材较新，所用文档需与时俱进，多数并非学术性质，故准确性难以保障。文中全部结论仅为笔者观点，与其他任何个人、组织或机构无关。

本文的主要议题为数据主权、数据跨境流动和数据本地化，涉及隐私、国家安全、技术、数据保护、电子商务和人权的相关内容，文中均酌情进行了讨论。事实上，涉及的这些内容均可单独成文探讨，但本文无意一一深入分析，仅着眼于其对上述三大核心议题的影响。

1. 论战的历史背景

政府管理数据的权力基础来自主权，本文中特指"数据主权"。在讨论"数据主权"前，有必要先了解各国机构与国际机构在全球通信方面的演变发展，以及全球数据通信网络和互联网的兴起对传统模式的颠覆。下文列举了促成当前数据主权和数据跨境流动有关讨论的部分历史事件。

（1）邮件寄递。私营企业"驿马当先"（Thurn and Taxis）（12～17 世纪）负责在欧洲大陆投递邮件，与当地领主（公爵、男爵等）达成专营协议。无"国家"主权。

（2）国家专营（约 1648 年）。《威斯特伐利亚合约》结束了三十年战争。欧洲建立民族国家。诸国各自为政，享有"主权"。政府逐步掌握邮政专营权。邮政部建立。成为主权核心职能的有机组成部分。

（3）电报（约 1840 年）。职能并入邮政部，成立邮政与电报部。跨境发展。1865 年建立国际电报联盟（ITU），协调跨境电报服务与资费。美国未加入联盟，仍为私营市场。

（4）"无线电报"（约 1895 年）和无线电（约 1900 年）。1906 年成立国际无线电电报联盟，1932 年与国际电报联盟合并为国际电信联盟（ITU）。新的职能涉及电视广播、无线电频谱协调、跨境"溢出"效应。

（5）电话（约 1875 年）。美国作为私营部门加以监管（FCC，1934）。起先为竞争性业务，1913 年成为私营企业的专营业务（贝尔集团）。其他国家则将电话纳入邮政与电报部的管理范围，后演变为邮政与电信部（PTT）。

（6）国际电联（1947 年）成为联合国专门机构，美国加入联盟。国际电联的职责扩大。商业卫星（约 1962 年）。广播电视卫星服务（1977 年）（直接由卫星播放视频）。数字广播电视（约 2006 年）。国际电联现有 193 个成员国；治理遵循政府间机构模式。

（7）数据网络（约 1986 年）。TCP/IP 协议在各国及国际上的应用快速普及。1989 年，"HTML"和万维网问世。ICANN 于 1989 年左右成立，负责管理互联网核心功能。多利益攸关方模式取代多边模式。与基于政府间原则的国际主流监管体系（如国际电联）不相符。①

---

① Glen，C.（2014）．"Internet Governance：Territorializing Cyberspace?" Politics & Policy，Vol. 42，No. 5（2014）．Accessible at Wiley Online Publishing（fee）at https://onlinelibrary. wiley. com/doi/abs/10. 1111/polp. 12093 Accessed through Penn State University Library.

在此过程中,国家对境内信息和通信享有"主权"的概念始终发挥着核心作用。[1] 与此同时,也就跨越国界的通信服务(本文中称为"数据跨境流动"或"TBDF")制定了一套规则。但随着第二次世界大战后计算机、ICT、数据网络、服务器农场和互联网的发展,另一种模式(多利益攸关方模式)开始兴起。围绕这些发展,形成了有关"信息自由流动"属于人权与部分国家试图通过控制、限制或禁止跨国传输、存储和处理境内生成的数据("数据本地化")的论战。许多人认为这会对未来数据密集型技术造成不利影响,后果将波及全部用户。

2.主权

"西方"(欧洲)现行的国家主权模式可追溯至 1648 年的《威斯特伐利亚合约》,欧洲出现首批"现代化"国家。[2] 主权自诞生之日起便广泛存在于各类通信模式中,并不断将新兴模式纳入其中:邮件、电报、广播电视、电话、卫星和数据网络。除美国外,各国出于政治、安全和经济目的,均将其视为关键的国家专营业务。尽管美国将其作为私营业务,但仍需获得许可,受国家监管和密切监督。

20 世纪 80 年代,计算机、数字技术和数据网络(尤其是互联网)大规模引入,1989 年,万维网创立。但互联网却遵循不同的组织发展模式,由此带来特有的治理、主权和信息流动相关问题。互联网强调发挥主体作用的是利益攸关方而非国家(多利益攸关方模式)。"主权"的概念体现在多个环境的不同层级中。

2.1 国家主权

自法国政治思想家简·博丹(Jean Bodin)(1530—1596)之后,主权理论为绝对主义在西方世界的发展提供了支撑。究其本质,主权指的是对领土及其国民至高无上的权威。[3] 主权具有对内和对外双重含义。对内,主权意味着国家在给定的领土范围内独享合法行使权威的权力。对外,主权则代表其他任何国家在他国领土范围内均不享有合法权威。[4] 正是此互斥原则定义了国际体系中国家的地域范围。

通常认为,各国对其领土范围内的信息和通信享有主权。部分国家亦通过传票、国家隐

---

① Drake, W. (2016). "Background Paper for the Workshop on Data Localization and Barriers to Transborder Data Flows". World Economic Forum, September 14-15, 2016. Accessible at https://www.google.com/url? sa＝t&rct＝j&q＝&esrc＝s&source＝web&cd＝22&ved＝2ahUKEwjQhJbpu_rhAhURwlkKHSedCxk4FBAWMAF6BAgBEAI&url＝http%3A%2F%2Fwww3.weforum.org%2Fdocs%2FBackground_Paper_Forum_workshop%252009.2016.pdf&usg＝AOv-Vaw0dYa6dddeJGI1LCWkriqoE.

② Croxton, D. (1999). "The Peace of Westphalia of 1648 and the Origins of Sovereignty". International History Review, Vol. 21, No. 3 (Sep. 1999). Accessible at https://www.tandfonline.com/doi/abs/10.1080/07075332.1999.9640869? journalCode＝rinh20.

③ Turner, S. (1997). "Transnational Corporations and the Question of Sovereignty: An Alternative Theoretical Framework for the Information Age". Southeastern Political Review, Vol. 25, No. 2, June 1997. Accessed through Penn State Libraries from Wiley Library Online: https://onlinelibrary.wiley.com/doi/abs/10.1111/j.1747-1346.1997.tb00841.x.

④ Irion, K. (2012). "Government Cloud Computing and National Data Sovereignty". Policy & Internet, Vol. 4, Issue 3-4, pages 40-71. Accessible at https://onlinelibrary.wiley.com/doi/abs/10.1002/poi3.10.

私法和/或国家安全原则将此类主权扩展至领土以外的范围。[①]

2.2 通信主权

自 19 世纪四五十年代以双边、多边条约形式达成国际邮政协议后，政府开始制定规则，对各自国内的电报网络进行互斥性管控，国际规则亦被限定在国与国间的互联互通范围内。各国间传递的电报消息在发报国边境截止，书面记录下消息后人工递送越过边境，经查验翻译（如有必要）后由边境另一侧的公司再次发送。[②③④]

对此类消息的内容加以限制的做法可追溯至跨境电报诞生之初。1850 年的《德累斯顿条约》建立了奥地利德国电报公司，条约称，"要求电报局拒绝接受或发送对公众不利或不道德的私人通信消息"。[⑤]

1865 年，国际电报联盟成立，贯彻 1849 年第一版《维也纳公约》批准的国际电报通信五大基本原则：①所有公民享有通信联络自由；②通信联络保密权；③各国有权仅将规则适用于国际通信联络；④各国有义务阻止对公共秩序和道德不利的电报传输；⑤各国有权在必要情况下暂停国际通信。这些原则呼应了自由国家既需尊重公民的个人自由又需维护国家主权的双重需求。[⑥] 现行的国际电联《组织法》仍包含相似内容。国际电联《组织法》第 180 节和第 181 节：[⑦]电信的停止传送。

第 180 页。各成员国根据其国家法律，对于可能危及其国家安全或违反其国家法律、妨碍公共秩序或有伤风化的私务电报，保留停止传递的权利，条件是它们立即将停止传递这类电报或其一部分的情况通知发报局。如此类通知可能危及国家安全，则不在此限。

第 181 页。各成员国根据其国家法律，对于可能危及其国家安全或违反其国家法律、妨碍公共秩序或有伤风化的任何其他私务电信，亦保留予以截断的权利。

---

① Turner, S. (1997). "Transnational Corporations and the Question of Sovereignty：An Alternative Theoretical Framework for the Information Age". Southeastern Political Review, Vol. 25, No. 2, June 1997. Accessed through Penn State Libraries from Wiley Library Online：https://onlinelibrary. wiley. com/doi/abs/10. 1111/j. 1747-1346. 1997. tb00841. x.

② Drake, W. (2016). "Background Paper for the Workshop on Data Localization and Barriers to Transborder Data Flows". World Economic Forum, September 14-15, 2016. Accessible at https://www. google. com/url? sa＝t&rct＝j&q＝&esrc＝s&source＝web&cd＝22&ved＝2ahUKEwjQhJbpu_rhAhURwlkKHSedCxk4FBAWMAF6BAgBEAI&url＝http％3A％2F％2Fwww3. weforum. org％2Fdocs％2FBackground_Paper_Forum_workshop％252009. 2016. pdf&usg＝AOvVaw0dYa6dddeJGI1LCWkriqoE.

③ Brown, R. (1984). "Economic and Trade Related Aspects of Transborder Data Flow：Elements of a Code for Transnational Commerce". Perspectives, 6 Nw. J. Int'l L. ＆ Bus. 1 (1984-1985). Accessible at https://www. google. com/url? sa＝t&rct＝j&q＝&esrc＝s&source＝web&cd＝1&ved＝2ahUKEwi7mZyfz_rhAhWNjlkKHYhkDhYQFjAAegQIBRAB&url＝http％3A％2F％2Fscholarlycommons. law. northwestern. edu％2Fcgi％2Fviewcontent. cgi％3Farticle％3D1167％26context％3Dnjilb&usg＝AOvVaw337MbfxUfQayqErUPpLCr_.

④ Codding, G. (1952). The International Telecommunication Union：An Experiment in International Cooperation. Leiden：E. J. Brill, 1952.

⑤ Codding, G. (1952). The International Telecommunication Union：An Experiment in International Cooperation. Leiden：E. J. Brill, 1952.

⑥ International Telecommunications Union (2019). "The Earliest International Telegraph Agreements". ITU portal, 2019. Accessible at https://www. itu. int/en/history/Pages/pre1865agreements. aspx.

⑦ International Telecommunications Union (2015). "Collection of the Basic Texts Adopted by the Plenipotentiary Conference 2015". ITU, 2015, Accessible at http://handle. itu. int/11. 1004/020. 1000/5. 21. 61. en. 100.

国内通信主权的原则为各国普遍采纳,包括美国、俄罗斯、中国和欧盟在内的不同体制的国家往往都将此原则写入国家法律。主要的问题并不在于各国在其领土范围内是否享有通信主权,而在于该主权是否能够延伸至领土以外的范围及能延伸至何种程度(治外法权)。下文举例说明了将数据接入和控制的主权延伸至国境外的部分努力。此行为带来了管辖权、接入和控制方面的敏感问题,推动形成了数据本地化的趋势。(见下文 3.4 节)

2.2.1 美国

1. 美国爱国者法案

《美国爱国者法案》("2001 年通过提供拦截和阻止恐怖主义所需的适当工具团结和强化美国法案")允许美国政府要求披露"由位于美国的公司运营的全球任意地点的任意数据中心系统存储的任何数据"。法案第 505 节为出具"国家安全调查函"(NSL)提供了法律依据,调查函可在无法院令状的情况下要求服务提供商上交客户的交易信息。调查函不得用于访问客户的通信内容或文件。根据《1978 年涉外情报监控法案》,此类内容的提供需有法院令状,令状可由美国的专门法院(FISA 法院)下达,条件是公司与美国具有最低程度的企业往来且拥有、保管或控制所需数据。不论是 NSL 还是 FISA 令状,都对数据提供附加了"禁制令",阻止机构披露传票的存在或对传票的遵循。[1]

2. 美国"棱镜"(PRISM)项目

1978 年的 FISA 规定了可有专门的三法官法院授权进行电子监视的条件,对被认为代表外国势力从事间谍活动或计划攻击美国的人员予以监视。据报道,911 袭击事件发生后,布什政府秘密授权国家安全局(NSA)绕过法庭,对基地组织嫌疑人及其他人员进行无证监视。"棱镜"(PRISM)是 NSA 2007 年上线的监视系统,NSA 通过该系统拦截一系列美国互联网公司持有的电子邮件、视频剪辑、照片、语音和视频通话、社交网络详细信息、登录数据和其他数据。包括的公司有:微软及其 Skype 部门,谷歌及其 YouTube 部门,雅虎,Facebook、AOL 和苹果。[2][3] 据报道,美国最近(2019 年 3 月)正考虑结束"棱镜"项目。[4] 另一方面,据 2019 年 5 月 1 日的最新报道,政府正在倡导对较为宽松的有关立法予以更新。[5]

---

[1] Irion, K. (2012). "Government Cloud Computing and National Data Sovereignty". Policy & Internet, Vol. 4, Issue 3-4, pages 40-71. Accessible at https://onlinelibrary.wiley.com/doi/abs/10.1002/poi3.10.

[2] Zeng, J., Tim Stevens and Yaru Chen (2017). "China's Solution to Global Cyber Governance: Unpacking the Domestic Discourse of 'Internet Sovereignty'". Politics & Policy, Vol. 45, No. 3 (2017). Accessible at https://www.researchgate.net/publication/317834062_China%27s_Solution_to_Global_Cyber_Governance_Unpacking_the_Domestic_Discourse_of_Internet_Sovereignty.

[3] Kelion, L. (2013). "Q&A: NSA's Prism internet surveillance scheme". BBC.com, June 25, 2013. Accessible at https://www.bbc.com/news/technology-23027764.

[4] Lenthang, M. (2019). "NSA is considering shutting down its once-secret PRISM phone surveillance program that was exposed by whistleblower Edward Snowden because it hasn't been used in six months". Daily Mail, March 5, 2019. Accessible at (https://www.dailymail.co.uk/news/article-6775813/NSA-phone-surveillance-program-shut-2019.html.

[5] Nakashima, E. (2019). "White House has signaled it may seek permanent renewal of surveillance power". The Washington Post, May 1, 2019. Accessible at https://www.washingtonpost.com/world/national-security/white-house-has-signaled-it-may-seek-permanent-renewal-of-controversial-surveillance-power/2019/04/30/b4407af2-67a5-11e9-8985-4cf30147bdca_story.html?noredirect=on&utm_campaign=Newsletters&utm_medium=email&utm_source=sendgrid&utm_term=.c84c745f54ce.

3. 美国"云"法案

2018 年通过的《澄清境外数据合法使用法案》("云"法案)要求所有美国云服务提供商在获得订单时向美国有关部门提供存储在其服务器上的数据,无论数据托管于何处皆需提供。该法案允许美国与同意相互交换信息和数据的国家达成"执行协议"。[①]

法案解决了 2013 年微软公司拒绝 FBI 在贩毒调查中访问其爱尔兰服务器的问题,微软公司当时表示,不能强制其提供存储在美国境外的数据,这将导致公司违反欧盟的数据本地化和数据保护法。一审裁决中,美国政府胜诉。微软公司提出上诉,2016 年,微软公司诉美国案再次开庭。美国上诉法院随后裁定微软公司胜诉,对"美国搜查令无法覆盖客户存储在海外的数据"的主张表示支持。[②] 2017 年 10 月,微软公司表示,司法部(DoJ)变更后的政策代表了"微软公司要求的大部分内容",因而公司将放弃诉讼。2018 年,"云"法案出台。[③]

2.2.2 欧盟《通用数据保护条例》("GDPR")

就在"云"法案颁布的几周后,欧洲出台数据保护法——《通用数据保护条例》,即 GDPR,条例规定,无论设在何处,收集欧盟公民数据的所有企业都必须遵守 GDPR 的规定。《通用数据保护条例》(GDPR)取代了 2018 年春季的《数据保护指令 95/46/ec》,成为规范公司保护欧盟公民个人数据的主要法律。不遵守 GDPR 的公司将受到严厉的处罚和罚款。[④]

GDPR 的要求适用于欧盟各成员国,旨在为欧盟各国的消费者和个人数据提供更为一致的保护。GDPR 的一些主要隐私和数据保护要求包括:

- 数据处理需征得主体同意;
- 对收集的数据进行脱敏以保护隐私;
- 提供数据泄漏通知;
- 安全处理数据的跨境传输;
- 要求部分公司指派数据保护官以监督 GDPR 合规情况。

简言之,GDPR 为处理欧盟公民数据的公司制定了一套强制性基准,以更好地保护公民个人数据的处理和流动。[⑤] 此做法与美国的数据流政策存在冲突。[⑥]

---

① Cory, N. and Alan McQuinn (2018). "Will the US capitalize on its opportunity to stop data localization?" The Hill, Sept. 9, 2018. Accessible at https://thehill.com/opinion/cybersecurity/405422-will-the-us-capitalize-on-its-opportunity-to-stop-data-localization.

② Hill, J. and Matthew Noyes (2018). "Rethinking Data, Geography, and Jurisdiction: Towards a Common Framework for Harmonizing Global Data Flow Controls". New America Foundation, February 2018. Accessible at https://newamerica.org/documents/2084/Rethinking_Data_Geography_Jurisdiction_2.21.pdf.

③ Cory, N. and Alan McQuinn (2018). "Will the US capitalize on its opportunity to stop data localization?" The Hill, Sept. 9, 2018. Accessible at https://thehill.com/opinion/cybersecurity/405422-will-the-us-capitalize-on-its-opportunity-to-stop-data-localization.

④ De Groot, J. (2019). "What is the General Data Protection Regulation? Understanding & Complying with GDPR Requirements in 2019". Digitalguardian.com, May 15, 2019. Accessible at https://digitalguardian.com/blog/what-gdpr-general-data-protection-regulation-understanding-and-complying-gdpr-data-protection.

⑤ De Groot, J. (2019). "What is the General Data Protection Regulation? Understanding & Complying with GDPR Requirements in 2019". Digitalguardian.com, May 15, 2019. Accessible at https://digitalguardian.com/blog/what-gdpr-general-data-protection-regulation-understanding-and-complying-gdpr-data-protection.

⑥ Reinsch, W. (2018). "A Data Localization Free-for-All?" Center for Strategic and International Studies, March 9, 2018. Accessible at https://www.csis.org/blogs/future-digital-trade-policy-and-role-us-and-uk/data-localization-free-all.

2.2.3　时代计划(TEMPORA)

"时代"(TEMPORA)是英国政府通信总部(GCHQ)曾经使用的秘密计算机系统的代号。该系统用于缓存从光纤电缆中提取的大多数互联网通信,以便之后进行处理和搜索。系统于 2008 年进行了测试,2011 年投入运营。

该系统对作为互联网骨干线路的光纤电缆进行拦截,从而获取对大量互联网用户个人数据的访问,同时避免引起任何个人的怀疑或针对。拦截器布放在英国和海外,拥有电缆或登录站的公司对此知情。"时代"系统的存在是由美国前情报承办商爱德华·斯诺登(Edward Snowden)揭露的,斯诺登于 2013 年 5 月向记者格伦·格林沃德(Glenn Green-wald)透露了有关该计划的信息,此外还披露了政府资助的大规模监听项目。斯诺登获得的文件称,"时代"计划收集的数据与美国国家安全局共享。[①]

2.3　互联网/网络主权

互联网/网络主权是随着互联网和"网络空间"的出现发展而成的一个相对较新的概念。互联网/网络主权被部分人士视为欠发达国家集体行动的产物,用以捍卫相对更发达国家的国家利益。[②]

其他人士则认为互联网主权最初由西方创造。他们认为,美国积极推动了国内监管和国家对互联网技术的监控。在此方面,美国是互联网主权的"先驱者和领导者"。此理念也可追溯至 2013 年北约主持出版的《国际法适用于网络战的塔林手册》[③]。该文件为北约成员国国际律师工作组的产物,文件未明确提及互联网主权,但认可国家主权适用于网络空间。根据规则 1,"国家可控制其主权领土内的网络基础设施和活动……因此,位于陆地领土、内水域、领海(包括海床和底土)、群岛水域或国家领空内的网络基础设施受领土国的主权管辖。"[④]

部分国家更倾向网络空间受主权管辖、由国家划分。俄罗斯、巴西、南非和伊朗等国支持更为传统的以主权为导向(以国家为中心)的体制。这种网络空间主权权利的国家立场是基于对领土权利和义务的传统解读,而非基于"开放式"互联网或全球网络公共空间中全球信息流动的"西方"表述。[⑤]

---

① Wikipedia (2014). "Tempora". Accessible at https://en. wikipedia. org/wiki/Tempora.

② Zeng, J. , Tim Stevens and Yaru Chen (2017). "China's Solution to Global Cyber Governance: Unpacking the Domestic Discourse of 'Internet Sovereignty'". Politics & Policy, Vol. 45, No. 3 (2017). Accessible at https://www. researchgate. net/publication/317834062_China%27s_Solution_to_Global_Cyber_Governance_Unpacking_the_Domestic_Discourse_of_Internet_Sovereignty.

③ Schmitt, ed. (2013). "Tallinn Manual on the International Law Applicable to Cyber Warfare". NATO, Prepared by the International Group of Experts at the Invitation of the NATO Cooperative Cyber Defence Centre of Excellence. Accessible at https://www. google. com/url? sa = t&rct = j&q = &esrc = s&source = web&cd = 1&ved = 2ahUKEwiZ-M6bob7iAhVKjlkKHXCAAkcQFjAAegQIARAC&url = http% 3A% 2F% 2Fcsef. ru% 2Fmedia% 2Farticles%2F3990%2F3990. pdf&usg=AOvVaw3js2CeWlAYYXYdR2bF9ijP.

④ Zeng, J. , Tim Stevens and Yaru Chen (2017). "China's Solution to Global Cyber Governance: Unpacking the Domestic Discourse of 'Internet Sovereignty'". Politics & Policy, Vol. 45, No. 3 (2017). Accessible at https://www. researchgate. net/publication/317834062_China%27s_Solution_to_Global_Cyber_Governance_Unpacking_the_Domestic_Discourse_of_Internet_Sovereignty.

⑤ Zeng, J. , Tim Stevens and Yaru Chen (2017). "China's Solution to Global Cyber Governance: Unpacking the Domestic Discourse of 'Internet Sovereignty'". Politics & Policy, Vol. 45, No. 3 (2017). Accessible at https://www. researchgate. net/publication/317834062_China%27s_Solution_to_Global_Cyber_Governance_Unpacking_the_Domestic_Discourse_of_Internet_Sovereignty.

西方在互联网/网络主权合法性方面的观点相对相似,这是国际跨境"网络"关系的基本原则。但问题在于如何以及在何处准确划定主权边界。[①] 此过程仍然存在争议且有待解决,令部分人士将数据本地化(见下文 3.4 节)视为保护国家数据和社会的最佳方式。

互联网政策和监管(与电信政策和监管不同)主要由非国家主体塑造,从根本上转变了国际关系的作用方式。除主权国家外,无数其他主体纷纷参与进来,在制定全球政策议程方面发挥起重要作用。这些理论模型的核心对侧重于政府间合作而排斥其他主体的方式提出了挑战。ICANN 值得注意,它"是对传统全球治理方式的革命性背离"。诸多利益攸关方的参与形成了一系列规范,这些规范并非全部被普遍接受,或即使接受也未必强制执行。例如,互联网治理论坛采用的"IGF 互联网核心价值观"包括了言论自由。"若你相信人类文明的进步取决于个人表达新思想,特别是不受欢迎的思想,那么言论自由的原则便是社会可以秉持的最为重要的价值观。"

虽然以主权为中心的政权可能更愿意单方面采取行动,但其却受到互联网的互联性以及全球治理和标准化需要的阻碍。端到端原则和网络中立性为政府提供了部分保护措施,同时保护互联网内容免受商业干扰。[②]

2.4 数据主权

"数据主权"与"通信主权"或"互联网/网络主权"略有不同。数据主权是指数据(尤其是个人信息,但不限于个人信息)在其被收集国家境内受法律和治理结构的约束。数据主权的概念与数据安全、云计算和技术主权密切相关。数据主权特别关注数据本身的问题。[③] 这有何重要?"存储和处理某些类型数据的能力可能会使某国在政治和技术方面优于其他国家。反过来,数据的超国家流动可能导致国家主权的丧失"。[④]

尽管存在显著重叠,信息隐私和数据保护却并未就数据主权提供法律依据,且数据主权的概念范畴更为广泛。此外,数据主权的首要保护对象并非人类尊严,而是类似于(数据)归属地不可侵犯的权利。因此,数据主权可视为填补信息资产权威空白和控制空白的主张,补偿国家在域外数据处理中因虚拟化而逐步被剥夺的权利。

国家的数据主权如下所述。

数据主权的概念主要是明确政府对政府信息资产的权威不受削弱,从而弥补信息的逐步虚拟化带来的影响。作者伊利翁(Irion)将国家的数据主权定义为:[⑤]

① Zeng, J., Tim Stevens and Yaru Chen (2017). "China's Solution to Global Cyber Governance: Unpacking the Domestic Discourse of 'Internet Sovereignty'". Politics & Policy, Vol. 45, No. 3 (2017). Accessible at https://www.researchgate.net/publication/317834062_China%27s_Solution_to_Global_Cyber_Governance_Unpacking_the_Domestic_Discourse_of_Internet_Sovereignty.

② Glen, C. (2014). "Internet Governance: Territorializing Cyberspace?" Politics & Policy, Vol. 42, No. 5 (2014). Accessible at Wiley Online Publishing (fee) at https://onlinelibrary.wiley.com/doi/abs/10.1111/polp.12093 Accessed through Penn State University Library.

③ Wikipedia (2019a). "Data Sovereignty". Wikipedia. Accessible at https://en.wikipedia.org/wiki/Data_sovereignty.

④ Irion, K. (2012). "Government Cloud Computing and National Data Sovereignty". Policy & Internet, Vol. 4, Issue 3-4, pages 40-71. Accessible at https://onlinelibrary.wiley.com/doi/abs/10.1002/poi3.10.

⑤ Irion, K. (2012). "Government Cloud Computing and National Data Sovereignty". Policy & Internet, Vol. 4, Issue 3-4, pages 40-71. Accessible at https://onlinelibrary.wiley.com/doi/abs/10.1002/poi3.10.

政府对所有不属于公共领域的虚拟公共资产的专有权和控制权,无论其存储于政府自有抑或第三方的设施和场所皆如此。

数据本地化法律可大致归类为"数据主权"。此类法律的目标是将数据从地理上不可知的网络世界移走,将数据直接植入当地管辖区。此为数据自由流动的主要障碍。[①]

2.5 数据主权和"云"

数据本地化的主要问题之一在于可能对"云"计算产生影响。

"云计算是计算机系统资源,尤其是数据存储和计算能力的随需使用,无须用户直接主动管理"。该术语多用于描述通过互联网供多个用户同时使用的数据中心。大型云通常从中央服务器向多个位置分发功能。

云服务是虚拟、动态的,也可能是无状态的。云可能仅限于单个组织(企业云)、可供多个组织使用(公共云),或两者兼而有之(混合云)。最大的公共云服务有微软 Azure、亚马逊 Web Services、IBM Cloud、甲骨文、谷歌云平台和阿里巴巴。[②③]

云计算依靠资源共享实现规模效应。"云"上存储的数据可能位于收集状态下或收集状态外的服务器上、整体存储于多个云上,或部分存储于多个云中。数据可在一个或多个广泛分布和/或位于海外的位置进行处理。云计算代表着数据主权概念的一个特例。政府的安全关切往往在于对物理存储介质无所有权,以及云计算环境中数据中心由第三方运营导致对公共虚拟资产的控制权逐渐削弱。有人担心云提供商将信息交给云服务,而法律上又不确定哪些国家法律制度可援引其管辖权。[④]

对数据本地化措施的一个常见批评是其阻碍并有可能破坏云计算的流程。由于云存储在任意时间都在各个位置分布和传播,有观点认为,数据主权法令云计算的治理变得困难。例如,云中保存的数据在某些司法管辖区可能是非法的,但在其他司法管辖区则完全合法。

3.数据跨境流动

全球范围内的人权法律保护始于人权文书,如 1948 年的《世界人权宣言》[⑤]和 1966 年

---

① Kong, L. (2010). "Data Protection and Transborder Data Flow in the European and Global Context". The European Journal of International Law, Vol. 21 no. 2, 2010. Downloadable from http://www. ejil. org/pdfs/21/2/2007. pdf.

② Irion, K. (2012). "Government Cloud Computing and National Data Sovereignty". Policy & Internet, Vol. 4, Issue 3-4, pages 40-71. Accessible at https://onlinelibrary. wiley. com/doi/abs/10. 1002/poi3. 10.

③ Vaile, D. , Kevin Kalinich, Patrick Fair and Adrian Lawrence (2013). "Data Sovereignty and the Cloud". Version 1. 0, Cyberspace Law and Policy Center, University of New South Wales, July 2013. Accessible at http://www. bakercyberlawcentre. org/data_sovereignty/CLOUD_DataSovReport_Full. pdf.

④ Irion, K. (2012). "Government Cloud Computing and National Data Sovereignty". Policy & Internet, Vol. 4, Issue 3-4, pages 40-71. Accessible at https://onlinelibrary. wiley. com/doi/abs/10. 1002/poi3. 10.

⑤ United Nations (1948). "Universal Declaration of Human Rights 1948". Adopted and proclaimed by General Assembly resolution 217 A (Ⅲ) of 10 December 1948. Accessible at: https://www. un. org/en/universal-declaration-human-rights/.

的《公民权利和政治权利国际公约》[①]，与此相关的数据保护则可以追溯至 20 世纪 70 年代颁布的各项法律。[②] 数据保护法现已遍布全球，各司法辖区都制定了相关立法。[③]

《全球数据保护法》由欧华律师事务所(DLA Piper)编制，可在线获取，此交互式全球分布图详细比较了各国的数据跨境流动法。[④] 其包含的信息与本文讨论的内容有很强的互补性。Kuner 给出了多个国家制定数据跨境流动法的早期时间表。[⑤]

近来，"数据本地化"的趋势日益明显，各国制定立法，要求在特定州或仅在满足某些严格要求的州对数据进行存储和处理，以便保护公民数据。最近披露的美国拦截来自世界各国的数据和通信再次引发了对数据跨境流动(TBDF)的关切，人们认为此做法违反了数据主权。[⑥]

3.1 起源

根据数据保护和隐私法首次对数据跨境流动进行监管的例子可见 20 世纪 70 年代欧洲各国通过的数据保护法(见 3.3 节)。在一定程度上，此为对纳粹早期利用 IBM 计算机(霍勒瑞斯制表机)在第二次世界大战期间抓捕犹太人的回应。[⑦] 20 世纪 80 年代，各类国际组织颁布处理该问题的文书，最突出的是 OECD 的导则[⑧]。在区域一级颁布的首个相关文书是欧洲理事会第 108 号公约。欧盟《数据保护指令》是对跨境数据流动规定最为详细的区域性文书，影响尤为显著。2004 年，亚太经合组织颁布《隐私框架》，成员国可自愿实施，根据问责制原则为个人数据的国际传输提供保护。2013 年，OECD 颁布《经合组织关于保护隐私和个人数据跨境流动的指导原则》[⑨]。

近百个国家通过了规范数据跨境流动的数据保护或隐私法，大多以一项或多项国际和区域文书为基础。此类法律已在全球几乎所有地区颁布，包括北美(加拿大)和拉丁美洲(阿根廷、哥伦比亚、墨西哥、乌拉圭)；加勒比地区(巴哈马群岛)；欧盟和欧洲经济区各成员国，以及其他几个欧洲国家(阿尔巴尼亚、波斯尼亚和黑塞哥维那、瑞士等)；非洲(贝宁、布基纳法索、毛里求斯、摩洛哥、南非、突尼斯等)；近东和中东(迪拜国际金融中心和以色列)；欧亚

---

① United Nations (1966). "International Covenant on Civil and Political Rights". Resolution 2200A (XXI) of December 16, 1966. Accessible at https://www.ohchr.org/en/professionalinterest/pages/ccpr.aspx.

② De la Torre, L. (2018). "Data Protection Law: How it All Got Started". Medium.com, Sept. 19, 2018. Accessible at https://medium.com/golden-data/data-protection-law-how-it-all-got-started-df9b82ef555e.

③ Kuner, C. (2011a). "Regulation of Transborder Data Flows Under Data Protection and Privacy Law: Past, Present and Future". OECD Digital Economy Papers No. 187". OECD Publishing, 2011. Downloadable from http://www.kuner.com/my-publications-and-writing/untitled/kuner-oecd-tbdf-paper.pdf.

④ DLA Piper (2019). "Data Protection Laws of the World". DLA Piper Intelligence. Accessible at https://www.dlapiperdataprotection.com/.

⑤ Kuner, C. (2011b). "Table of Data Protection and Privacy Law Instruments Regulating Transborder Data Flows". Tilburg Institute for Law, Technology and Society, Tilburg University, the Netherlands. Accessible at: SSRN https://papers.ssrn.com/sol3/Delivery.cfm/SSRN_ID1783782_code1213479.pdf? abstractid=1783782&mirid=1.

⑥ Wikipedia (2019b). "Data Localization". Accessible at https://en.wikipedia.org/wiki/Data_localization.

⑦ Black, E. (2019). "The Nazi Party: IBM & 'Death's Calculator'". Jewish Virtual Library, website. Accessible at https://www.jewishvirtuallibrary.org/ibm-and-quot-death-s-calculator-quot-2.

⑧ OECD (1985). "Declaration on Transborder Data Flows". OECD website. Accessible at http://www.oecd.org/sti/ieconomy/declarationontransborderdataflows.htm.

⑨ OECD (2013). "OECD Guidelines on the Protection of Privacy and Transborder Flows of Personal Data". Accessible at http://oecd.org/sti/ieconomy/oecd_privacy_framework.pdf.

大陆(亚美尼亚);亚太地区(澳大利亚、澳门、新西兰、韩国等)。除法律和立法外,还存在各类自愿性的私营部门机制对数据跨境流动进行规范。其他区域和国家目前正在开展其他举措,审查国家和区域措施,并考虑是否可通过有关数据保护和隐私的国际文书。①

3.2 法律基础

数据跨境流动的监管出自各种独特的法律传统和文化,取决于颁布国或地区。举例而言,部分区域性法律文书(如欧洲理事会公约、《欧洲人权公约》和《欧洲联盟基本权利宪章》)将数据保护视为基本人权。其他文书则可能不以人权法为基础,也可能不具有法律约束力。②《APEC隐私框架》在文件中根本未使用"基本权利"和"人权"两个术语。《框架》的目的在于从电子商务中受益。③

Kuner认为,"即使数据保护被认作一项人权,数据跨境流动的监管通常也不被视为法律的'核心'原则。例如,在马德里决议中,数据跨境流动的监管未包括在列举了数据保护'基本原则'(合法性和公平性、目的明确、相称性、数据质量、开放性和问责制)的第二部分,而被放在了另一节(第15节)。同样,欧盟指令中,数据跨境流动的规定未放在包含数据处理核心规则的段落('第二章:个人数据处理合法性的一般规则'),而是放在另一部分('第四章:将个人数据传输至第三国')。"④

数据跨境流动的监管政策侧重点包括防止规避国家数据保护和隐私法;在数据接收点防范数据处理风险;应对主张境外数据保护和隐私权方面的挑战;增强消费者和个人的信心。若未规定此类政策(例如,由于数据出口国和进口国的法律已经统一),规范数据跨境流动的必要性便有所减少或不存在。因此,此类监管起到的保护作用在于防止数据保护和隐私法的基本原则被规避,但数据跨境流动监管本身并非基本原则之一。⑤

3.3 数据跨境流动监管

数据跨境流动和贸易政策如下所述。

在考虑对数据跨境流动进行监管的过程中,政策与贸易和人权问题混杂在一起,在信息

---

① Kuner, C. (2011a). "Regulation of Transborder Data Flows Under Data Protection and Privacy Law: Past, Present and Future". OECD Digital Economy Papers No. 187". OECD Publishing, 2011. Downloadable from http://www.kuner.com/my-publications-and-writing/untitled/kuner-oecd-tbdf-paper.pdf.

② United Nations Conference on Trade and Development (UNCTAD) (2017). "'Culture clash' divides trade officials and Internet Experts". Commentary on UNCTAD website, December 21, 2017. Accessible at https://unctad.org/en/pages/newsdetails.aspx? OriginalVersionID=1648&Sitemap_x0020_Taxonomy=UNCTAD%20Home.

③ Kuner, C. (2011a). "Regulation of Transborder Data Flows Under Data Protection and Privacy Law: Past, Present and Future". OECD Digital Economy Papers No. 187". OECD Publishing, 2011. Downloadable from http://www.kuner.com/my-publications-and-writing/untitled/kuner-oecd-tbdf-paper.pdf.

④ Kuner, C. (2011a). "Regulation of Transborder Data Flows Under Data Protection and Privacy Law: Past, Present and Future". OECD Digital Economy Papers No. 187". OECD Publishing, 2011. Downloadable from http://www.kuner.com/my-publications-and-writing/untitled/kuner-oecd-tbdf-paper.pdf.

⑤ Kuner, C. (2011a). "Regulation of Transborder Data Flows Under Data Protection and Privacy Law: Past, Present and Future". OECD Digital Economy Papers No. 187". OECD Publishing, 2011. Downloadable from http://www.kuner.com/my-publications-and-writing/untitled/kuner-oecd-tbdf-paper.pdf.

自由流动方面尤为如此①（见下文 4.1 节）。

由于缺少可执行的全球在线数据跨境流动或人权标准，各国一直通过国际贸易条约直接或间接解决有关数据权利的部分政策性问题。关于信息服务贸易和电子商务监管的谈判反映了这一点。各贸易协定均允许政府在其认为必要时限制信息流动，以实现重要的国内政策目标。"虽然信息流动的相关国际人权义务是明确的，在全球范围内却并不具有约束力或可执行性。然而，贸易协定中的义务既具有约束力又具有执行性"。②

通常认为德国联邦黑森州的法律是首个数据保护法，该法于 1970 年通过，对数据跨境流动未作任何限制。不久后，欧洲多个国家颁布包含限制数据跨境流动的数据保护法；此类国家包括奥地利、芬兰、法国、爱尔兰、卢森堡和瑞典。这些早期法律规范数据跨境流动的主要动机在于避免个人数据被传输至无数据保护法的国家以规避对数据处理的法律保护。早期法律中的限制范围包括将个人数据传至国外前须获得数据保护机构的明确授权（如，奥地利和瑞典的法律）；原文通过《欧洲理事会第 108 号公约》第十二条的规定；数据被传输的个人必须同意传输，或数据进口国必须具有保护水平相当的数据保护法。然而，尽管有此类规定，在起草首部数据保护法时，个人数据的跨境流动似乎被视为特例而非规定的对象。③

20 世纪八九十年代，美国决策部门试图将促进信息自由流动的措辞纳入贸易协定。其他国家将此视作对主权的威胁，亦担心美国将主导电子商务和互联网治理。④ 此关切延续至今，斯诺登事件后，部分国家开始为此类贸易制造障碍或创造条件。美国称此类政策为"数字保护主义"。

《服务贸易总协定》（GATS）曾考虑过信息服务贸易，但贸易协定未明确涉及人权问题。隐私等非经济价值不属于作为经济产品的"数据"的范畴。对数据流的访问被视为经济问题而非人权问题。⑤

贸易谈判仅限于商业活动。互联网被视为跨境买卖产品和服务的平台。部分国家认为贸易谈判有利于壮大国家和跨国公司而非公民。这引发了围绕数据问题的重要"过程"问

---

① Drake，W. (2017). "IGF 2017 WS♯32 Data Localization and Barriers to Crossborder Data Flows：Toward a Multi-Track Approach". Internet Governance Forum, 2017. Accessible at https://www.intgovforum.org/multilingual/content/igf-2017-ws-32-data-localization-and-barriers-to-crossborder-data-flows-toward-a-multi-track.

② Aaronson，S. (2016). "At the Intersection of Cross-Border Information Flows and Human Rights：TPP as a Case Study". HEP-WP-2016-12, Institute for International Economic Policy, Washington, D. C. , May 2016. Accessible at：https://www. researchgate. net/publication/305115467_AT_the_Intersection_Cross-Border_Information_Flows_Human_Rights_and_Internet_Governance.

③ Kuner，C. (2011a). "Regulation of Transborder Data Flows Under Data Protection and Privacy Law：Past, Present and Future". OECD Digital Economy Papers No. 187". OECD Publishing, 2011. Downloadable from http://www. kuner. com/my-publications-and-writing/untitled/kuner-oecd-tbdf-paper. pdf.

④ Aaronson，S. (2015). "Why Trade Agreements are not Setting Information Free：The Lost History and Reinvigorated Debate over Cross-Border Data Flows, Human Rights, and National Security?" World Trade Review, October, 2015. Accessed through Penn State Libraries/ProQuest, May 1, 2019.

⑤ Aaronson，S. (2016). "At the Intersection of Cross-Border Information Flows and Human Rights：TPP as a Case Study". HEP-WP-2016-12, Institute for International Economic Policy, Washington, D. C. , May 2016. Accessible at：https://www. researchgate. net/publication/305115467_AT_the_Intersection_Cross-Border_Information_Flows_Human_Rights_and_Internet_Governance.

题。贸易谈判通常是秘密进行的。互联网治理是基本透明的。① 贸易条约在国家间缔结；互联网决策基于透明的多利益攸关方治理。② 互联网治理天然倾向于避免可能限制、破坏或割裂互联网的行为，例如数据本地化。③ 专注于互联网的组织，如互联网治理论坛，强烈支持在全局背景下处理人权问题，而非通过贸易规则处理。在贸易方面，审查、侵犯人权和侵犯隐私只能通过显示其对贸易产生的可衡量的影响加以解决。④

美国致力推动贸易协议中的约束条款，促进信息的自由流动，对其他国家有关隐私和服务器位置的政策提出挑战，称其为贸易壁垒。但美国在条款中未包含互联网监管环境的相关表述：自由表达、公平使用、法治和正当程序。⑤

20世纪90年代，技术创新彻底转变了通过大量数据存储介质进行的零星数据跨境传输。个人数据的流动更加自由，对本国的依存度更低，且确实代表了全球化进程背后的一支重要力量。个人数据变为新型的"原材料"，数据跨境传输成为跨国公司的生命线。

对数据跨境流动的监管可能会限制跨境服务的提供，从而引起《服务贸易总协定》（GATS）下的问题。《总协定》由世界贸易组织（WTO）于1995年通过，第9段指出，"当跨境数据流涉及的两个或两个以上国家的立法提供的隐私保护水平相当时，信息应能够在各相关领土范围内自由流通。若无互惠保障措施，则不得过度强加对此类流通的限制，且有关限制应仅限于保护隐私的要求"。数据保护法规（包括数据跨境流动的监管措施）在GATS下免于审查，但仅限于法规未变相限制贸易的情况。⑥

全球统一（欧盟）或可互操作（美国）的规则没有一套适用于国家间数据流动，对可能构成此类规则的基础规范也不存在共识。⑦ 部分双边或多边协议仅适用于某些方面。双方存在类似的充分数据保护时往往如此。⑧

---

① Aaronson, S. (2016). "At the Intersection of Cross-Border Information Flows and Human Rights: TPP as a Case Study". HEP-WP-2016-12, Institute for International Economic Policy, Washington, D.C., May 2016. Accessible at: https://www. researchgate. net/publication/305115467_AT_the_Intersection_Cross-Border_Information_Flows_Human_Rights_and_Internet_Governance.

② Aaronson, S. (2015). "Why Trade Agreements are not Setting Information Free: The Lost History and Reinvigorated Debate over Cross-Border Data Flows, Human Rights, and National Security?" World Trade Review, October, 2015. Accessed through Penn State Libraries/ProQuest, May 1, 2019.

③ Hill, J. and Matthew Noyes (2018). "Rethinking Data, Geography, and Jurisdiction: Towards a Common Framework for Harmonizing Global Data Flow Controls". New America Foundation, February 2018. Accessible at https://newamerica. org/documents/2084/Rethinking_Data_Geography_Jurisdiction_2. 21. pdf.

④ United Nations Conference on Trade and Development (UNCTAD) (2017). "'Culture clash' divides trade officials and Internet Experts". Commentary on UNCTAD website, December 21, 2017. Accessible at https://unctad. org/en/pages/newsdetails. aspx? OriginalVersionID＝1648＆Sitemap_x0020_Taxonomy＝UNCTAD％20Home.

⑤ Aaronson, S. A. and M Townes (2014). "Can Trade Policy Set Information Free: Trade Agreements, Internet Governance and Internet Freedom. Policy Brief, Institute for International Economic Policy, June 2014. Accessible at http://www. gwu. edu/～iiep/governance/taig/CanTradePolicySetInformationFreeFINAL. pdf. Google Scholar.

⑥ Kuner, C. (2011a). "Regulation of Transborder Data Flows Under Data Protection and Privacy Law: Past, Present and Future". OECD Digital Economy Papers No. 187". OECD Publishing, 2011. Downloadable from http://www. kuner. com/my-publications-and-writing/untitled/kuner-oecd-tbdf-paper. pdf.

⑦ Morar, D. (2017). "Data Localization and Barriers to Cross-Border Data Flows". Digital Watch Observatory, June 12, 2017. Accessible at https://dig. watch/sessions/data-localization-and-barriers-cross-border-data-flows.

⑧ Aaronson, S. (2015). "Why Trade Agreements are not Setting Information Free: The Lost History and Reinvigorated Debate over Cross-Border Data Flows, Human Rights, and National Security?" World Trade Review, October, 2015. Accessed through Penn State Libraries/ProQuest, May 1, 2019.

3.4　数据本地化

部分国家认为,通过控制数据的访问、传输和使用,可更好地保护国家数据。本文中将此称为"数据本地化"。"数据本地化将数据的存储、移动和/或处理限定在特定的地理位置或管辖区域,或对依据公司注册国或运营管理主要所在地的规定可合法管理数据的公司的数量加以限制。"然而,数据本地化并非一项单一的政策;可在多个方面、不同程度上加以体现。表1是"商业圆桌会"(Business Roundtable)协会列举的其中一个措施表。

表 1　数据跨境流动的限制类型①

数据本地存储
通过要求特定数据——多为个人信息,存储在本地服务器对数据流动加以限制。亦可能要求特定应用或服务在国内运营、在本地处理数据以避免离岸传输。
数据保护
通过数据隐私法限制数据流动,其中的充分保护和/或同意要求在数据非本地存储的情况下无法合理满足。
地理位置数据隐私
阻止未经个人同意对地理位置数据进行收集、披露、传输或存储,从而限制数据流动。
本地产品、服务或内容
通过要求使用本地提供的服务或本地生成的内容来限制数据流。亦可能要求使用国产或本地采购的设备——限制选择和效率,但不限制数据流动本身。
政府采购
通过限制政府采购外国商品或服务来限制数据流动——例如,信息技术和通信合同仅限于本地提供的服务。
网络审查
通过阻止或过滤信息传入或传出某国家/地区来限制数据流动。
政府投资/税务
通过使用税收激励促进对本地内容(如上所述)或劳动力的使用,从而影响数据流动。
所有制/雇佣关系
通过要求设立国内子公司、分支机构或代表处来影响数据流动。可能通过限制外资所有权或要求设立合资企业来影响数据流动。
本地生产
通过要求本地生产商品或服务作为市场准入的条件影响数据的流动——例如,要求由本地数据中心提供国内服务。
支付卡监管规定
通过要求支付信息在本地存储来影响支付数据流动。
出口管制
通过要求公司知识产权和其他技术驻留在国内来影响数据流动。
强制转让知识产权
通过要求公司将知识产权转让给业务所在国来影响数据流动。
流量路由
通过要求通信提供商以特定方式对互联网流量进行路由来影响数据流动。

---

① Business Roundtable (2015). "Putting Data to Work: Maximizing the Value of Information in an Interconnected World". Business Round Table. Accessible at http://brt.org/resources/putting-data-work-maximizing-value-information-interconnect-world.

最严格的数据主权法规定公民数据须存储在国家地理边界内的物理服务器上。①

以非洲国家为例,非洲国家制定此类框架的动机包括促进电子商务、保护私人生活、保护与大规模政府数据收集项目(如选民名册的数字化)相关的隐私。由此可见,发展中国家制定数据跨境流动监管的动机与较发达国家相似,此监管已成为全球现象。部分世界主要经济体因缺乏数据跨境流动监管而备受关注。②

3.4.1 数据本地化的成因

多个国家纷纷开始规定某种程度的数据本地化。这些规定大多是有限或平衡的;少数国家采用了极端的数字孤立主义形式,试图围绕其数据创建难以捉摸的国家网络屏障。支持数据本地化的原因有很多,有些是明确的,有些则更为含蓄。一般而言,这些原因有相通之处。以下是基于文献回顾和对常见叙述的合理预测所给出的部分举例。

象征权利动因。努力抵消美国在数字产业中的互联网全球主导地位,以提供一定的权力平衡。拒绝"数据殖民主义"。与志同道合的国家团结一致,争取提高地缘政治影响力。

申明国家主权。试图表明本国主权扩展至对国内互联网和网络空间的控制。行使主权权力以排除其他国家干预。支持国内民族主义。

重申主权国家在互联网和网络空间治理中的传统作用(与多利益攸关方模式相对)。

应对潜在对手在发生冲突时可能将之用作武器的关切。

保护国防信息和数据库免受敌对势力渗透。大量潜在对手有能力拦截或获取国家机密。

维护公民个人身份信息的隐私,尤其是健康和财务信息等关键信息。

保护有关总体国民经济和主要金融机构的财务信息安全。

抵御恐怖主义和犯罪活动。敌对的非国家势力和个人可能会对数据系统和网络造成不利影响——甚至"挟持人质"。国际罪犯可利用互联网实施非法目的。知识产权可能被盗用。

保护关键基础设施免受网络攻击。必须确保关键基础设施的关键数据免遭盗窃或毁坏。

针对外部威胁展开执法行动。为多边域外执法协议提供基础。

提供"安全空间",支持并促进国内数字化企业的发展,特别是数字"英雄"和国有企业的发展。留出时间在不存在外国竞争的情况下发展(或培育竞争优势)。

---

① Leinwand, A. (2017a). "3 things companies must know about data sovereignty when moving to the cloud". Enterpriser Project, February 20, 2017. Accessible at https://enterprisersproject.com/article/2017/1/three-things-companies-must-know-about-data-sovereignty-when-moving-cloud.

② Kuner, C. (2011a). "Regulation of Transborder Data Flows Under Data Protection and Privacy Law: Past, Present and Future". OECD Digital Economy Papers No. 187". OECD Publishing, 2011. Downloadable from http://www.kuner.com/my-publications-and-writing/untitled/kuner-oecd-tbdf-paper.pdf.

保护社会、文化和宗教的核心价值观免受相悖思维的影响。

建立并维系某政治派别、宗教、部落或家庭对国家的权威统治。强化国内霸权。

这些论断并非均适用于各种情况，在某些情况下，甚至可能适用其他理由。该清单不一定全面。但其确实表明，向国家数据本地化倾斜的原因是复杂、连贯且令人信服的。问题在于论战中，数据本地化的劣势是否大于理由中的优势？

3.4.2 对数据本地化的批判

推动各国转而实施数据本地化的关切点是真实存在的。[①] 数据安全、个人信息保护、数据窃取及国家安全防御具有法律基础。对于外国间谍、跨国公司窃取数据、侵犯隐私、流氓团体破坏数据和丧失对国家数据库的控制权的适度怀疑来自于过往经验，有一定合理性。[②] 问题在于数据本地化是否解决了这些问题？其负面作用是否大于正面作用？人们对此提出了严肃的问题，例如，互联网治理论坛是否认为"迫切需要阻止本地化的态势"？

（1）本地化数据的安全性可能更低而非更高。首先，数据服务器本地化减少了处于不同位置的多个服务器间分发信息的机会。聚集在一处的信息成为诱人的"蜜罐"，是犯罪分子或间谍的理想目标。[③] 与不断完善安全性的公司相比，受保护的本地提供商的安全基础架构可能更为薄弱，更可能发生单点故障，且对自然灾害的抵抗力较小。[④] 部分国家计划通过打造国家"云"缓解此种情况，但部分弱点在国家"云"同样存在。[⑤]

---

① Vaile, D. , Kevin Kalinich, Patrick Fair and Adrian Lawrence (2013). "Data Sovereignty and the Cloud". Version 1. 0, Cyberspace Law and Policy Center, University of New South Wales, July 2013. Accessible at http://www. bakercyberlawcentre. org/data_sovereignty/CLOUD_DataSovReport_Full. pdf.

② Aaronson, S. (2015). "Why Trade Agreements are not Setting Information Free: The Lost History and Reinvigorated Debate over Cross-Border Data Flows, Human Rights, and National Security?" World Trade Review, October, 2015. Accessed through Penn State Libraries/ProQuest, May 1, 2019.

③ Chander, A. and U. P. Le (2014). "Breaking the Web: Data Localization vs. the Global Internet". Legal Studies Research Paper (2014-1), Emory Law Journal, UC Davis Legal Studies Research Paper No. 378, http://ssrn. com/abstract=2407858 or http://dx. doi. org/10. 2139/ssrn. 2407858.

④ Cory, N. (2017). "Cross-Border Data Flows: Where Are the Barriers, and What do they Cost?" Information Technology and Innovation Foundation, May 2017. Accessible (. pdf) at https://www. google. com/url? sa＝t&rct＝j&q＝&esrc＝s&source＝web&cd＝1&cad＝rja&uact＝8&ved＝2ahUKEwiAnPLcnIjkAhUPyFkKHTeBQAQFjAAegQIARAB&url＝https％3A％2F％2Fitif. org％2Fpublications％2F2017％2F05％2F01％2Fcross-border-data-flows-where-are-barriers-and-what-do-they-cost&usg＝AOvVaw1w-xG3FjO1QJAPb7LvvPPi.

⑤ Drake, W. (2016). "Background Paper for the Workshop on Data Localization and Barriers to Transborder Data Flows". World Economic Forum, September 14-15, 2016. Accessible at https://www. google. com/url? sa＝t&rct＝j&q＝&esrc＝s&source＝web&cd＝22&ved＝2ahUKEwjQhJbpu_rhAhURwlkKHSedCxk4FBAWMAF6BAgBEAI&url＝http％3A％2F％2Fwww3. weforum. org％2Fdocs％2FBackground_Paper_Forum_workshop％252009. 2016. pdf&usg＝AOvVaw0dYa6dddeJGI1LCWkriqoE.

（2）经济学基础可疑。从定义看，数据本地化是保护主义的一种形式。[①] 有人士认为此数字重商主义为不良经济学。[②] 与大多数保护主义措施一样，数据本地化只会令少数本地企业和工人获得微薄收益，却对总体经济造成重大危害。对当地企业而言，数据本地化的危害不仅限于互联网企业或消费者无法访问全球服务。[③] 部分国家的决定是基于这样一个错误理由，即此类屏障将缓解隐私和网络安全问题；其他国家则纯粹出于重商主义。机会成本不太可能包括在此类计算中。[④][⑤]

（3）最大的公司得益。大型企业最能够遵守监管要求，且拥有与系统"对赌"的资源。行政费用将成为中小企业的沉重负担。规模较小的公司缺乏制定合规战略的人力、财力和法律资源。[⑥][⑦]

（4）扰乱互联网基础设施。数据本地化将对国家和全球互联网基础设施及架构产生负面影响，伤害全体用户。[⑧] 全球互联网将被分割为独立的半主权网络。要求提供商在给定位置设立设施的策略可能使其选择次优位置或彻底不为目标市场提供服务。[⑨]

（5）损害电子商务。互联网治理论坛认为，数据本地化"损害电子商务、经济发展及依赖于完整一体的互联网的诸多重要社会过程"。降低了公司充分利用互联网资产的商业

① Aaronson, S. (2016). "At the Intersection of Cross-Border Information Flows and Human Rights: TPP as a Case Study". HEP-WP-2016-12, Institute for International Economic Policy, Washington, D. C., May 2016. Accessible at: https://www. researchgate. net/publication/305115467_AT_the_Intersection_Cross-Border_Information_Flows_Human_Rights_and_Internet_Governance.

② Cory, N. (2017). "Cross-Border Data Flows: *Where Are the Barriers, and What do they Cost?*" Information Technology and Innovation Foundation, May 2017. Accessible (. pdf) at https://www. google. com/url? sa=t&rct=j&q=&esrc=s&source=web&cd=1&cad=rja&uact=8&ved=2ahUKEwiAnPLcnIjkAhUPyFkKHTeBQAQFjAAegQIARAB&url=https%3A%2F%2Fitif. org%2Fpublications%2F2017%2F05%2F01%2Fcross-border-data-flows-where-are-barriers-and-what-do-they-cost&usg=AOvVaw1w-xG3FjO1QJAPb7LvvPPi.

③ Chander, A. and U. P. Le (2014). "Breaking the Web: Data Localization vs. the Global Internet". Legal Studies Research Paper (2014-1), Emory Law Journal, UC Davis Legal Studies Research Paper No. 378, http://ssrn. com/abstract=2407858 or http://dx. doi. org/10. 2139/ssrn. 2407858.

④ Shashidhr, K. J. (2019). "India's draft e-commerce policy: A need to look beyond data as the new oil". Observer Research Foundation, March 30, 2019. Accessible at https://www. orfonline. org/expert-speak/indias-draft-e-commerce-policy-a-need-to-look-beyond-data-as-the-new-oil-49413/.

⑤ Drake, W. (2016). "Background Paper for the Workshop on Data Localization and Barriers to Transborder Data Flows". World Economic Forum, September 14-15, 2016. Accessible at https://www. google. com/url? sa=t&rct=j&q=&esrc=s&source=web&cd=22&ved=2ahUKEwjQhJbpu_rhAhURwlkKHSedCxk4FBAWMAF6BAgEBEAI&url=http%3A%2F%2Fwww3. weforum. org%2Fdocs%2FBackground_Paper_Forum_workshop%252009. 2016. pdf&usg=AOvVaw0dYa6dddeJGI1LCWkriqoE.

⑥ Crichton, D. (2018). "GDPR, China and data sovereignty are Ultimately Wins for Amazon and Google". Techcrunch, May 29, 2018. Accessible at https://techcrunch. com/2018/05/29/gdpr-and-the-cloud-winners/.

⑦ Bowman, C. (2017). "Data Localization Laws: An Emerging Global Trend". Jurist. org, January 6, 2017. Accessible at https://www. jurist. org/commentary/2017/01/Courtney-Bowman-data-localization.

⑧ Chander, A. and U. P. Le (2014). "Breaking the Web: Data Localization vs. the Global Internet". Legal Studies Research Paper (2014-1), Emory Law Journal, UC Davis Legal Studies Research Paper No. 378, http://ssrn. com/abstract=2407858 or http://dx. doi. org/10. 2139/ssrn. 2407858.

⑨ Aaronson, S. (2016). "At the Intersection of Cross-Border Information Flows and Human Rights: TPP as a Case Study". HEP-WP-2016-12, Institute for International Economic Policy, Washington, D. C., May 2016. Accessible at: https://www. researchgate. net/publication/305115467_AT_the_Intersection_Cross-Border_Information_Flows_Human_Rights_and_Internet_Governance.

能力。

（6）扰乱云服务。数据本地化令云服务提供商无法利用互联网的分布式基础架构并在全球范围内使用分片和混淆技术。[1]（分片是数据库表中各行在世界各地的服务器中分别保存的过程——每个分区成为"分片"，提供的数据足够用于操作但又不足以重新识别个体身份）。[2] 数据分片不易受到自然（或人为）灾难的影响。[3][4] 国际贸易委员会表示，"云服务提供商的本地化要求存在问题，因为"位置独立性"是云交付模式的核心。"[5]

（7）对区域网络存在负面影响。共享网络依赖于对用户信息的处理，此类信息从用户所在国跨越至服务提供商所在国。在各司法辖区重复建立独有的基础设施可能成本过高。[6]

（8）无法获得全球公共利益。"经济学家普遍认为，信息也是全球公共利益……各国限制信息的自由流动，便减小了有助强化增长、生产力和创新的信息的获取范围。"[7][8]。

（9）鼓励规避/不遵守规定。部分企业可能认为将用于企业内部通信的内部数据传输切换至传统电信服务更为方便，彻底绕开了互联网。这将鼓励私有、并行网络的发展和 VPN 使用的增加。[9]

（10）影响创新。数据流动受限和本地化令企业缺乏做出明智业务决策的能力。此外，数据本地化可能严重破坏诸多创新性信息产业和应用，如物联网、云计算、大数据等。[10]

（11）损害未来嵌入式基础设施。（见下文 3.4.3 节）低估数据本地化的最大成本和影响

---

[1] Ryan, P., S. Falvey and R. Merchant (2013). "When the Cloud Goes Local: The Global Problem with Data Localization". Computer, 46(12): 54-59, http://ssrn.com/abstract=2370850.

[2] Chander, A. and U. P. Le (2014). "Breaking the Web: Data Localization vs. the Global Internet". Legal Studies Research Paper (2014-1), Emory Law Journal, UC Davis Legal Studies Research Paper No. 378, http://ssrn.com/abstract=2407858 or http://dx.doi.org/10.2139/ssrn.2407858.

[3] Hill, J. and Matthew Noyes (2018). "Rethinking Data, Geography, and Jurisdiction: Towards a Common Framework for Harmonizing Global Data Flow Controls". New America Foundation, February 2018. Accessible at https://newamerica.org/documents/2084/Rethinking_Data_Geography_Jurisdiction_2.21.pdf.

[4] Ryan, P., S. Falvey and R. Merchant (2013). "When the Cloud Goes Local: The Global Problem with Data Localization". Computer, 46(12): 54-59, http://ssrn.com/abstract=2370850.

[5] Ryan, P., S. Falvey and R. Merchant (2013). "When the Cloud Goes Local: The Global Problem with Data Localization". Computer, 46(12): 54-59, http://ssrn.com/abstract=2370850.

[6] Chander, A. and U. P. Le (2014). "Breaking the Web: Data Localization vs. the Global Internet". Legal Studies Research Paper (2014-1), Emory Law Journal, UC Davis Legal Studies Research Paper No. 378, http://ssrn.com/abstract=2407858 or http://dx.doi.org/10.2139/ssrn.2407858.

[7] Aaronson, S. (2015). "Why Trade Agreements are not Setting Information Free: The Lost History and Reinvigorated Debate over Cross-Border Data Flows, Human Rights, and National Security?" World Trade Review, October, 2015. Accessed through Penn State Libraries/ProQuest, May 1, 2019.

[8] Maisog, M. (2015). "Making the Case Against Data Localization in China". International Association of Privacy Professionals, April 20, 2015. Accessible at https://iapp.org/news/a/making-the-case-against-data-localization-in-china/.

[9] Mallory, R. (2018). "How Data Sovereignty Will Affect IT in 2018". Data Center Knowledge, January 10, 2018. Accessible at https://www.datacenterknowledge.com/industry-perspectives/how-data-sovereignty-will-affect-it-2018.

[10] AmCham China (2015). "Protecting Data Flows in the US-China Bilateral Investment Treaty". AmCham China, 2015 Policy Spotlight Series. Accessible at https://www.amchamchina.org/policy-advocacy/policy-priorities/download/file/policy_spotlight/5/e242ff078dbfcd38cfd5d601318aaf6cfc5821aa.pdf.

存在于方兴未艾的基于数据的技术。

3.4.3 对嵌入式信息空间的影响

(1)云计算。数据本地化的要求通常会阻止对全球云计算服务的访问。上文 2.5 节讨论了对"云计算"的负面影响[①]。可能成为电子商务的巨大负担。

(2)物联网。随着全球设备日益接入互联网,数据本地化需要数据流动中止于国家边界,这要求国家建立昂贵而烦琐的基础设施。此做法削弱了对消费者和企业的所谓"物联网"承诺。物联网展示了数据本地化对消费者的风险,消费者可能无法获得诸多最优服务。[②]

物联网有赖于移动和存储数据的能力。数据的跨境流动对连网设备在一国的有效运行能力至关重要。与全球信息经济的其他要素一样,数据的跨境流动亦是全球物联网平台的基础。允许信息持续开放流动的国家将助力促进新技术的广泛发展,提高企业生产力。此类政策将推动该经济体的投资、就业增长和创新。相反,对数据跨境流动施加障碍的国家将阻碍其国内关键业务技术的可用性和可负担性,降低以 IT 为支撑的潜在商业投资和生产率的提高。[③④]

(3)数据驱动型创新(大数据)。许多分析师认为,数据驱动型创新将成为未来竞争、创新和生产力的关键基础。分析师还指出在组建更大型数据库过程中保护隐私的重要性。[⑤]数据本地化对大数据的威胁至少有两种方式。首先,按国家限制数据聚合增加了成本和数据收集与维护的复杂性。其次,数据本地化的要求缩小了潜在数据集的规模,侵蚀了跨辖区研究可获得的信息价值。通过大数据分析,特别是网络分析可在技术上实现的大规模全球实验可能不得不让位于范围较窄的本地化研究。[⑥]

(4)人工智能("AI")。人工智能的基础是学习、分析和识别复杂模式的能力。由于数据的原因,所有这些预测、运动和洞见皆因数据成为可能。人工智能从可用的所有数据中学习。拥有的数据越多,洞察力就越好。

---

① Chander, A. and U. P. Le (2014). "Breaking the Web: Data Localization vs. the Global Internet". Legal Studies Research Paper (2014-1), Emory Law Journal, UC Davis Legal Studies Research Paper No. 378, http://ssrn.com/abstract=2407858 or http://dx.doi.org/10.2139/ssrn.2407858.

② Chander, A. and U. P. Le (2014). "Breaking the Web: Data Localization vs. the Global Internet". Legal Studies Research Paper (2014-1), Emory Law Journal, UC Davis Legal Studies Research Paper No. 378, http://ssrn.com/abstract=2407858 or http://dx.doi.org/10.2139/ssrn.2407858.

③ Business Roundtable (2015). "Putting Data to Work: Maximizing the Value of Information in an Interconnected World". Business Round Table. Accessible at http://brt.org/resources/putting-data-work-maximizing-value-information-interconnect-world.

④ Przewloka, M. (2018). "Data Sovereignty: Does the Use of My Data Always Require My Consent?" Dotmagazine, September 2018. Accessible at https://www.dotmagazine.online/issues/self-regulation-for-a-better-internet/does-self-regulation-empower-industry/data-sovereignty-and-consent.

⑤ Business Roundtable (2015). "Putting Data to Work: Maximizing the Value of Information in an Interconnected World". Business Round Table. Accessible at http://brt.org/resources/putting-data-work-maximizing-value-information-interconnect-world.

⑥ Chander, A. and U. P. Le (2014). "Breaking the Web: Data Localization vs. the Global Internet". Legal Studies Research Paper (2014-1), Emory Law Journal, UC Davis Legal Studies Research Paper No. 378, http://ssrn.com/abstract=2407858 or http://dx.doi.org/10.2139/ssrn.2407858.

人工智能对跨境数据流的访问对技术未来发展的影响至少有二。首先,数据的跨境流动令人工智能处理的数据量呈指数级增加。无论国家数据集的数量再大,与来自不同国家/公司的补充数据相比皆微不足道。随着对跨境数据流的访问,人工智能将有更多的学习材料,发现更多模式。处理此类的软件开发速度将得到提升。访问跨境数据流的另一个意义在于,由于可携带的数据多种多样,基于人工智能解决国际问题的应用程序的前景将十分广阔。国际数据的可用性可将人工智能从国家应用提升至区域性应用。[1]

翻译服务、聊天机器人和无人驾驶汽车等狭义人工智能与一般人工智能间存在着一个关键性区别——"可从人类广度的经验中学习并在各项任务中超越人类表现的自学系统。"一般人工智能技术仍有待未来发展,但"狭义人工智能"当前已切实存在。

狭义人工智能以机器学习为基础,以多种不同方式对大量数据加以应用。在"真实世界"中的应用需要大型数据集对人工智能系统进行初始化。数量在此过程中十分重要,因为机器学习在对未来的预测中需要尽可能多地纳入过去的结果。数据本地化措施限制了数据的全球移动能力,将削弱开发人工智能个性化功能的能力。

此外,人工智能的开发和使用建立在云计算、大数据和物联网等其他关键数字技术之上。此类数字技术也依赖于跨境数据流。这意味着限制数据全球传输的数据本地化措施将因训练数据的减少而直接影响人工智能,并因削弱人工智能的构建基础间接影响人工智能。[2]

3.4.4 各国实例精选

对各国数据本地化政策的详细分析超出了本文的探讨范畴,但下文专门选取了部分主要国家的政策。在许多情况下,这些政策与隐私政策问题相结合。更为详细的信息可见信息技术与创新基金会 2017 年的研究"数据跨境流动:障碍为何,成本多少?",该研究罗列了来自 37 个国家的政策以及数据阻止政策的成本[3]。

1. 澳大利亚

1988 年《澳大利亚隐私法案》规定了澳大利亚隐私原则(App)的行为准则,明确了联邦机构收集和处理"个人信息"(由法案定义)的标准。App 原则构成了个人信息隐私行为准则。[4]

App 原则树立了处理数据主权的规则。原则第 8 节(App 8)讨论了跨境个人数据的披露。目标是确保海外机构依据其导则处理个人数据。根据规定,各实体对个人信息的不当处理负责。

当 App 实体(即云服务提供商)向海外接收方披露个人信息时,该实体必须采取"合理

---

① Rizvi, K. (2018). "The Importance of Data in Artificial Intelligence: For us to allow AI to progress we need to encourage easier access to cross-border data flows". Entrepreneur India, December 5, 2018. Accessible at: https://www.entrepreneur.com/article/324344.

② Meltzer, J. (2018). "The impact of artificial intelligence on international trade". Brookings, December 13, 2018. https://www.brookings.edu/research/the-impact-of-artificial-intelligence-on-international-trade/.

③ DLA Piper (2019). "Data Protection Laws of the World". DLA Piper Intelligence. Accessible at https://www.dlapiperdataprotection.com/.

④ Legal Services Commission of South Australia (2017). "Australian Privacy Principles". Law Handbook, January 5, 2017. Accessible at https://lawhandbook.sa.gov.au/ch34s01s03s01.php.

步骤"以确保遵循 App 的规则。App 清楚定义了 App 实体何时适合传输数据以及允许传输哪些数据。App 实体在向海外接收方发送信息时需进行披露的情况包括：

- 在海外会议或大会期间披露个人信息；
- 有意或无意将个人信息发布至互联网；
- 通过电子邮件或硬拷贝向海外发送个人信息。

澳大利亚还要求个人健康记录均仅可存储于澳大利亚。Irion 论述了有关澳大利亚云计算的更多早期背景信息[①]。

2. 加拿大

加拿大已就加拿大服务器上的加拿大数据的存储制定了多项数据主权措施。《加拿大2016—2020 年 IT 战略》将数据本地化措施作为维护公民隐私的机制予以审视。据称,使用加拿大服务器而非美国服务器存储加拿大数据将保护加拿大数据不受《美国爱国者法案》的约束。2017 年,人们发现加拿大共享服务机构（Shared Services Canada）和通信安全局（Communications Security Establishment）正"探索将敏感数据存储于美国境内服务器的可能"。[②]

"问责制"原则是加拿大《个人信息保护和电子文件法》（PIPEDA）采用的途径,此概念亦包含在 2010 年 6 月发布的澳大利亚政府《隐私原则》草案意见征集稿中。问责制并未具体限制数据的跨境流动,但对在国际范围内传输个人数据的各方施加了合规责任。[③]

3. 欧盟

2016 年,欧盟议会通过《通用数据保护条例》（GDPR,上文 2.2.2 节中进行了探讨）批准其数据主权措施。这一综合性监管规定符合欧盟各成员国的数据保护政策。条例还包括一个《附录》,确立了域外管辖权,允许条例的规则扩展到主体为欧盟公民的任何数据控制方或处理方,无论持有或处理数据的地点如何皆适用。这迫使欧盟境外的公司重新评估其运营范围的政策,并使之与欧盟法律保持一致。

4. 俄罗斯

2019 年 5 月 1 日,俄罗斯总统弗拉基米尔·普京签署了一项法令（《主权互联网法》）,扩大了政府对互联网的控制。该法要求俄罗斯互联网服务提供商安装设备,将俄罗斯互联网上的流量路由至俄罗斯境内的服务器。支持者称此为防范美国或其他敌对势力切断俄罗斯互联网的措施。[④]

根据该立法,政府将通过集中"通用通信网络"处理"对俄罗斯互联网在俄罗斯境内稳

---

① Irion, K. (2012). "Government Cloud Computing and National Data Sovereignty". Policy & Internet, Vol. 4, Issue 3-4, pages 40-71. Accessible at https://onlinelibrary. wiley. com/doi/abs/10. 1002/poi3. 10.

② Beeby, D. (2017). "Secret Government of Canada data stored on U. S. servers? Memo raises possibility". CBC News, Sept. 8, 2017. Accessible at https://www. cbc. ca/news/politics/storage-data-cloud-government-canadian-shared-services-microsoft-secret-1. 4277836.

③ Morgan, C. (2017). "Data Protected - Canada". Linklaters, 2017. Available at https://www. linklaters. com/en-us/insights/data-protected/data-protected—canada.

④ Doffman, Z. (2019). "Putin Signs 'Russian Internet Law' to Disconnect Russia from the World Wide Web". Forbes, May 1, 2019. Accessible at https://www. forbes. com/sites/zakdoffman/2019/05/01/putin-signs-russian-internet-law-to-disconnect-the-country-from-the-world-wide-web/#5da76d331bf1.

定、安全的整体运营的威胁"。更简单地说，该法为俄罗斯制定了替代域名系统（DNS）的计划，若与万维网断开连接、或政府认为断开连接有利，便可启动替代方案。互联网服务提供商将被迫与任何外国服务器断开连接，转而依赖俄罗斯的域名系统提供服务。[1][2]

5.印度

印度提出了多项要求数据本地化的法律法规。印度通信部制定了数据传输要求作为2011年隐私规则的部分修订，可能（但尚未）用于限制包含个人信息的数据的流动。"个人敏感数据或信息"传输出境仅限于两个特定情况——"必要"时或主体同意时。由于很难确定数据传输出境是"必要的"，规定禁止未经个人同意的传输出境。通信部澄清称，此类规则仅适用于收集印度公民数据且设立在印度的公司。从理论上而言，此类法律具有限制性，但印度迄今为止尚未使用法律要求本地存储数据。[3]

2012年，印度《国家数据共享与开放政策》颁布生效，意味着政府数据（政府机构拥有和/或使用公共资金收集的数据）必须存储在本地数据中心。

2014年2月，印度国家安全委员会提出政策提案，要求全部电子邮件提供商为其印度业务设置本地服务器并强制与印度两个用户间的通信相关的全部数据均保留在印度国内，从而实现数据本地化。

2014年，印度颁布《公司（账户）条例》，要求将主要存储地为海外的财务信息的备份存储在印度。

2015年，印度发布《国家电信业机对机路线图》，要求为印度客户提供服务的全部相关网关和应用服务器置于印度。该路线图尚未予以实施。

印度政府机构亦将数据本地化作为云提供商竞标政府合同的要求。例如，2015年，印度电子和信息技术局发布导则，要求争取政府合同认证的云提供商将全部数据存储在印度。[4]

印度目前正考虑实施全面的数据跨境流动和电子商务政策。政策草案分为6类——数据、基础设施开发、电子商务市场、监管问题、刺激国内数字经济和通过电子商务拉动出口。对于数据的跨境流动，政策草案中建议的战略为：限制数据跨境流动。对安装在公共空间的

① Doffman, Z. (2019). "Putin Signs 'Russian Internet Law' to Disconnect Russia from the World Wide Web". Forbes, May 1, 2019. Accessible at https://www.forbes.com/sites/zakdoffman/2019/05/01/putin-signs-russian-internet-law-to-disconnect-the-country-from-the-world-wide-web/#5da76d331bf1.

② Meyer, D. (2019). "Russia: No we don't want to curb online freedoms - we want to protect our Internet". ZDNet, March 11, 2019. Accessible at https://www.zdnet.com/article/russia-no-we-dont-want-to-curb-online-freedoms-we-want-to-protect-internet/.

③ Cory, N. (2017). "Cross-Border Data Flows: Where Are the Barriers, and What do they Cost?" Information Technology and Innovation Foundation, May 2017. Accessible (.pdf) at https://www.google.com/url? sa=t&rct=j&q=&esrc=s&source=web&cd=1&cad=rja&uact=8&ved=2ahUKEwiAnPLcnIjkAhUPyFkKHTeBQAQFjAAegQIARAB&url=https%3A%2F%2Fitif.org%2Fpublications%2F2017%2F05%2F01%2Fcross-border-data-flows-where-are-barriers-and-what-do-they-cost&usg=AOvVaw1w-xG3FjO1QJAPb7LvvPPi.

④ Cory, N. (2017). "Cross-Border Data Flows: Where Are the Barriers, and What do they Cost?" Information Technology and Innovation Foundation, May 2017. Accessible (.pdf) at https://www.google.com/url? sa=t&rct=j&q=&esrc=s&source=web&cd=1&cad=rja&uact=8&ved=2ahUKEwiAnPLcnIjkAhUPyFkKHTeBQAQFjAAegQIARAB&url=https%3A%2F%2Fitif.org%2Fpublications%2F2017%2F05%2F01%2Fcross-border-data-flows-where-are-barriers-and-what-do-they-cost&usg=AOvVaw1w-xG3FjO1QJAPb7LvvPPi.

"物联网(IoT)"设备收集的数据及印度用户在电子商务平台、社交媒体、搜索引擎等各类来源生成的数据,政策草案对其跨境流动将予以更为严格的限制。[1][2]

对已在印度收集或处理且由印度境外其他商业实体或第三方在境外存储的敏感数据,即使征得客户同意,草案亦限制对其进行共享。未经印度主管部门事先许可,不得向外国政府提供此类数据,若印度主管部门提出请求,应立即向其开放全部此类数据。这些限制条件旨在对数据行使主权,被视为重度保护主义的举动。不受草案限制的跨境流动包括:①非在印度境内收集的数据;②发送至印度的、印度境外的商业实体与印度商业实体间的商业合同中的B2B数据;③软件和云计算服务涉及的、对个人或社区无任何影响的技术数据的流动;④跨国公司跨境转移数据,此类数据主要为公司及其生态系统内部的数据,不包含印度用户从电子商务平台、社交媒体活动、搜索引擎等各类来源生成的数据。[3][4]

3.4.5 平息数据主权/数据跨境流动论战的政策提案

对于数据主权和数据跨境流动原则间的冲突,目前尚无广为各国接受的解决方案,实际上,各国所持意见迥异。但为在保持国家数据安全的同时简化数据的国际流动,已提出了实现数据本地化的若干备选方案。虽然本文的目的并非逐一审视解决国际数据问题的各项提案,但有必要对部分备选方案加以注意,以便了解已被提议(和正被提议)的多项互不相容的措施。以下列举了部分措施,按其来源和/或作者排序,排名不分先后。

• 欧盟委员会建议数据传输规则同时采用合同模型和公司法模型。在缺乏对规则的全球共识的情况下,委员会提议展开双边、多边和区域合作[5]。

• 阿伦森(Aronson)。在缺乏WTO协议的情况下,应以实现最高水平的互操作为目标[6]。需将"自由流动"与数字版权相结合。信息流动并非"服务贸易"。更为清楚地表述政府如何以及何时限制信息的流动。[7]

• 互联网治理论坛建议创建由贸易和互联网治理社区参与的多轨、多利益攸关方模式。

---

① Shashidhr, K. J. (2019). "India's draft e-commerce policy: A need to look beyond data as the new oil". Observer Research Foundation, March 30, 2019. Accessible at https://www.orfonline.org/expert-speak/indias-draft-e-commerce-policy-a-need-to-look-beyond-data-as-the-new-oil-49413/.

② Charles, Ammu (2019). "Highlights of Draft E-Commerce Policy". LiveLaw.in, February 27, 2019. Accessible at https://www.livelaw.in/columns/highlights-of-draft-e-commerce-policy-143201.

③ Shashidhr, K. J. (2019). "India's draft e-commerce policy: A need to look beyond data as the new oil". Observer Research Foundation, March 30, 2019. Accessible at https://www.orfonline.org/expert-speak/indias-draft-e-commerce-policy-a-need-to-look-beyond-data-as-the-new-oil-49413/.

④ Charles, Ammu (2019). "Highlights of Draft E-Commerce Policy". LiveLaw.in, February 27, 2019. Accessible at https://www.livelaw.in/columns/highlights-of-draft-e-commerce-policy-143201.

⑤ Kong, L. (2010). "Data Protection and Transborder Data Flow in the European and Global Context". The European Journal of International Law, Vol. 21 no.2, 2010. Downloadable from http://www.ejil.org/pdfs/21/2/2007.pdf.

⑥ Aaronson, S. A. and M Townes (2014). "Can Trade Policy Set Information Free: Trade Agreements, Internet Governance and Internet Freedom. Policy Brief, Institute for International Economic Policy, June 2014. Accessible at http://www.gwu.edu/~iiep/governance/taig/CanTradePolicySetInformationFreeFINAL.pdf. Google Scholar.

⑦ Aaronson, S. (2015). "Why Trade Agreements are not Setting Information Free: The Lost History and Reinvigorated Debate over Cross-Border Data Flows, Human Rights, and National Security?" World Trade Review, October, 2015. Accessed through Penn State Libraries/ProQuest, May 1, 2019.

需要的是全球反托拉斯机制和全球数据保护规范,而非贸易协定①

- 贸发会议建议:①加强非条约制定方的政府间论坛的作用;②在政府间机制下展开更具包容性的对话(政府拥有最终发言权)
- 世界经济论坛《白皮书》,展开更多业内对话,加大数据收集。
- 经合组织监管选项:①地域;②组织("问责制原则")。混合模式可能最佳。寻求监管法规的透明度。研究经济效应。②
- 钱德尔(Chander)。由私营部门的合同条款处理。③
- 新美国基金会。拒绝以地域为基础的管控框架。采用模糊地理界限的管辖和运营框架,以数据流的"控制点"为前提。④
- 商业圆桌会。企业必须携手应对数据的跨境流动。需要展开全球对话。⑤
- 信息技术与创新基金会。提出"受信任的数据自由流动"。"志同道合"的各国(基于规则的开放贸易)基于"问责制"原则和加密,就核心原则和规则(数据的《日内瓦公约》)达成一致。数据的"自由流动"是理所应当的。避免"普世主义"(协调)和巴尔干化(本地化)的双重危险。⑥
- 格伦(Glen)。存在三种模式:开放型多国模式;压制型多边模式;开放型多边模式。国际电联应向开放型多边模式发展。⑦
- 伊利翁(Irion)。合同安排并不足够。与外交豁免相似。认为超国家虚拟空间的规则不可能统一。OECD 应根据有关标准的协议寻求最低限度的协调一致。使用区域标准设置。⑧
- 韦伯(Weber)。问责制模式(加拿大),在国家框架内自愿遵守。自我监管(新加坡模式)。归属国地域模式("充足的保护水平")和组织模式(数据持有方的合规责任)。标准

① Drake, W. (2017). "IGF 2017 WS#32 Data Localization and Barriers to Crossborder Data Flows: Toward a Multi-Track Approach". Internet Governance Forum, 2017. Accessible at https://www.intgovforum.org/multilingual/content/igf-2017-ws-32-data-localization-and-barriers-to-crossborder-data-flows-toward-a-multi-track.

② Kuner, C. (2011). "Regulation of Transborder Data Flows under Data Protection and Privacy Law: Past, Present and Future". OECD Digital Economy Papers No. 187". OECD Publishing, 2011. Downloadable from http://www.kuner.com/my-publications-and-writing/untitled/kuner-oecd-tbdf-paper.pdf.

③ Chander, A. and U. P. Le (2014). "Breaking the Web: Data Localization vs. the Global Internet". Legal Studies Research Paper (2014-1), Emory Law Journal, UC Davis Legal Studies Research Paper No. 378, http://ssrn.com/abstract=2407858 or http://dx.doi.org/10.2139/ssrn.2407858.

④ Hill, J. and Matthew Noyes (2018). "Rethinking Data, Geography, and Jurisdiction: Towards a Common Framework for Harmonizing Global Data Flow Controls". New America Foundation, February 2018. Accessible at https://newamerica.org/documents/2084/Rethinking_Data_Geography_Jurisdiction_2.21.pdf.

⑤ Business Roundtable (2015). "Putting Data to Work: Maximizing the Value of Information in an Interconnected World". Business Round Table. Accessible at http://brt.org/resources/putting-data-work-maximizing-value-information-interconnect-world.

⑥ Cory, N., Robert Atkinson and Daniel Castro (2019a). "Principles and Policies for "Data Free Flow with Trust". Information Technology and Innovation Foundation, May 2019. Accessible at https://itif.org/printpdf/8517.

⑦ Glen, C. (2014). "Internet Governance: Territorializing Cyberspace?" Politics & Policy, Vol. 42, No. 5 (2014). Accessible at Wiley Online Publishing (fee) at https://onlinelibrary.wiley.com/doi/abs/10.1111/polp.12093 Accessed through Penn State University Library.

⑧ Irion, K. (2012). "Government Cloud Computing and National Data Sovereignty". Policy & Internet, Vol. 4, Issue 3-4, pages 40-71. Accessible at https://onlinelibrary.wiley.com/doi/abs/10.1002/poi3.10.

合同规则。需要平衡各类模式。①

由此可见,数据全球流动的监管解决方案多种多样。若能达成某种全球性或一般性决议,"数据本地化"的需求将大大减少。然而,新美国基金会的观点似乎最为中肯:

"我们认识到,不太可能就决定数据流动是否正当的关键规范性义务和约束达成广泛的国际共识……"②

4.相关政策问题

对数据主权和数据跨境流动的探讨必然也包括某些相邻政策领域和/或相关的政策问题,如隐私、安全和人权。这些虽非本文的核心重点,但下文仍就此进行了讨论。

4.1 数据跨境流动和世界人权宣言

1948 年 12 月,联合国批准《世界人权宣言》(UDHR)。《宣言》第 19 条内容如下:

"人人有权享有主张和发表意见的自由;此项权利包括持有主张而不受干涉的自由,以及通过任何媒介和不论国界寻求、接收和传播信息和思想的自由。"③

这一概念的基础是美国总统富兰克林·罗斯福 1941 年的"四大自由"演讲,演讲介绍了盟国的战争目标。四项自由是:

- 言论自由;
- 宗教信仰自由;
- 不虞匮乏的自由;
- 免于恐惧的自由。

讨论主权时还应注意《世界人权宣言》第 29 条第 2 款规定:

"每个人行使权利和自由时仅受法律所规定的限制,限制应仅是确保他人的权利和自由得到适当承认和尊重并满足民主社会道德、公共秩序和普遍福祉的正当要求。"④

许多人士将《宣言》视作国际人权法的基础。70 余年来,《宣言》得到广泛尊重。部分人士认为其已成为国际习惯法的一部分,但《宣言》并非条约,亦无约束力或自我实施条款,通

---

① Weber, R. (2013). *"Transborder data transfers: concepts, regulatory approaches and new legislative initiatives"*. International Data Privacy Law, 2013, Vol. 3, No. 2, pp. 117-130. Accessible on request (.pdf) at https://www.researchgate.net/publication/273026361_Transborder_data_transfers_concepts_regulatory_approaches_and_new_legislative_initiatives.

② Hill, J. and Matthew Noyes (2018). "Rethinking Data, Geography, and Jurisdiction: Towards a Common Framework for Harmonizing Global Data Flow Controls". New America Foundation, February 2018. Accessible at https://newamerica.org/documents/2084/Rethinking_Data_Geography_Jurisdiction_2.21.pdf.

③ United Nations (1948). "Universal Declaration of Human Rights 1948". Adopted and proclaimed by General Assembly resolution 217 A (III) of 10 December 1948. Accessible at: https://www.un.org/en/universal-declaration-human-rights/.

④ United Nations (1948). "Universal Declaration of Human Rights 1948". Adopted and proclaimed by General Assembly resolution 217 A (III) of 10 December 1948. Accessible at: https://www.un.org/en/universal-declaration-human-rights/.

常不会纳入各国法律。[①][②][③] 各国在很大程度上为便宜行事和"示人以德"对《宣言》表示尊重，但在实践中却视自身利益需求而行事。[④]

根据国际人权法，各国有义务保护境内公众的权利并为其提供安全保障。但政府要保护、尊重和补救《世界人权宣言》及其相关盟约中的各项人权却并非易事。决策机构的治理专长、资金和意愿是必须的。

此外，公民常常发现，在公民权利和政治权利不受承认或尊重的国家难以要求对其权利给予尊重，甚至存在危险。因此，承认并尊重人权是一项持续性工作。政府面临平衡人权的挑战（如隐私和言论自由之争）。虽然人权被认为具有普遍性且不可分割，大多数政府都将保护生命权或公民安全作为人权保护的优先重点。与贸易法一样，国际人权法也包含国家安全的例外情况。[⑤][⑥]

2012年，联合国人权理事会批准了关于"在互联网促进、保护和享受人权"的决议。第A/HRC/20L.13号决议确认人们在线上与线下拥有相同的权利，此类权利的适用"不受国界限制"。但许多国家并未始终尊重此类权利。在数据主权/数据跨境流动的背景下似乎并不存在强大、稳定的"人权"框架，且多与贸易问题混为一谈。[⑦]

4.2 隐私和数据安全

国家立法和原则涵盖了诸如保护数据安全和信息披露等问题，包括数据的境外传输。若信息敏感，义务则更为繁重。此类信息通常包括健康、性取向或政治背景的相关信息。企业必须合理实施安全保障措施并采取合理行动保护此类信息。

其他问题亦可能增加保护数据和隐私义务合规的成本。企业将数据出境存储前，需对数据进行盘点，确定是否有任何数据受法律保护。例如，法律规定对健康记录予以保密。同样，信息可能因法律、财务或此双重原因受到保护。企业可能需要在上云存储前正式对数据

① Estadella-Yuste, O. (1991). "Transborder Data Flows and the Sources of Public International Law". 16 N. C. J. Int'l L. & Com. Reg. 379 (1991). Accessible at: http://scholarship. law. unc. edu/ncilj/vol16/iss2/8.

② Damon, L. (1986). "Freedom of Information vs. National Sovereignty: The Need for a New Global Forum for the Resolution of Transborder Data Flow Problems". Fordham International Law Journal, Vol. 10, Issue 2, 1986. Accessible at: https://ir. lawnet. fordham. edu/ilj/vol10/iss2/4/.

③ Feldman, M. (1983). "Commercial Speech, Transborder Data Flows and the Right to Communicate Under International Law". American Bar Association, International Lawyer, Vol. 17, No. 1 (Winter 1983), pp. 87-95. Accessed through Penn State Libraries in JSTOR at https://www. jstor. org/stable/40705414.

④ Bothe, M. (1989). "Transborder Data Flows: Do We Mean Freedom or Business?" 10 Mich. J. Int'l L. 333 (1989). Accessible at https://repository. law. umich. edu/mjil/vol10/iss2/1/.

⑤ Aaronson, S. (2016). "At the Intersection of Cross-Border Information Flows and Human Rights: TPP as a Case Study". HEP-WP-2016-12, Institute for International Economic Policy, Washington, D. C., May 2016. Accessible at: https://www. researchgate. net/publication/305115467_AT_the_Intersection_Cross-Border_Information_Flows_Human_Rights_and_Internet_Governance.

⑥ Aaronson, S. A. and M Townes (2014). "Can Trade Policy Set Information Free: Trade Agreements, Internet Governance and Internet Freedom. Policy Brief, Institute for International Economic Policy, June 2014. Accessible at http://www. gwu. edu/~iiep/governance/taig/CanTradePolicySetInformationFreeFINAL. pdf. Google Scholar.

⑦ Aaronson, S. (2016). "At the Intersection of Cross-Border Information Flows and Human Rights: TPP as a Case Study". HEP-WP-2016-12, Institute for International Economic Policy, Washington, D. C., May 2016. Accessible at: https://www. researchgate. net/publication/305115467_AT_the_Intersection_Cross-Border_Information_Flows_Human_Rights_and_Internet_Governance.

进行脱敏。但若任何原始身份或身份标识符可经合理推断获得,则可重新考虑隐私法的有关规定。数据提供方还需确保其服务提供商不会在其他任何辖区的其他任何服务器上复制信息。①

4.3 隐私和数据主权

"隐私"一词并无广为接受的定义,但广义上是指保护个体的个人数据空间。可将数据保护视为隐私的一个特定方面,为个人提供了权利,决定如何处理可识别其身份或与其相关的数据,并对此类数据的处理给予特定保障。

欧盟《通用数据保护条例》(GDPR)等法律法规不断演变,为数据隐私的论战增添了紧迫感。《条例》允许的国际数据传输保障要求企业有关个人数据处理的 IT 安全参数更为透明。

马洛里(Mallory)指出的一个潜在解决方案是商业客户自主选择互连,允许网络提供商、云提供商和企业直接通过专有连接共享数据。此做法可实现云的经济性和灵活性,同时把控数据的位置和隐私。专有云连接绕过了互联网,当今互联网普遍存在的网络罪犯、恶意软件和其他日新月异的威胁不会直接冲击数据。此类专有连接还可避免互联网拥塞,有助提供可预测、低时延的性能。②

5.展望

本文开篇聚焦三个关键主题:数据主权、数据跨境流动和数据本地化。在收尾部分,笔者认识到未来尚有第四个关键因素且其可能成为控制因素:极度依赖数据的新兴技术。

5.1 数据主权

在地理边界内建立国家数据主权似乎是安全且广为被接受的。关于数据主权的域外主张或解决主权冲突的办法,目前尚无普遍接受的规则。争议性问题并非通过一般性决议,而是通过互惠的双边和多边协议逐步得到解决,在数据的合法管辖权问题上尤为如此。有关多利益攸关方模式与多边主义和全球网络空间治理的论战引发了互联网/网络主权的问题。似乎并无即刻解决此类根本性差异的办法。

5.2 数据跨境流动

数据跨境流动的问题与电子商务、隐私和信息自由流动等问题密切相关。当前,各国政策并未统一,但欧盟似乎已通过 GDPR 占据主导地位,其他国家的政策中或完整或部分地

---

① Hemingway, C. (2017). "What is Data Sovereignty?" Legalvision, December 14, 2017. Accessible at https://legalvision.com.au/what-is-data-sovereignty/.

② Mallory, R. (2018). "How Data Sovereignty Will Affect IT in 2018". Data Center Knowledge, January 10, 2018. Accessible at https://www.datacenterknowledge.com/industry-perspectives/how-data-sovereignty-will-affect-it-2018.

考虑并反映了 GDPR 的有关内容,美国基本除外。[1][2] 欧盟寻求的是"协调"政策,而美国则寻求"互操作性"。世贸组织有关数字电子商务的谈判进展缓慢,部分原因在于各国对其适用范围持不同观点,在"数据"的含义上,各国似乎又一次意见相左。欧盟是隐私政策的主导者,但美国到目前为止尚未处理好这一概念。人权和"自由流动"问题似乎无处安放,因为其既不完全属于贸易谈判的范畴,在其他领域又全无"利齿"。在诸多情况下,享受"通过任何媒介和不论国界寻求、接收和传播信息和思想"的人权均需具备重要资格。

5.3 数据本地化

互联网越"本地化",越会削减其有益作用。控制进出某国的信息流的方法很多,有的严格,有的宽松。通过某种形式的折中有可能平衡信息的敏感性与其实用性和价值,但需根据国情、具体问题具体分析,对数据来源、传输、存储和处理设施实施问责制的监管规定亦是如此。在某些情况下,本地化更多的是政治性、象征性的问题,而非经济或社会问题,此种情形下,数据跨境流动的实际效用不具有现实意义。随着数据密集型新技术的广泛普及,数据本地化的负面影响将日益明显。

5.4 新兴技术

数据主权、数据跨境流动和数据本地化理念的基础均是围绕旧技术设计的政策和假设。物联网"云""大数据""人工智能"和量子计算等新技术的成功皆以尽可能多地从各类来源大量、稳定且不断获得数据流为前提。不言而喻,数据本地化与未来主要技术的需求背道而驰。为获取对此类技术的主导和支配地位而进行的大幅投资与数据本地化的原则不一致。可以预见,未来数据本地化程度最低的国家将从数据技术中获得最大收益。

5.5 展望

如何协调数据主权和数据跨境流动?需求很明确,但问题似乎难以解决。没有简单的短期解决方案。对大多数自由经济体而言,未来的道路似乎是通过政策趋同而令规则相容,形成不同程度的数据保护。目前尚不清楚此类规则如何(或能否)解决人权意义上的"自由流动"问题,此问题现在尚须在单独的、强制性较低的文书中加以解决。[3] 对代表世界很大一部分人口的部分国家而言,政治和文化阻力将为数据本地化提供支撑,成为日益阻碍潜在进展的一个锚点。

---

[1] Lomas,N. (2018a). "Europe is drawing fresh battle lines around the ethics of big data". Techcrunch, October 3, 2018. Accessible at https://techcrunch.com/2018/10/03/europe-is-drawing-fresh-battle-lines-around-the-ethics-of-big-data/.

[2] Lomas,N. (2018b). "ePrivacy: An overview of Europe's other big privacy rule change". Techcrunch,October 7, 2018. Accessible at https://techcrunch.com/2018/10/07/eprivacy-an-overview-of-europes-other-big-privacy-rule-change/.

[3] Kong,L. (2010). "Data Protection and Transborder Data Flow in the European and Global Context". The European Journal of International Law, Vol. 21 no.2, 2010. Downloadable from http://www.ejil.org/pdfs/21/2/2007.pdf.

数据治理的经济影响与策略选择研究

作者：付 伟 博士

京东集团法律研究院产业经济研究中心主任

摘 要：无规矩不成方圆，数字经济时代尤其如此。数据治理规则作为数字经济时代的"规"和"矩"，既可以对经济产生显著的短期冲击，也可能对经济发展造成长期的影响。世界主要国家和地区在构建数据治理体系时，都会将数据治理的经济影响纳入考量范围，但是由于发展阶段和基本国情的各不相同，数据治理的路径和策略的选择存在较大差异。本文提出要通过求同存异、增进信任、面向未来的数据治理理念，不断加强数据治理的国际合作，既满足数字经济不断向前发展的需要，也要共享全球数字经济发展的成果。

关键词：数据治理 数字经济 经济影响 策略选择 倒 U 曲线

1. 引言：数字经济时代的数据治理

我们正在经历数据大爆炸，IDC(2018)预测全球数据总量将会从 2018 年的 33ZB 增加至 2025 年的 175ZB[①]。数字经济已成为继农业经济、工业经济之后的重要经济形态，数据之于数字经济的重要性犹如土地之于农业经济、能源之于工业经济。面临如此大规模的数据，任何数据的收集、处理、利用和流动等数据治理规则都意味着巨大的权益分配，这其中既包含经济利益，也包含非经济利益。但从经济利益方面看，这将决定数字经济如何发展，以及谁将受益于数字经济的发展。本文重点关注数据治理带来的经济权益分配及影响等问题。

长期以来，数据治理(Data Governance)关注的重点是企业组织对其拥有的数据进行管理的各个方面，核心在于确保数据在其全生命周期中的可得性、可用性、一致性、完整性和安全性等[②]。数据治理除了包含数据管理的内容外，还更加重视数据相关的流程及权责划分等，实际上是有关数据的技术、过程、标准和政策的集合[③]。但是，随着数字经济的快速发展和数据价值的不断释放，基于数据商业利益的纠纷(LinkedIn Vs hiQ)、侵犯个人隐私(脸书用户个人信息泄露事件)以及危害国家安全(剑桥分析事件)等案件不断出现，数据治理关注的范围在不断扩展，参与方和治理目标更加多元。付伟(2019)将数据治理定义总结归纳为，一国政府对其数据在收集、处理、利用、保护等方面采取的立场、主张以及与之对应的政策、策略和措施的集合，并将其分为国际和国内两个方面，具体包含了数据确权、隐私保护、流通利用、跨境流动、数据安全等问题[④]。

---

① David Reinsel, John Gantz, John Rydning. The Digitization of the World From Edge to Core[R]. IDC, 2018-11.

② Data governance. [2019-5-8] https://en.wikipedia.org/wiki/Data_governance.

③ 张宁,袁勤俭.《数据治理研究述评》载《情报杂志》,2017(05):133-138+167.

④ 付伟:《中国数据产业发展研究》,北京邮电大学博士论文,2019:102-103.

　　数据治理如何对经济产生影响并非是线性的,随着数据治理要求的提升并非单一的促进经济或者抑制经济的发展。从经济影响来看,数据治理规则一旦制定并实施就能够对企业的生产造成显著的短期冲击,也可能由于在长期潜移默化中改变企业家预期和产业结构,因此数据治理的经济影响需要从短期和长期两个维度来分析探讨。此外,虽然世界各国和地区在构建数据治理体系时都将促进经济发展作为重要的考量因素,但是由于各国的发展水平和基本国情存在较大的差异,各个国家和地区的路径和策略是不同的,由此导致了各国和地区在数据治理领域的分歧比较严重。因此,如何弥合分歧、加强合作、促进发展是当前全球数据治理建设需要关注的重点。

2. 数据治理经济影响的传导机制

　　数据治理体系是国家法治化发展的重要组成部分,对于增强人们利用信息技术、发展数字经济的信心至关重要,也是有效保障国家数据安全、促进数据产业发展和保护个人隐私的基本要求。欧盟《一般数据保护条例》(GDPR)实施之后,美国信息技术创新基金会(ITIF)对 21 个国家的研究显示,在一定的个人信息保护水平基线以下,提高个人信息保护水平可以提高人们的信任水平并促进数字经济的发展,当个人信息保护水平提高基线以上时,继续加强监管并不能带来额外的信任,也不能进一步促进数字经济发展,并可能抑制或减少数字经济创新[1]。数据治理需要与国民经济、社会发展水平以及产业阶段相适应,否则会产生相反的效果。数据治理规则对数字经济产生影响的机制可以简单地描述为:当数据保护水平不足时,发展数字经济缺乏必须信任基础,从而不利于数字经济发展;当数据保护水平不断提升时,人们对发展数字经济的信任也随之增强,并有助于促进数字经济发展;当数据保护水平过高时,数字企业的合规成本超过了创新预期可以带来的收益,企业家进行数字经济领域的投资意愿会下降,最终不利于数字经济发展。从整体上看,数据治理与经济发展之间呈现倒 U 型的曲线关系(如图 1 所示)。因此,数据治理的核心目标是寻求最佳的数据监管水平或强度,以保证个人隐私保护、数据产业发展和国家数据安全的诉求得到不同程度的满足,并根据实际的需要进行调节以达到全社会的利益最大化。

3. 数据治理的短期经济影响分析及案例

　　在短期经济影响分析中,数据治理规则产生后,企业短期内往往无法改变资本和人力等全部生产要素资源投入的比例和结构,此时数据治理主要作为外生变量对经济系统产生影响。数据企业及相关数据业务由于需要满足监管层面的数据治理合规要求,必须对其产品和服务进行调整,从而对数据业务和数字经济造成冲击。这种冲击的大小取决于数据治理规则对数据合规要求的高低,也取决于监管执法机构的执法力度和覆盖范围。一般来讲,数据治理规则对数据合规的要求越高,执法机构的覆盖范围越大、越严格,则对经济造成的冲

---

① ITIF. Why Stronger Privacy Regulations Do Not Spur Increased Internet Use. (2018-7-21)[2019-8-27] http://www2.itif.org/2018-trust-privacy.pdf.

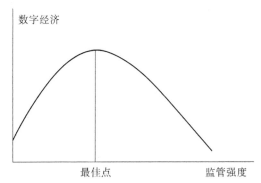

图 1　数据治理的监管强度与数字经济发展之间的倒"U"曲线

击越大。在全球范围来看,欧盟《一般数据保护条例》(GDPR)的实施是 2018 年 5 月以来对全球影响最大的数据治理事件,同时对欧盟自身的产业和经济产生了显著影响。

GDPR 构建了一套高标准的数据保护机制,赋予了数据主体访问权、被遗忘权、限制处理权、可携带权、拒绝处理权、获取信息权等大量的权利,同时欧盟还通过建立"白名单"制度对其数据流入国进行严格限定,对损害欧盟公民个人数据权益的企业提出了巨额罚款[①],同时建立了成员国数据保护机构之间的合作机制以及与欧洲数据保护委员会的一致性机制等[②]。欧盟数据保护委员会的数据显示,GDPR 实施后 9 个月内(2018 年 5 月到 2019 年 2月),欧洲经济区的 31 个国家的数据保护机构共接到 206 326 起案例报告,其中 52％已经结案,累计行政罚款超过 5 595 万欧元[③]。

欧盟的官方机构没有对 GDPR 实施后对经济影响进行评估,但是学界和产业界普遍认为 GDPR 对欧盟数字经济发展产生了比较严重的负面影响。美国国家经济研究局(NBER)2018 年的研究显示,GDPR 实施后欧盟国家企业的融资额和融资案例数都显著下降,使得成立 0～3 年、3～6 年、6～9 年企业的每笔交易融资额减少 27.1％、31.4％和 77.3％,造成的岗位流失相当于样本新兴企业雇员的 4.09％～11.20％(剔除 GDPR 可能创造的就业岗位),并对已经获得天使投资,正在寻求风险投资的新兴企业造成的影响最大[④]。德国的一项研究表明,对比 GDPR 实施前后谷歌、脸书及大量中小企业在数字广告市场的份额变化的情况,中小企业的市场份额下降了 18％～31％,脸书的市场份额降低了约 7 个百分点,谷歌作为全球最大的数字广告提供商其市场份额增加了 1％[⑤]。

　　＊2018 年 4 月数据与 6 月数据进行对比,如图 2 所示。

---

　　① 具体行政罚款分为两档:第一档为上至 1 000 万欧元罚款或最高为上一财年全球营业额的 2％,以金额较高者为准;第二档为上至 2 000 万欧元罚款或最高为上一财年全球营业额的 4％,以金额较高者为准。

　　② 京东法律研究院:《欧盟数据宪章》,北京:法律出版社,2018:24-27。

　　③ European Data Protection Board. First overview on the implementation of the GDPR and the roles and means of the national supervisory authorities[R], 2019-2:12-13.

　　④ Jian Jia, Ginger Zhe Jin, Liad Wagman: The Short-Run Effects of GDPR on Technology Venture Investment. (2018-11)[2019-1-30] https://www.nber.org/papers/w25248.pdf.

　　⑤ Cliqz. Study: Google is the biggest beneficiary of the GDPR. [2019-8-27] https://cliqz.com/en/magazine/study-google-is-the-biggest-beneficiary-of-the-gdpr.

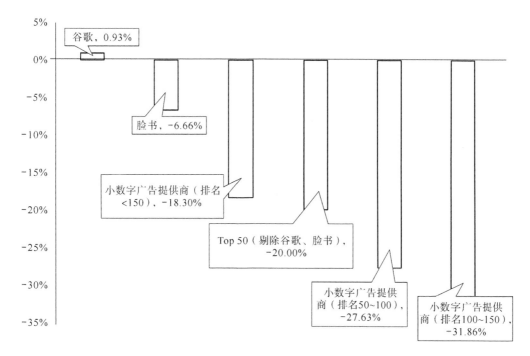

图 2　GDPR 实施前后数字广告供应商在欧盟市场的份额变化情况

资料来源：Study：Google is the biggest beneficiary of the GDPR，2018-10-10.

　　面对更加严格的监管要求，大企业拥有更多的资源进行合规和新技术、新系统的研发，行业的准入门槛将越来越高，部分中小企业迫于压力可能会选择退出市场。中小企业在吸引就业、细分领域创新等方面具有重要作用和优势，是数字经济的重要组成部分，其退出市场势必会对阻碍数字经济的高质量发展。

4. 数据治理的长期经济影响分析及案例

　　一般地，数据治理产生的短期经济影响可能随着产业的发展得到修正，而数据治理带来的长期经济影响则可能更加深刻。在长期经济影响分析中，企业可以根据数据治理的要求调整资本和人力等全部生产要素的投入比例，以调整相关的数据产品和服务等业务，甚至在面临过严的数据合规要求时，由于无利可图而选择退出相关市场，此时可以将数据治理作为内生变量来考虑其对经济系统的影响。"欧盟没有大型互联网公司"这一现象可以利用数据治理产生的长期经济影响来解释。

　　众所周知，欧盟是全球经济最为发达的地区之一，拥有众多一流的企业、大学、学校和科学家，尤其是其工业经济高度发达，在企业工业、高端装备、工业软件等战略性新兴产业领域都具备非常强的竞争力，也拥有诸如大众、宝马、戴姆勒、西门子、SAP、博世、飞利浦等著名的大型工业企业。同时，欧盟也是全球主要的数字经济市场之一，其互联网日均活跃用户超过 3 亿人，预计到 2020 年潜在数据经济增加值将超过 7 000 亿欧元，同时创造就业岗位超过 1 000 万个①。但是,令人感到意外的是,过去二十多年欧盟鲜见有大型互联网企业出现。根据 Wiki 统计的数据,截至 2019 年 6 月,全球有 12 家营收超过 100 亿美元的大型互联网公司,其中美国有 8 家,另外 4 家位于中国,欧盟尚无营收规模超过 100 亿美元的互联网企业(见表1)。此外,玛丽·米克尔的《2019 年互联网趋势报告》也显示,截至 2019 年 6 月 7 日,全球市值前 30 的互联网公司榜单,美国有 18 家,中国 7 家,仅有 1 家位于欧洲(瑞典的 Spotfy 排名第 30 位)。

表 1　全球营收超过 100 亿美元的大型互联网公司

排名	企业	收入(亿美元)	财年	员工数	成立年份
1	(美国)Amazon	749.4	2018 年	647 500	2002 年
2	(美国)Google	758.0	2018 年	98 771	1998 年
3	(中国)JD.com	672	2018 年	178 000	1998 年
4	(美国)Facebook	550.1	2018 年	25 105	2004 年
5	(中国)Alibaba	399.0	2018 年	66 421	1999 年
6	(中国)Tencent	363.9	2017 年	44 796	1998 年
7	(美国)Netflix	158	2018 年	5 400	1997 年
8	(美国)Booking	127	2017 年	22 900	1996 年
9	(中国)Baidu	124.0	2016 年	45 887	2000 年
10	(美国)eBay	107.5	2018 年	14 000	1995 年
11	(美国)Salesforce.com	105	2018 年	29 000	1999 年
12	(美国)Expedia	101	2017 年	20 000	1996 年

资料来源:Wikipedia,2019-6。

传统的观点一般会认为欧盟成员国的语言、法规不统一,欧盟范围内的数据流动不畅,数字市场碎片化比较严重等,这也是欧盟实施数字单一市场战略②的主要依据之一。但是,这些因素无法解释谷歌、脸书、亚马逊等美国大型互联网公司在欧盟占据了大的市场份额,欧盟已经成为这些公司的主要收入来源地之一这一事实。为此,论文从数据治理带来的长期经济影响角度,提出了一个解释:欧盟早期实施的较为严格的数据治理规则制约了欧盟本土互联网企业的资本积累,导致欧盟本土互联网企业在技术、人才和资本方面长期处于弱势地位,最终丧失了在互联网,特别是移动互联网领域的全球竞争力。

欧盟推进数据治理的历史比较长,早在 1995 年就制定了《数据保护指令》(95 指令),为欧盟成员国(当时为欧共体)的个人数据保护提供了统一的立法蓝本。为了应对互联网快速发展对个人隐私的冲击,欧盟启动了对 95 指令的修订,并于 2002 年发布了《隐私与电子通讯指令》,明确规定了互联网企业需要获得用户的明确同意才能够存储和使用用户的数据,

---

① European Commission. Final results of the European Data Market study measuring the size and trends of the EU data economy. (2017-5-2)[2019-2-20] https://ec.europa.eu/digital-single-market/en/news/final-results-european-data-market-study-measuring-size-and-trends-eu-data-economy.

② 数字单一市场(Digital Single Market)是指通过消除国家和地区间数字经济发展的技术、规制和市场壁垒,构建公平无缝的网络化环境和统一市场。欧盟于 2010 年在《欧盟 2020 战略》中提出数字化单一市场概念,并于 2015 年 5 月发布数字化单一市场战略。该战略欧盟理事会(2015—2019)十大优先任务之一。

而且要求保障用户的知情权利,告知用户企业收集数据的用图等细节。2009 年 11 月 25 日,欧盟再次针对个人数据和隐私保护进行了立法规制,发布了《欧洲 Cookie 指令》,并于 2011 年 5 月 25 日正式启用。Cookie 是全球互联网公司普遍采用的一种用户行为跟踪和识别的技术,网站可以通过用户电脑上存储的 Cookie 信息来识别和记录用户的登录、浏览及购买行为。《欧洲 Cookie 指令》要求网站在用户初始使用时网站必须关闭 Cookie,直到用户明确同意启用时才能开启此功能。

欧盟制定的系列严格限制互联网企业收集和使用用户个人数据的立法规则虽然较好的保护了个人的相关权益,但是对其互联网和数字经济的发展造成了严重影响。2010 年美国和加拿大的两位教授做了一项关于隐私政策和在线广告的研究,研究显示自 2002 年欧盟执行数据保护规则限制广告商收集和使用用户信息以来,导致在线广告的有效性降低了 65%[①]。实际上,数字广告是互联网最为成功的商业模式之一,也是过去二十多年来互联网高速发展的基础之一,包括谷歌、脸书在内的全球领先的互联网企业的数字广告收入占总其营收的比重都在 80% 以上,特别是脸书数字广告营收占比超过 98%(见图 2)。从这个角度看,欧盟出台严厉的数据规则限制了数字广告业务的发展,从而过早的限制了欧盟境内互联网企业的发展,使得这些企业无法在本土迅速的完成资本积累,既无法走出欧洲,也无法与后续在欧盟开展业务的美国竞争对手展开正面的竞争。这些对欧盟的互联网企业会造成致命的打击。

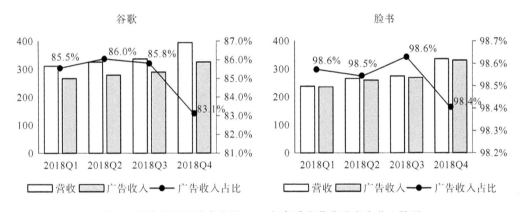

图 3 谷歌公司和脸书公司 2018 年各季度营收及广告收入情况

资料来源:各公司季度财报

实际上,包括谷歌、亚马逊等在内的美国互联网公司正是在 2002 年之后的几年内营业收入快速增长,特别是到 2008 年和 2012 年左右,3G 和 4G 技术开始大规模商用,全球互联网发展快速进入移动互联网阶段,移动互联网用户和移动互联网业务快速增加,美国大型互联网公司并迅速完成了资本积累,并在跨境的互联网(包括移动互联网)服务浪潮中快速进入欧洲市场,并在进入欧盟之前已经拥有比它们的竞争对手更多的资金和技术,从而取得先发优势,后续不论欧盟的规则如何变化,它们都可以通过增加合规投入,使用更加先进的技术,抢占先机。此外,如表 1 所示的 12 家全球最大的互联网公司,其成立时间处于 1995 年

---

① Avi Goldfarb and Catherine E. Tucker Privacy Regulation and Online Advertising. Management Science Vol. 57, No. 1 (January 2011), pp. 57-71.

到 2004 年之间,都在移动互联网来临之前积累了资本和技术。因此,这些企业可以更好地适应数字经济的发展。从谷歌、亚马逊、脸书等美国最大的互联网发展来看,谷歌成立于1998 年,其 2004 年上市以后营收和利润快速增长,并于当年进入欧洲市场,亚马逊的营业收入也是在 2003 年左右开始快速增长。而在 2003—2004 年之间,欧盟境内的互联网企业正在应对严厉的《隐私与电子通讯指令》合规要求,使得大量的互联网企业面临生存压力,欧盟的互联网企业无法完成资本积累的过程,因而错过了培育互联网骨干企业的最佳时机。

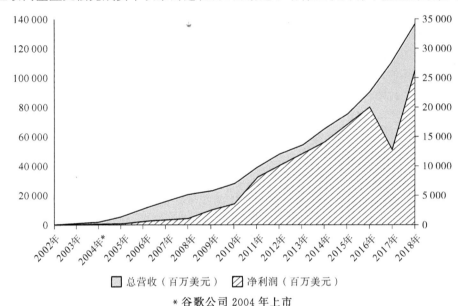

* 谷歌公司 2004 年上市

图 4 2002—2018 年谷歌公司营收及净利润

资料来源:谷歌公司财报

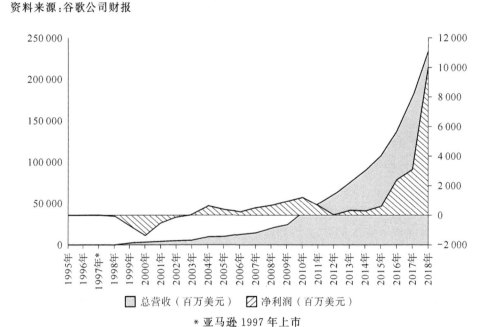

* 亚马逊 1997 年上市

图 5 1995—2018 年亚马逊公司营收及净利润情况

资料来源:亚马逊公司财报

5. 主要国家和地区数据治理体系建设中的经济考量

虽然世界各国和地区的数据治理规则构建有着不同的背景和影响因素,但是都会考虑到产业和经济的发展。当前,全球数字经济最为活跃的国家和地区包括欧盟、美国和中国,但是由于这些国家和地区的特点和基本情况有很大的差异,所以其数据治理规则考虑的因素差异很大,对经济因素关注的情况也有很大的差异。

欧盟的数据治理体系构建是从保障个人基本权利出发的,但是发展数字经济是其数据治理体系构建的新目标之一。欧盟同通过数据治理体系建设推动数字经济发展的基本思路是,通过构建统一的高水平个人数据保护规则,一方面构建欧洲数字单一市场,提高个人数据流出欧盟的要求,例如《一般数据保护条例》(GDPR)赋予数据主体访问权、被遗忘权、限制处理权、可携权等诸多权利,对侵犯欧洲公民个人数据权益的机构提出巨额行政罚款[①];另一方面消除区域内数字壁垒,配合推动非个人数据在欧盟境内自由流动及企业间数据共享规则,从而支持本土数字经济企业发展,例如发布《欧洲企业间数据共享研究报告》和《非个人数据在欧盟境内自由流动框架条例》等。

美国现有的数据治理规则支持其国际贸易战略和产业经济发展。美国拥有全球领先的软件、硬件技术,控制着全球数字经济领域的诸多关键领域,其数据控制能力和数据分析能力领先其他各国。因此,美国数据治理体系的核心是在全球范围内消除贸易壁垒,支持数据在全球范围内自由流动,为其数字经济企业进军全球市场扫清障碍,但对于一些特殊领域的数据也会制定专门的规则予以严格保护。一方面,美国在与世界各国和地区进行贸易谈判时会增加有关数据自由流动的规则内容,以消除全球数字贸易壁垒。例如,欧美2016年2月达成《欧美隐私盾协议》以取代失效的《数据安全港协议》,构建欧盟公民个人数据流入美国境内的合法性基础,用于商业目的的个人数据从欧洲传输到美国后,将享受与在欧盟境内同样的数据保护标准。韩美自贸协定(Korea-US FTA)电子商务章节第15.8款指出,认识到自由的信息流动对于促进贸易的重要性,以及个人信息保护的重要性,双方应努力避免强加或维持不必要的阻碍跨境信息流障碍[②]。美国主导建立的北美安全与繁荣联盟(SPP,包括美国、加拿大、墨西哥三国)自2008年起将数据跨境流动纳入对话议题之中,并发布了信息自由流动声明,建立了跨境数据流三国委员会,并有三国代表和相关的商业团体、律师协会和学术界代表组成。委员会的主要任务是提供战略指导和提高北美对信息流自由流动重要性的认识[③]。另外一方面,美国也特别重视公共机构、金融、教育、保险和儿童上网隐私等涉及敏感个人信息领域的数据保护问题。例如医疗数据主要受《美国健康保险携带和责任法案》(HIPAA)保护,金融服务数据主要受《格雷姆-里奇-比利雷法案》(GLBA)保护[④]。以国家安全为由就特定领域的数据提出限制出境或严格审查要求。美国依据《出口管理条例》

---

① 京东法律研究院:《欧盟数据宪章》,北京:法律出版社,2018:24-27。

② Korea-US FTA: Chapter Fifteen Electronic Commerce. [2019-8-27] https://ustr.gov/sites/default/files/uploads/agreements/fta/korus/asset_upload_file816_12714.pdf.

③ North American Leaders Summit. Report on the Trilateral Committee on Transborder Data Flows. January 2010, Page 13.

④ 付伟,于长钺:《美欧跨境数据流动管理机制研究及我的对策建议》载《中国信息化》,2017(06):55-59。

（EAR）对军民两用技术的技术参数数据及数据库的出口许可予以严格限定，尤其是一些关键的参数数据集禁止出境。

中国数据治理体系以维护国家安全和个人隐私保护为核心，有关支持和促进数字经济发展的制度建设有待加强。在 2019 年以前中国立法和司法机构主要采取包容审慎的态度对待数据相关的新业态，数据治理体系的建设相对缓慢，主要围绕国家数据安全的需求和个人隐私保护的诉求制定和出台了一些法律法规。在综合性立法方面，《网络安全法》在第三十七条提出"关键信息基础设施的运营者在中华人民共和国境内运营中收集和产生的个人信息和重要数据应当在境内存储"，首次为个人信息和重要数据存储进行了原则性规定。自 2019 年 5 月以来，中国数据治理相关的法律法规制定速度加快，先后发布了《网络安全审查办法（征求意见稿）》《数据安全管理办法（征求意见稿）》《个人信息出境安全评估办法（征求意见稿）》《儿童个人信息网络保护规定》，不仅要求对导致"大量个人信息和重要数据泄露、丢失、毁损或出境"的行为进行网络安全审查，同时也对"利用网络开展数据收集、存储、传输、处理、使用等活动"提出了严格的安全保护和监督管理规则，同时对儿童个人信息和个人信息出境提出了特殊规定，具有中国特色的数据治理体系正在形成。但有关促进数字经济的数据治理规则相对较少，仅见《民法总则》第一百二十七条规定："法律对数据、网络虚拟财产的保护有规定的，依照其规定。"该条规定虽然非常简短且不具备实际的操作性，但是其作为高层级法规指向了数据所蕴含的财产权利[①]。这项规定可能为未来明确数据财产权利提供可以突破的方向。

6. 加强数据治理国际合作促进数字经济繁荣的政策建议

世界各国在选择各自的数据治理路径时既会考虑自身的基本国情，也会考虑参与全球数字经济竞争与合作的需求。但是毫无疑问，世界各国需要加强数据治理的国际合作，通过求同存异、增进信任、面向未来的数据治理理念，既满足数字经济不断向前发展的需要，共享全球数字经济发展的成果，也为大量发展中国家和落后地区提供有效的安全保障。

第一，充分尊重世界各国自主选择数据治理路径的权利，谋求全球数据治理的最大公约数。世界各国在数据治理方面有大量的共同点，比如，保护个人隐私，促进经济发展等。但是由于技术水平、经济实力、发展阶段等存在差异，世界各国的诉求也有很多不同之处，因而需要承认不太可能构建全球统一的数据治理模板。事实上，亚太经合组织（APEC）早在 2005 年就提出了《亚太经合组织隐私框架》，并在 2011 年提出跨境隐私规则体系（CBPR，Cross-Border Privacy Rules），但是到目前为止，只有 5 个国家加入，且仅有美国、日本和韩国在实际运作。2013 年经济合作与发展组织（OECD）对其在 1980 年发布的《隐私保护和个人数据跨境流动指南》进行了修订，允许各国的充分性评估不再采用固定单一的方法。这也是表明 OECD 承认各国在数据治理方面的差异性。当前，世界主要国家正基于 WTO 框架进行电子商务谈判，可能会形成一些数据治理的共性规则，但是各国仍然会保留符合自身利益的规则。所以，我们需要承认数据治理的路径具有多样性。另一方面，需要尊重世界各

[①]　王镭：《电子数据财产利益的侵权法保护——以侵害数据完整性为视角》载《法律科学（西北政法大学学报）》，2019(01):1-11。

国,特别是发展中国家有关国家数据安全的关切,国际数据治理规则需要充分考虑发展中国家的相关权益,为发展中国家提供更加友好和公平的环境。只有在平等互利的基础之上,才能正真解决好数据治理的相关问题。

第二,通过数据治理规则体系建设,从国内和国际两个层面增进人们对发展数字经济的信任。一方面,数据治理规则构建要增进各国民众对本国发展数字经济的信任程度。从全球范围来看,大部分国家和地区仍然处于数据治理经济影响传导倒 U 曲线拐点的左侧,需要投入更大的精力来提升人们对于发展数字经济的信心。可能的措施包括建立更高水平的隐私保护规则,发展更为先进的加密技术,增加商用算法的透明度,加强数据领域的行业自律等。另一方面,数据治理规则构建需要增进国家和地区间的互信。全球数据治理规则的多样化根源之一在于国家间在数字经济和网络空间领域的互信不足,部分国家和地区提出了数据本地化主张,也代表了信任机制的缺失。为此,需要加强国家和地区间有关数据治理的对话,提高全球网络空间治理和数据流动的透明度,先进国家需要承担更多的安全义务、承诺和责任。

第三,数据治理要面向未来发展的需求,助力于新技术、新业态的发展。当前计算能力、数据传输的速度和质量都得到了前所未有的提高,数据创新和数据的应用场景不断丰富,物理世界已经处于 5G 和 AI 的新时代。但是必须清楚认识到,人类的认知是有限的,数据驱动经济的发展可能还处于萌芽阶段,制定数据治理规则必须谨慎,以防止不当的数据治理规则对经济和社会产生不可逆的长期影响。同时,数据治理仍然需要通过长期反复的对话、讨论才能构建起符合人类命运共同体的多元化数据治理体系。

第三部分
不良信息和网络犯罪治理

受众视角下作为标签的假新闻及其治理效度
——西方国家假新闻治理案例及治理新路径探讨

田丽* 晏齐宏

＊作者：田丽博士

北京大学 副教授

摘 要： 随着"假新闻"的泛滥以及社会危害的加深,假新闻治理成为重要的研究议题。以往研究大多从自上而下的角度分析假新闻现象以及应对措施,但是本文认为假新闻产生实际影响的作用对象是受众本身,应该从受众出发展开对假新闻感知、认知、态度等的分析。这种"在地视角"更加强调假新闻存在和产生影响的社会语境,其整体性观察视角呈现了"作为标签的假新闻"在当下的重要解释力。作为标签的假新闻的分析,不仅要分析假新闻本身及其本质的真假,更应该分析假新闻的受众接收、接受和扩散状态以及背后的心理机制。基于此,本文认为以往关于假新闻及其治理政策中更多的具有政治因素和治理合法性的考虑,也从平台、社会、科研等方面进行多方协作式治理,但并非是从受众视角的应对。未来假新闻治理可以针对作为标签的假新闻进行治理,包括遵循整全性、过程性和非连续性等原则。

关键词： 作为标签的假新闻 假新闻治理 受众视角 感知分析

1. 问题提出：假新闻为何近来受到关注

随着"假新闻"的泛滥以及社会危害的加深,近年来,有关假新闻及其治理机制的研究越来越多。然而从本质上来看,假新闻的实质没有改变,或者只是在形式上有所改变,如显得更加夸张、更加真实;由于具有战略传播和新闻策划的包装,假新闻一定程度上看起来比真新闻更加真实①。但假新闻的内核始终是不变的,即是不真实的新闻,或者与真正新闻相悖的新闻。基于此,较多研究对于假新闻及其治理的分析维度包括:假新闻内涵、假新闻的传播机制(渠道)、假新闻的政治经济动因(流量经济)、假新闻的治理(如技术、行政、法律、教育、伦理)等。

实际上,假新闻可以追溯到 20 世纪初的小报时代;到 20 世纪 90 年代,美国电视普及语境下虚假新闻更加普遍,也更加夸张,是一种掩盖真相的新闻。2016 年美国总统大选中假新闻再次获得高度关注。通过对用户个体层面的网页访问历史的分析发现,大约有 1/4 美国人在 2016 年 10 月 7 日到 11 月 14 日之间访问过假新闻网站。特朗普的支持者访问的假新闻网站最多,这些人进而更加支持特朗普。但是假新闻消费仍然集中在一个小群体中,在

---

① Berkowitz & Schwartz. (2016),Miley, CNN and the onion：When fake news becomes realer than real. Journalism practice. 10(1),1-17.

深度假新闻使用者中,3/5 的人是那些保守派信息接受者,这部分保守派信息接收者占 10%。[①] 18 岁以上的成人中,有 27.4% 的人在选举期间阅读过支持特朗普的或者支持克林顿的假新闻。选举最后一周,这一数据达到 24.4%～30.3%。这 27% 投票者的绝对数字是 6 500 万人。美国人大概阅读这些假新闻,占他们阅读食谱的 2.6%。[②]

然而,这还不足以解释为何假新闻近来受到这么高的关注,更大的可能是与社会政治语境的变化相关。一方面,人们的媒介信任度降低,公众对整个社会、媒体、政府、其他社会群体等信任度降低。[③] 当党派小报、政党极化等出现,感觉到社会共识的减少,对媒体的政治攻击也更加频繁和剧烈[④]。另一方面,混合媒介语境下,公众可以自我生产信息、发布信息,在服务网、通信网和社交网重叠,以及政治娱乐化越来越严重的情况下,更可能制造和转发虚假信息。其实假新闻如此被关注是一种社会群体情绪的表征,或者说是人们对当下媒介环境等不满情绪的一个注脚。这种不满体现在平台广告、政治宣传、媒介势弱等三个方面综合作用下人们对信息环境不确定性的一种心理对抗状态。

进一步来看,以往各界大多从社会上层的视角分析假新闻受关注的原因,如假新闻的影响越来越大,特别是政治影响越来越大,甚至影响了大选和政治局势。对假新闻的治理路径也大致包括三个方面:从文本层面看,主要是辨识假新闻,如事实核查,通过语言路径和网络路径等分析哪些新闻与真实新闻存在偏差;从平台来看,主要是强化平台责任,目前网络平台中假新闻存在的原因除了追求经济利益外,还有政治意识形态等的考虑,而对此的应对主要是平台优化算法、人工审查等来降低假新闻的扩散;从治理本身来看,国家力量高度渗入其中,多个国家通过法规制度加强对媒体的管理,也通过行政手段等强化对国家安全战略的执行实施等。

与此相反的是,少有研究直接关注受众对假新闻的感受。从假新闻的受众影响看,最大的威胁是假新闻可能影响了个人的判断、决策和信息处理。研究认为,尽管人们接收或者接触假新闻,但是人们并不接受假新闻;尽管人们不接受假新闻,但是他们仍然会扩散假新闻。在假新闻的接收、接受、扩散中的心理机制是如何的呢? 公众对假新闻的感知是什么状况呢? 这种感知会影响信息传播吗? 由此,我们提出假新闻受众感知这一"在地视角"。

其实,假新闻的生产目的是说服公众,是面向公众的新闻,其内容中包括多种框架和信号吸引人们的注意。因此对受众如何感知、接收假新闻等进行研究意义重大。从受众视角关注假新闻感知的"在地视角"在当下具有重要解释力:第一,直接从假新闻作用的对象(受众)出发,考察他们的态度,从而找到假新闻对受众的危害程度如何。第二,可以解决人们接收、接受、扩散的不一致状态的心理机制。

① A. Guess, B. Nyhan, J. Reifler, "Selective exposure to misinformation: Evidence from the consumption of fake news during the 2016 U. S. presidential campaign" (2016).

② A. Guess, B. Nyhan, J. Reifler, "Selective exposure to misinformation: Evidence from the consumption of fake news during the 2016 U. S. presidential campaign" (2016).

③ Norris. 2011. Democratic Deficit: Critical Citizens Revisited. Cambridge: Cambridge University Press. Ladd. 2012. Why Americans Hate the Media and How It Matters. Princeton: Princeton University Press.

④ Ladd. 2012. Why Americans Hate the Media and How It Matters. Princeton: Princeton University Press.

2. 公众感知下的假新闻——作为标签的假新闻

目前,对假新闻的界定有以下几种类型:

第一,本体论视角下的假新闻指的是出于政治和经济利益而编造的(Fabricated)新闻①。假新闻并没有真新闻那么真实。柯林斯词典中对假新闻的界定是:错误的、煽情的、以新闻的形式进行扩散的信息。斯坦福大学认为假新闻指的是那些被证明是错误的、可能误导读者的新闻文章。维基百科认为,假新闻是由一系列蓄意的错误信息构成,通过传统媒体、广播新闻媒体、网络社交媒体等扩散和传播的一种黄色新闻或者宣传话语。② 这些假新闻的特点是:数据量大、实时性、不确定性。③ 整体来看,假新闻指的是那些在网络上发布的错误故事或者新闻,主要目的是误导或者迷惑读者而获得政治、经济等方面的利益。④

第二,比较论视角下的假新闻是强调与其他类新闻相比的不同之处。有研究将误导性新闻分为两种:错误新闻(Bad Information)和虚假新闻(Disinformation)。而假新闻(Fake News)指的就是虚假新闻,其区别于错误新闻的实质在于其意图性⑤。

第三,构成论视角下假新闻包括虚假的成分,包括夸张的成分(Satire),以一定的形式构成新闻框架,其是对真实信息的变相包装。特别是在 2016 年之前,假新闻主要类型是讽刺性新闻⑥。同时,假新闻中含有大量的修饰语,或者是事实性的,或者是夸张性的,是一种被包装的新闻形态,由此,其最终呈现的新闻在逻辑方面含有分歧、不一致和瑕疵⑦,通过一些夸张的框架吸引公众眼球。

第四,语境论视角下主要是以特定语境界定假新闻。比如美国大选中的假新闻包括对攻击特朗普的某条具体新闻的分析;也有研究对伊朗战争中针对的具体新闻作为假新闻进行分析。⑧ 语境论主要强调的是以反身、元话语路径进行的、由政治所驱动的新闻形态。有研究者认为,假新闻不仅指事实上存在瑕疵的新闻,也被运用形容新闻渠道或者媒体的选择性报道,如新闻在多大程度上能够在意识形态层面顺应特朗普世界观(Trumpian Worldview)。⑨

---

① Francesca Giuliani-Hoffman. Fake News' should be replaced by these words. Claire Wardle says. 2017-11-3. https://money. cnn. com/2017/11/03/media/claire-wardle-fake-news-reliable-sources-podcast/index. html.

② Zhang, X. , & Ghorbani, A. A. (2019). *An overview of online fake news*:*Characterization, detection, and discussion. Information Processing & Management*,1-26.

③ Zhang, X. , & Ghorbani, A. A. (2019). *An overview of online fake news*:*Characterization, detection, and discussion. Information Processing & Management*,1-26.

④ Zhang, X. , & Ghorbani, A. A. (2019). *An overview of online fake news*:*Characterization, detection, and discussion. Information Processing & Management*,1-26.

⑤ Nir Kshetri and Jeffrey Voas. 2017. The Economics of "Fake News". IT Professional 6 (2017), 8-12.

⑥ Reilly, I. . (2012). Satirical fake news and/as American political discourse. *The Journal of American Culture*, 35(3), 258-275.

⑦ Reilly, I. . (2012). Satirical fake news and/as american political discourse. *The Journal of American Culture*, 35(3), 258-275.

⑧ Reilly, I. . (2012). Satirical fake news and/as American political discourse. *The Journal of American Culture*, 35(3), 258-275.

⑨ Hodges, A. (2018). *How "Fake News" Lost Its Meaning. Anthropology News*, 59(3), e162-e165.

但是假新闻在 2016 年之后引起巨大关注①更大程度上承载着依托于其的政治社会、平台技术、媒介生态等对于假新闻本身内涵的吸纳和泛化。有研究认为,假新闻的出现是由于美国政治传播语境发生了基本变化。② 也就是说,假新闻在当下成了一种"标签",不仅仅指那种与真实新闻相对的新闻内涵状态。作为标签的假新闻指的是依托于假新闻而建立的对整个媒介环境的感知状态,作为内核的假新闻在当下实际上只是一个标签。当谈到假新闻时更多指的是这种媒介环境。作为标签的假新闻是一种对假新闻在当代社会语境下的重新界定,也就是 21 世纪的假新闻,是区别于以往任何时候的假新闻,以往的假新闻大多说的是假新闻本身。

作为标签的假新闻的提出具有以下几个方面的意义:

第一,在地视角(Bottom Perspective):能够更好的从受众感知的层面看待新时代语境下假新闻的存在状态和传播模式及其影响。解决了目前假新闻研究中自上而下视角较多的问题,深度体现了"在地视角"。第二,社会心态(Social Mentality):更加强调假新闻所存在的社会语境的作用力,而非假新闻本身,从而突出政治经济、媒介生态、平台技术等对这种传播现象的影响,以及聚焦和表征的情绪和社会心态性。第三,实践应对(Practical Strategies):从实践方面看,这种在地视角有助于更好的提出应对措施,回应实践需求。

3. 公众感知下假新闻:接收、接受及扩散

那么,到底公众是如何感知假新闻的呢?公众对假新闻的认知程度如何呢?有研究发现,公众对假新闻的感知有以下几个方面:以与真新闻相同的视角看待假新闻,两者之间的区别并不是绝对的;认为假新闻在新闻程度方面有所不足,更接近于宣传和广告;认为假新闻的产生与新闻媒体、政治家和平台有紧密关系,假新闻被作为批判新闻媒体和平台公司的靶子,假新闻反映了较低的社会信任(如媒介信任、政治家、平台信任等)。③

3.1 受众对假新闻的接触

实际上,在美国接触虚假新闻的人实际上只是用户人口中的一小部分④。从用户个人的信息消费来看,这只是人们每天接触到的整体信息中很小的一部分⑤。在党派新闻接收中人们倾向于接收或接触一致性新闻⑥。但是研究也发现误导性信息与人们的政治认同和

① Horne, B. D. , & Adali, S. . (2017). This just in: fake news packs a lot in title, uses simpler, repetitive content in text body, more similar to satire than real news.

② Jones, J. P. (2009). Entertaining Politics: Satiric Television and Political Engagement. Rowman & Littlefield.

③ "news you don't believe": Audience perspectives on fake news. http://www.cimusee.org/mil-resources/learning-resources/news-you-don-t-believe-audience-perspectives-on-fake-news/.

④ Guess, Reifler & Nyhan. Selective exposure to misinformation: evidence from the consumption of fake news during the 2016 U.S. presidential campaign. 2017.

⑤ Allcott, H. , & Gentzkow, M. (2017). Social media and fake news in the 2016 election. *Nber Working Papers*, 211-236.

⑥ Stroud, N. J. (2008). Media use and political predispositions: Revisiting the concept of selective exposure. Political Behavior, 30, 341-366. Hart, W. , Albarracin, D. , Eagly, A. H. , Brechan, I. , Lindberg, M. J. , & Merrill, L. (2009). Feeling validated versus being correct: A meta-analysis of selective exposure to information. Psychological Bulletin, 135, 555-588.

既定政治态度具有相关性[①]。更进一步,对假新闻的接触会加固人们的既有政治态度,如特朗普的支持者,如果接触假新闻较多,会更加支持特朗普。[②]

那么,到底是既有政治态度起了作用?还是新闻内容起了作用?或者说假新闻的承载物即社交媒体起了很大作用呢?的确,那些具有较高政治认同的、不符合社会期待内容的以及外在政治效能较高的人更可能认为,假新闻会影响群体外成员,而不是群体内成员[③]。也有研究认为,当下的假新闻实际上是大数据和社会化媒体的产物。尽管我们并不知道是否假新闻影响了选举结果,但人们倾向于认为假新闻是有影响力的,特别是对于外群体成员。[④]

这些假新闻在脸书(FaceBook)中特别明显[⑤]。在选举后调查中发现,很多人相信这些虚假新闻网站上的言论[⑥]。社交媒体起作用的机制:第一,社交媒体的分享型。接触一致性新闻,人们会更愿意分享,其影响力加大,接触的一致性信息更多,更加巩固了自己的态度[⑦]。第二,实际上,真新闻所面临的挑战并不在于假新闻,假新闻并不是真新闻的真正对手,人们谈到假新闻,或主要是基于对传统机构和媒体信任度的下降,也不太信任这些行动者所产生的信息。人们更愿意相信的是朋友、家人、同事等社交网络中过滤过的新闻。

从结果来看,人们接收假新闻,一定程度上会塑造他们对候选人的感知[⑧]。也有人认为,假新闻接受会影响人们的政治信任[⑨]。实际上,人们在接收假新闻的时候,也在接触真实新闻。在接触假新闻网站时,也在接触较为专业的传统新闻媒体。[⑩]

人们感知到真实的新闻,是那些本来就很有力量,高度聚合和卷入的新闻,其很难被认为是不真实的[⑪]。

① Flynn, Nyhan, and Reifler, 2017 Nyhan, B. , Reifler, J. , Richey, S. , & Freed, G. L. . (2014). Effective messages in vaccine promotion: a randomized trial. *Journal of Emergency Medicine*, 47(1), 126-127.

② Guess, Reifler & Nyhan. Selective exposure to misinformation: evidence from the consumption of fake news during the 2016 U.S. presidential campaign. 2017.

③ Jang, S. M. , & Kim, J. K. . (2018). Third person effects of fake news: fake news regulation and media literacy interventions. *Computers in Human Behavior*, 80, 295-302.

④ Jang, S. M. , & Kim, J. K. . (2018). Third person effects of fake news: fake news regulation and media literacy interventions. *Computers in Human Behavior*, 80, 295-302.

⑤ Silverman, Craig. 2016. "This Analysis Shows How Fake Election News Stories Outperformed Real News On Facebook." Buzzfeed, November 16, 2016. Downloaded December 16, 2016 from https://www. buzzfeed. com/craigsilverman/ viral-fake-election-news-outperformed-real-news-on-facebook? utm_term= . ohXvLeDzK♯. cwwgb7EX0.

⑥ Allcott, H. , & Gentzkow, M. (2017). Social media and fake news in the 2016 election. *Nber Working Papers*, 211-236.

⑦ Bakshy, E. , Messing, S. , & Adamic, L. A. . (2015). Exposure to ideologically diverse news and opinion on facebook. *Science*,348(6239), 1130-1132.

⑧ Moy, Patricia, Michael Xenos, and Verena K. Hess. (2006). Priming effects of late-night comedy. International Journal of Public *Opinion Research*, 18(2), 198-210.

⑨ Moy, Patricia, Michael Xenos, and Verena K. Hess. (2006). Priming effects of late-night comedy. International Journal of Public *Opinion Research*, 18(2), 198-210.

⑩ Balmas, & M. (2014). When fake news becomes real: combined exposure to multiple news sources and political attitudes of inefficacy, alienation, and cynicism. *Communication Research*,41(3), 430-454.

⑪ Busselle, R. W. , Ryabovolova, A. , & Wilson, B. (2004). Ruining a good story: Cultivation, perceived realism and narrative. Communications, 29, 365-378.

3.2 受众对假新闻的传播

人们接触信息时更愿意接触立场一致性信息,符合选择性接触机制。而在传播或转发、扩散时,更愿意转发虚假新闻。人们不接受假新闻,但是转发假新闻,其机制是什么?分歧在于:立场一致性信息并非一定是虚假新闻;转发信息并不一定是接受的信息,转发和接受是基于不同的心理机制。转发的是含有不确定性的、好玩的;而接受的是弥补认知失调的。有研究发现,假新闻和误导新闻扩散非常快,他们的扩散速度是真实新闻的 6 倍。[①] 假新闻的扩散传播主要是由于以下原因:

一是,带有更多的不确定性和情感性。意向实验室调查发现,那些谣言具有典型的情感特征,如引起焦虑、不确定、难以置信、结果的卷入性等。[②] 虚假新闻被转发和传播,一定程度上是因为假新闻的本质,其带有情感召唤,提供了人们想要的,或者说是人们感觉到可能真实的新闻,尽管实际上并非如此。总之,在假新闻的接收、接受中,人们存在非正式的、不严肃的使用情况,例如虽然认为这些新闻是假的,但还是会传播。

二是,受众接收到新闻时,更多相信阴谋理论。阴谋思维(Conspiracist Thinking)认为,相信某一个阴谋的人倾向于相信拥有更多的细节[③]。阴谋论认为,人们将自己的不利地位归结于那些权势者对自己构成了威胁,他们的任何活动都是有阴谋的,这对于个人是一种危险。[④] 他们认为,不确定的信息肯定是有猫腻的,更会去转发,他们也很难分辨是真是假,在具有不确定的情况下,更倾向于证实或者相信,而不是证伪。由此也倾向于传播这些信息。由益普索公共事务机构(IpsosPublic Affairs)进行的一项对 3015 个美国成人的网络调查发现,他们的 BuzzFeed 新闻使用中,75% 的美国人接触了假新闻,并认为这些新闻是真的,也就是说假新闻糊弄了 75% 的美国人,使得这些人误认为其是真实的。更有意思的研究发现是,尽管这些新闻并不符合受众的意识形态偏向,但是公众宁愿相信它们是真实的,也就是说,公众很难分辨真实新闻和虚假新闻。[⑤] 所以,未来研究中应该分析,在分享假新闻的人中,他们为什么会分享或者转发,特别是他们是否认为这些新闻是真实的,以及他们是否感知到这些新闻是真实的。

三是,假新闻的扩散平台来看,假新闻之所以在社交媒体上扩散速度更快,主要是由于平台的扁平化特征,使得各主体本身不在凸显,而更重要的是人际网络,人们不再过于看重新闻是哪个媒体发布的,而更看重的是哪个人际关系推送的,或者说是否是人际网络过滤的。从这一点看,基于社交网络的真假新闻辨识系统很大程度上能够起作用。从假新闻所在的社交网络来分析其扩散机制,如意见领袖、网络位置、网络规模、网络同质性程度、网络

① Vosoughi, S., Roy, D., & Aral, S. (2018). The spread of true and false news online. *Science*, 359(6380), 1146-1151.

② R. Rosnow. Inside rumor: A personal journey. American Psychologist, 46:484-496, 1991.

③ Swami, V., Coles, R., Stieger, S., Pietschnig, J., Furnham, A., Rehim, S., et al. (2011). Conspiracist i-deation in Britain and Austria: evidence of a monological belief system and associations between individual psychological differences and real-world and fictitious conspiracy theories. *British Journal of Psychology*, 102(3), 443-463.

④ Moulding, R., Nix-Carnell, S., Schnabel, A., Nedeljkovic, M., Burnside, E. E., & Lentini, A. F., et al. (2016). Better the devil you know than a world you don't? intolerance of uncertainty and worldview explanations for belief in conspiracy theories. *Personality & Individual Differences*, 98, 345-354.

⑤ Silverman & Singer-Vine. Most americans who see fake news believe it, new survey says. BuzzFeed News. https://www.buzzfeednews.com/article/craigsilverman/fake-news-survey.

功能等。有研究发现,社交网络中,当信息高度传染和病毒式传播的时候,可以到达任何人,特别是当没有第三方过滤或者核查系统的情况下,这种扩散现象更加明显。①

四是,用户心理状态会影响假新闻扩散。研究发现,网络信任、自我表露、错失恐惧症(Fear of Missing out,FoMo)等都与假新闻的扩散有关。② 也有研究者发现了假新闻数量的非对称现象。在选举前,有7.6亿人次的假新闻,选举之前的一个月内,平均每个美国成年人接触三条假新闻。持续性的假新闻接触影响了选民,他们相信这些假新闻。而在选举后期的调查发现,假新闻是选举期间的50%,而剩下的假新闻是新出现的,这些新出现的假新闻并没有被扩散和转发。15%的人相信选举前的新闻是虚假的,14%的相信错误的新闻。这些数字反映了选举前一个月假新闻的分布对投票行为有影响。③

3.3 受众对假新闻的接受

有研究发现,越接受胡说言论的人,更可能认为假新闻是正确的,他们更难以区分假新闻和真新闻。同时,那些认为自己有能力和知识的人,也更可能认为假新闻是准确的。分析性思考能力与对假新闻的准确性感知是负相关的,这一关系并不受新闻来源的调节,也不受对新闻熟悉程度的影响。这一模型中,新闻来源对虚假新闻精确性的感知并没有影响,而对新闻标题的熟悉程度与准确感知虚假新闻和真实新闻正相关。④ 同时,那些容易产生错觉的人、教条主义的人以及原教旨主义者更可能相信假新闻而不愿相信真实新闻,这主要是由于他们具有较低的分析认知能力。⑤ 结果是,那些类似于恶搞的假新闻或帖子相比于普通新闻帖子更可能被点赞。同时,尽管那些恶搞的帖子和非恶搞的帖子都在社交媒体中被点赞,74.7%的点赞用户只喜欢恶搞的帖子,20.3%的点赞用户仅仅喜欢非恶搞的帖子。⑥

从认知心理的角度看,仅仅阅读一条假新闻标题,就足以对之后的感知产生影响,人们在接下来更会认为该假新闻是正确的。⑦ 主要是由于重复性信息会刺激人们的快速信息处理,人们自然而然地认为这些重复的信息和言论是正确的⑧。在这里,启发式信息处理机制

---

① Jonas Colliander. (2019) "This is fake news": Investigating the role of conformity to other users' views when commenting on and spreading disinformation in social media. *Computers in Human Behavior* 97, 202-215.

② Shalini et al. (2019). Why do people share fake news? Associations between the dark side of social media use and fake news sharing behavior. Journal of retailing and consumer services, 51:72-82.

③ Allcott, H. , & Gentzkow, M. (2017). Social media and fake news in the 2016 election. *Nber Working Papers*, 211-236.

④ Pennycook, G. , & Rand, D. G. . (2017). Who falls for fake news? the roles of bullshit receptivity, overclaiming, familiarity, and analytic thinking. *Social Science Electronic Publishing*.

⑤ Bronstein, M. , Pennycook, G. , Bear, A. , Rand, D. G. , & Cannon, T. . (2018). Belief in fake news is associated with delusionality, dogmatism, religious fundamentalism, and reduced analytic thinking. *Social Science Electronic Publishing*.

⑥ Tacchini, E. , Ballarin, G. , Della Vedova, M. L. , Moret, S. , & De Alfaro, L. . (2017). Some like it hoax: automated fake news detection in social networks:1-12.

⑦ Pennycook, G. , Cannon, T. , & Rand, D. G. . (2018). Prior exposure increases perceived accuracy of fake news. *Social Science Electronic Publishing*.

⑧ Alter, A. L. , & Oppenheimer, D. M. (2009). Uniting the tribes of fluency to form a metacognitive nation. Personality and Social Psychology Review, 13, 219-235. Fazio, L. K. , Brashier, N. M. , Payne, B. K. , & Marsh, E. J. (2015). Knowledge does not protect against illusory truth. Journal of Experimental Psychology. General, 144, 993-1002.

(Heuristic)起作用,需要较少的费力程度,只要第二次出现,就会更认为是正确的。

同时,什么样的假新闻会被认为是正确的或准确的?研究者发现,政治态度可以预测对假新闻的认可和接受。阴谋论和精神分裂性人格特征也能够预测假新闻认可。至于其他因素,如危险性世界观、失范(Normlessness)和任意性信念(Randomness)不能预测假新闻认可。阴谋论和政治身份信念与假新闻认可相关。[①]

3.4 对假新闻的接收、接受、扩散具有不一致性

首先,信息接受不等于信息扩散。人们对信息的接受很大程度上不是看信源可靠性,而是看其转发、点赞数,如果被转发次数很多,会被认为是高可信度的信息[②],人们也更愿意接受它。

其次,信息扩散不等于信息接受。信息扩散受到个人偏好的影响,例如有人天生具有扩散和转发的意愿和性格。从确认性心理来看(Confirmation Bias),人们在不相信信息的情况下也会以"宁可信其有"的态度对信息进行扩散。有研究发现,人们对多数新闻的信任程度与自己使用的新闻的信任程度有所差异,一般来讲,后者要高于前者。也就是说,人们大多信任自己使用的新闻。[③]一项研究发现,尽管人们能够辨识新闻的真实性,他们也愿意分享假新闻,假新闻辨识与分享行为无关。[④]

再次,信息接收不等于信息接受。硬新闻和假新闻的消费者更容易接受硬新闻中的信息;但是收看假新闻较多、而接触硬新闻较少的人,更能高感知到假新闻更加的真实和现实。[⑤]通过对假新闻的真实性感知作为中介变量,假新闻观看可以促进无效管制、异化和犬儒主义倾向。硬新闻阅读是假新闻观看和感知现实性之间关系的调节因素。研究发现,相比于那些高度接触假新闻和硬新闻的人,在那些高度接触假新闻、低度接触硬新闻的人中,对假新闻感知现实性更为强烈。[⑥]其实,假新闻接受对个人政治认知的影响可以成为假新闻治理的一个参考维度,但目前治理措施中并没有考虑人们对假新闻的感知。假新闻接触状态影响人们的政治认知主要是通过假新闻的社会真实感知程度起作用。而假新闻的社会真实感知又受到硬新闻的调节,所以,在治理策略中要大力扶持传统媒体硬新闻的发展。

总之,人们虽然接收假新闻,但实际上并不接受假新闻,导致假新闻的"悬空"状态。人们虽然不接受但是会转发,特别是在当下人际过滤网络,导致假新闻的"悬空"状态很长久,扩散范围很广,表面上的影响很大。

---

① Anthony A, Moulding R. Breaking the news: Belief in fake news and conspiracist beliefs. Aust J Psychol. 2019;71:154-162.

② Westerman, D., Spence, P. R., & Heide, B. V. D. (2012). A social network as information: the effect of system generated reports of connectedness on credibility on twitter. *Computers in Human Behavior*, 28(1), 199-206.

③ Newman, Nic, Richard Fletcher, Antonis Kalogeropoulos, David A. L Levy, and Rasmus Kleis Nielsen. 2017. "Reuters Institute Digital News Report 2017." Oxford: Reuters Institute for the Study of Journalism.

④ Chris Leeder. (2019). How college students evaluate and share "fake news" stories. Library & Information Science. Available online.

⑤ Chris Leeder. (2019). How college students evaluate and share "fake news" stories. Library & Information Science. Available online.

⑥ Balmas, M. (2012). When Fake News Becomes Real. Communication Research, 41(3), 430-454.

4. 假新闻治理的新路径

由于假新闻的弥散如此宽广、公众的情绪如此激烈（而非实质性影响），各界对假新闻的治理力度加大，很大程度上反映了民意的力量，各界对民意的重视，民意不可违。

第一，假新闻治理和关注符合主流话语或者说符合政治正确的原则。因为假新闻是假的，与"真相"相对，采取治理策略是符合逻辑的。目前，有很多行政手段的治理策略，如欧洲和美国通过立法、行政手段等来对媒体、平台等进行规制，这些政策或许由于需要长时间的检验，目前很难看到立竿见影的效果，但是正如历史上很多法律一样，出台了也是尽量避免错误的发生，但始终无法完全避免错误。这种行政手段的效果有待于长期检验。目前的行业规范，如新闻伦理和规范手册等，也是通过立法和行政的手段来约束记者。如美国超过7 000万的传播假新闻的推特（Twitter）账号在短短2个月内被行政手段干预而关闭。谷歌也开展核查计划，2017年为网络用户提供了举报假新闻的平台和通道。杜克大学报道者实验室调查发现，在2018年夏天，53个国家的149个事实核查机构在治理假新闻。[①]

第二，从媒体的角度来看，假新闻治理和关注主要是因为其与新闻伦理相悖，违背新闻专业性要求。针对于新闻专业性来讲，新闻行业规范出台，但实际上收效甚微。以中国为例，2009年、2012年分别出台了记者行业规范约束规则，但是假新闻连年不断出现，甚至有上涨趋势，一定程度上说明了这种规范的效力很低。这一现象在欧美等发达国家也非常明显。尽管这些国家始终把新闻专业主义置于媒体报道实践的第一位，但是在具体实践中不可避免的会出现违反规范约束的行为。理想中的规范型新闻专业主义与实然层面的具体报道之间的鸿沟仍然无法消弭。

第三，从平台技术层面看，很多研究机构和智囊团也参与到假新闻治理当中。例如，有研究者开发了TweetVista对话探索软件来区分证实内容和虚假内容[②]。也通过设立专业委员会、搭建事实核查网站、记者创建纠偏网站、平台过滤假新闻、建立事实核查数据库等方式，从专业方面旅行平台责任[③]。技术导向的路径来探测假新闻的扩散的确尤其重要，从扩散的数量、多样性和维度都可以做到[④]，例如基于语言特征的新闻内容提取，以及新闻作者的信誉、新闻的扩散类型等，都可以运用于探测假新闻，从而提升治理效率。

第四，社会各界力量也共同参与到这项治理工作中。教育机构提倡加强用户的媒介素养；媒体大力倡导媒体组织的权威、专业精神；智库部门组成专门的事实核查组来核查事实。科研方面，也通过辨识假新闻、自然语言处理、神经网络、社会网络分析等方法来辨识并致力于假新闻治理。目前治理措施多出于政治合法性考量以具体地辨识假新闻。例如，许多新

① Dominique Augey & Marina Alcaraz. Will Fake News Kill Information? (2019). Digital Information Ecosystems, 139-159.

② Menon, P. , Mowry, T. C. , & Pavlo, A. . (2017). Relaxed operator fusion for in-memory databases. *Proceedings of the VLDB Endowment*, 11(1), 1-13.

③ Zhang, X. , & Ghorbani, A. A. (2019). *An overview of online fake news: Characterization, detection, and discussion*. *Information Processing & Management*, 1-26.

④ Zhang, X. , & Ghorbani, A. A. (2019). *An overview of online fake news: Characterization, detection, and discussion*. *Information Processing & Management*, 1-26.

兴的网络事实核查系统被开发,如 FactCheck. Org 和 PolitiFact. Com,这些系统是通过专业的方式来进行人工探测,其中时间延迟和滞后是关键问题。同时,目前存在的多数网络事实核查主要聚焦于政治新闻的核查,其实际应用范围也非常有限,主要是由于大量的新闻类或者假新闻的传播扩散是在社交网络中进行的。[①]

本文认为,假新闻治理的对象应该是"作为标签的假新闻"。也就是说,要对作为标签的假新闻所存在的土壤即社会语境进行整体性分析,特别对其中衍生的公众情绪和感知进行分析。

第一,从受众对假新闻的接收、接受、扩散来看,更应该考察其不一致背后存在的社会心理机制。假新闻的接收很大程度上与受众所在的信息环境有关,在社交媒体的过滤机制更可能使人们接收熟人转发的新闻。当然是否接受在一定程度上也与人们既定态度、既有认知相关。而从扩散的方面来看,假新闻就像谣言一样在充满不确定性的媒介生态环境下更容易被扩散。这种扩散就像气体一样不容易被觉察,但是在不确定性心理机制作用下,扩散成为常态。对于这之间的不一致,需要从认知学、心理学、情境分析等角度的深入研究。但需要注意的是,用户的接收、接受和扩散不一致背后的心理状态很难避免。

第二,假新闻接触状态会影响人们的政治认知,主要是通过对假新闻的社会真实性感知程度起作用。而假新闻的社会真实感知又受到硬新闻的调节。两者如何启动、刺激人们的感知呢? 不同于假新闻的接收、接收、扩散,这种比较明确的受众行为以及背后的心理机制、假新闻真实性的感知也以一定的逻辑在渲染整个媒介生态。反过来,人们如何感知假新闻、感知新闻的真实性在很大程度上取决于整个媒介生态。如果社会信任、媒介信任程度较低,那么受众感知到的新闻更可能是虚假的,更不可能感知到假新闻与真实新闻的差异。同时,这种消极和负面的感知情绪更容易被传染,因此,社会结构、媒介生态的提升具有无比重要的意义。

当然,作为标签的假新闻治理需要遵循一定的原则,即完整性(Integrity)、过程性(Process)和非连续性(Discontinuity)。

完整性是指强调长远性、连带性、系统性眼光。本文基于假新闻在新语境下的存在形态,认为当下的假新闻是一种特有的标签化存在。人们感知到的假新闻不仅是新闻真假本身,还是对整个社会心态、媒介生态这一包裹的反应。由此,在假新闻治理当中要考虑整体性的社会问题、媒介生态的治理。这种整体性的逻辑需要在具体实施中着眼于长远规划,也要考虑不同社会系统之间的连带关系,更需要有一种系统化的思路制定比较有体系的顶层设计和规划。

过程性是指不仅要关注假新闻的源头(如辨识假新闻),还要关注其接收、接受、扩散的过程。目前对于假新闻的治理着眼于通过技术手段等来辨识哪些是假新闻,但实际上从假新闻的存在来看,其直接作用对象即受众有着更多的研究价值。不仅要分析受众的媒介行为、假信息传播链路以及这些行为背后的心理,更要看到假新闻被生产出来之后其被接收、接受、扩散的整个过程当中用户在其中是具体如何"行动"的,也要关注不同行为转换背后的断裂性和不一致性。

---

① Zhang, X., & Ghorbani, A. A. (2019). *An overview of online fake news: Characterization, detection, and discussion. Information Processing & Management*,1-26.

非连续性是指要有从结果追溯原因的因果导向型思路,更要重视假新闻生存链条中各个方面对其的刺激、加工等非直接、非必然、非鲜明、混杂的作用和影响。类似于技术对政治传播的影响很难用直接性作用机制来解释。假新闻的生成、传播和扩散在很大程度上并不是社交媒体、媒介生态、社会结构的直接和显见的作用结果。很大程度上是不同社会要素、不同媒介场域、不同受众心态与实践相互作用,并经过一定的变形、混合、夹杂等复杂机制涌现出来的。所以在治理中要坚持非连续性的原则,不能强求有立竿见影的效果。

基于文本分析的我国跨境电信网络诈骗行为
关键影响因素及防范策略分析

陈思祁* 张彬 刘鑫鑫 王研

＊作者：陈思祁博士

重庆邮电大学经济管理学院 副教授

摘 要：【目的/意义】跨境电信网络诈骗潜滋暗长，严重危害了人民群众的财产安全，为此需从根源上了解其产生和发展的关键影响因素并进行针对性的防治。

【方法/过程】本文首先利用内容分析法对法院判决书、相关案例的新闻报道进行客观、系统、结构化的研究，分析诈骗者个体行为特征和具体影响因素，然后利用聚类分析法研究跨境电信网络诈骗行为的主要共性因素。

【结果/结论】结论显示跨境电信网络诈骗行为产生的关键影响因素包括经济因素诱惑、个别人格特征驱使和外部环境刺激三大因素。应从扶贫济困，保障教育和就业，防范出境信息获得；扩大普法宣传教育，坚定法制观念，阻断诈骗行为产生；加强行业监管力度，挤压诈骗团伙生存空间，打击诈骗行为保持等三方面着手治理。

关键词：内容分析 聚类分析 跨境电信网络诈骗 影响因素 防范策略

1. 研究背景与研究意义

电信网络诈骗是指犯罪分子通过电话、网络和短信方式，编造虚假信息，设置骗局，对受害人实施远程、非接触式诈骗，诱使受害人给犯罪分子打款或转账的犯罪行为[1]。目前，电信网络诈骗已成为我国新兴技术环境下危害国家安全的突出问题[2]。"高考新生徐玉玉被诈骗致死案""清华教授被骗1760万"等电信网络诈骗案件频发，社会影响极其恶劣，引发全社会共同关注。

据360互联网安全中心最新发布的《2018年网络诈骗趋势研究报告》，2018年猎网平台共收到有效电信网络诈骗举报21703例，被骗总金额超过3.9亿元，人均损失为24 476元，较2017年人均损失增幅69.8％，创近五年新高[3]。其中，伴随着全球化和信息化的深入推进、国际互联网和通信网络等平台的便利、通信技术和电子支付的迅猛发展[4]，越来越多的电信网络诈骗团伙为了逃避国内相关部门的严厉打击，将诈骗窝点转移至境外，并跨境对我国大陆地区居民实施诈骗，跨境电信网络诈骗犯罪迅速滋生蔓延，其发案数量持续增长、涉案金额急剧扩大[5]。如2018年1月，104名电信网络诈骗团伙在老挝设立窝点，对我国大陆居民跨境实施电信网络诈骗案件超过300起，涉案金额3 000余万元人民币[6]；2018年3月，由北京市高级人民法院终审的张凯闵、林金德等85人特大跨境电信诈骗案的被告人先后在印尼、肯尼亚等国参加针对中国大陆居民进行电信诈骗的犯罪集团，总计骗取185名被害人钱款 2 900 余万元人民币[7]。

跨境电信网络诈骗的急剧发展,严重危害了人民群众的财产安全,造成了社会秩序的混乱,成为危害中国国民财产安全的重要犯罪形式[8,9]。鉴于此,国务院新一轮打击治理电信网络违法犯罪专项行动已在全国范围内组织开展,并强调各地、各有关部门要加强源头治理,提出从金融、电信、互联网等多个领域共同开展整治措施,深入开展多种形式的宣传教育活动,全面提升部门监管和行业治理能力[10]。

"备豫不虞,为国常道"。在当今网络互联互通、普惠共享的时代,更应该从根源上防范跨境电信网络诈骗行为的形成。

当前,国内外学者多数从不同国家或地区间的法律制度差异、金融体制差异、经济及技术发展等宏观视角探究跨境电信网络诈骗的形成原因。如 Lin 等指出不同国家、地区之间的法律和司法制度的漏洞是有组织犯罪集团实施跨国电信网络诈骗犯罪的主要诱因[11]。Etges 等人指出经济基础薄弱、政府信誉缺失、供需关系不平衡等会促进跨国有组织网络犯罪的产生[12]。王世卿、杨富云认为新技术条件下,银行卡产业、通信行业的蓬勃发展以及电子商务与网上支付的兴起,促使跨境有组织经济犯罪越来越突出和严重[13]。王大为、温道军提出海峡两岸之间金融体制与司法体制的差异性以及电信、网络技术的发展是引发两岸电信诈骗犯罪问题的重要因素[14]。吴洪帅从犯罪分子和监管部门两个层面探究了海峡两岸跨境电信诈骗犯罪的成因,他认为犯罪成本低、收益高、跨境作案风险低是促使此类犯罪率居高不下的原因,而电信运营部门和银行金融部门监管缺位为跨境电信诈骗犯罪提供了极大可能性[15]。少数学者从诈骗者心理和行为机制出发研究跨境电信网络诈骗行为的形成原因。部分新闻报道提及跨境电信网络诈骗的参与者以年轻人居多,部分是受到"海外工作招聘"等吸引而被骗加入组织。Zhang 提出利益驱动、报复、自我保护是电信网络诈骗行为产生的主要心理动机[16]。宋平从心理学角度出发,研究表明不良的犯罪心理动机、成本低和回报高的犯罪心理诱因、侥幸心理等会刺激电信诈骗犯罪的产生[17]。吴鲁平等通过对农村青年诈骗者的深度访谈,分析得出个人的金钱策略、技术策略和情感策略会影响电信诈骗行为的产生、延续与断裂[18]。在诈骗者行为机制研究中,现有研究侧重于电信网络诈骗中诈骗者的行为过程研究。如美国著名黑客 Mitnick 描述了诈骗者如何利用人类认知偏差和心理陷阱进行精准诈骗的手段,并且将网络诈骗划分为调查、发展信任关系、利用信任关系达成目的这三个阶段,最先对网络诈骗流程进行了探索研究[19]。Allen 等在对网络精准诈骗行为流程进行深入分析基础上,提出诈骗者行为流程包括收集信息、拟定方案、建立关系以及实施诈骗四个步骤[20]。He 等人指出网络诈骗行为主要包括收集信息、伪造身份、获取信任、欺骗好友等环节[21]。陈思祁等从团伙视角探究了电信网络团伙诈骗的产生、组织和实施的循环过程及影响因素[22]。蹇洁等从个体角度出发探究了其网络交易诈骗行为全过程包括产生动机、诈骗准备、发展关系、实施诈骗和敛财分赃五个核心环节[23]。倪春乐从信息流和资金流两个角度描述了跨境电信诈骗的犯罪流程,为跨境电信诈骗犯罪的侦查取证提供了依据[24]。日益猖獗的跨境电信网络诈骗给中国公民造成了巨大的财产损失和严重的精神损害,遏制跨境电信网络诈骗犯罪已经刻不容缓。当前,国内外学者主要从不同国家或地区间的执法合作、行业监管、社会宣传等角度对跨境电信网络诈骗的打击策略进行了广泛的研究。如 Mon 认为打击海峡两岸跨境电信诈骗犯罪,需要完善中国台湾地区与大陆地区的执法合作机制,并详细阐述了两地执法合作机制的内容、成果、挑战和前景[25]。

Ge 提出中国与东盟国家应加强合作,进一步建立合作机制,使情报共享、电子证据收集、视频会议作证、犯罪场所搜查、刑事逮捕和转移等合法化和正常化,共同打击跨境电信网络诈骗[26]。Geng 基于全球协同治理的分析框架,重点关注我国跨境电信网络诈骗的外部环境因素及相关的内部治理因素[27]。熊安邦、吕杨提出海峡两岸共同打击跨境电信诈骗犯罪需要积极开展两岸警务合作,深入开展电信、银行等行业的专项清理整顿工作,加强反电信诈骗宣传,建立打击跨境电信诈骗犯罪工作的长效协作机制[28]。杜航指出有效侦查跨境电信诈骗犯罪,应加强相关行业监管力度,提升公安机关的侦查科学技术水平,建立多国协作平台,提升整体侦查效率[29]。何灏东、周衍提出打击跨境电信诈骗应该加强打击电信诈骗犯罪专业队伍建设,建立跨行业合作机制,构建警方跨境侦查协作机制,多策并举形成电信诈骗防范体系[30]。刘彤认为有效打击跨境电信诈骗犯罪必须明确跨境电信诈骗中涉及的相关法律问题,并在此基础上对该项犯罪活动进行严厉的刑事打击,同时完善国际合作、社会联动、民众配合等各种预防机制[31]。

通过对国内外关于跨境电信网络诈骗的形成原因和打击策略等相关研究的阅读、梳理和总结,对当前研究现状有了较为全面的了解,并发现主要存在以下两点不足:(1)在跨境电信网络诈骗形成原因研究中,主要是基于经验判断或个案分析提出宏观方面的诱因,而少数学者基于微观视角对电信网络诈骗成因的探索,虽然为本文提供了一定的理论基础和研究方向,但缺乏对跨境电信网络诈骗行为形成影响因素的有针对性的和系统的研究。(2)在现有跨境电信网络诈骗的打击策略研究中,主要着眼于跨境电信网络诈骗发生后的治理,虽然起到了一定的威慑作用,但是并没有从根源上矫治和防范跨境电信网络诈骗,该类犯罪案件仍然持续高发。另一方面,法院判决书和相关案例的新闻报道记载了诈骗行为、心理的产生、发展过程,是公众认识跨境电信网络诈骗行为的主要渠道,通过分析这些文献,学者可以从诈骗者的角度研究诈骗者的行为特征及其行为产生和发展的根源,但目前少有学者利用这些文本资料进行相关研究。

基于此,本文首先利用内容分析法对法院判决书、相关案例的新闻报道进行客观、系统、结构化的研究,分析诈骗者个体行为特征和具体影响因素,然后利用聚类分析法研究跨境电信网络诈骗行为的主要共性因素,并基于此提出从根源上防范跨境电信网络诈骗的针对性策略。

2. 研究方法与研究路径

2.1 研究方法

在本文中,笔者主要采用内容分析法、聚类分析法对法院判决书、相关案例的新闻报道进行分析。首先进行案例资料搜集,并根据罪由、信息完整性和案例代表性三大因素进行案例筛选;然后对筛选出的案例进行内容分析,提取出每个案例中诈骗者行为的具体影响因素,并对这些因素进行合并同义词、提取高频词等初步处理;接着梳理关键词在案例文本中两两共现的频次来构建案例文本关键词的共现矩阵,不同关键词之间共现次数表示之间交互的亲密程度,共现次数越高,表示两者联系越紧密。最后通过对共现矩阵进行聚类分析得到案例文本中有关跨境电信网络诈骗行为成因的重要信息。

2.2 研究路径

2.2.1 研究样本案例数据获取和筛选

由于本文致力于跨境电信网络诈骗行为形成的影响因素研究,这就要求所选取的案例对诈骗者个人信息及其行为心理因素有较为翔实的描述。但由于对跨境电信网络诈骗犯罪案件相关的办案警员、犯罪嫌疑人等进行实地访谈,缺乏现实条件;而法院判决书真实权威、可公开获得,并且详尽记录了跨境电信网络诈骗犯罪主体的个人信息、参与诈骗过程、诈骗团伙组织行为特征等,为本研究提供了很好的素材。此外,近年来有关跨境电信网络诈骗的报道占据了网络、电视、杂志等各大媒体头条,从第三方的角度较为客观的对跨境电信网络诈骗的犯罪主体及其行为进行了评述,为本研究编码案例选择提供了丰富的支撑。因此,本研究以跨境电信网络诈骗相关法院判决书为主,以相关新闻报道为辅进行案例收集。其中,在对法院判决书的选择上,由于"中国裁判文书网"是由最高人民法院依照权威、规范、便捷的原则建立的全国法院规范统一、全球最大的裁判文书网,文书种类齐全、更新及时、分类清晰;而"无讼"案例是目前中文世界更高效、易用、智能的案例检索工具,可以以其自有的关键词系统为用户提供精准、快速、全面的案例搜索体验。因此,本研究主要从中国裁判文书网和无讼案例中选取跨境电信网络诈骗相关的法院判决书。在对新闻报道的选择上,由于可以从百度网页上直接检索获得跨境电信网络诈骗相关案例报道,并且央视 CCTV-2 的经济半小时、第一时间,CCTV-13 的新闻直播间等栏目,以及各省市卫视,如上海卫视、广东卫视等,对跨境电信网络诈骗均有相关详细报道。因此,选取百度网页、央视及地方台为跨境电信网络诈骗相关报道的主要来源。

本文遵循理论抽样原则进行案例选择,以保证所选取的案例能够满足理论构建的需要[32]。同时,基于罪由、信息完整性和案例代表性三条标准来选取编码案例。其中,罪由是指诈骗者被判决的罪名,由于本文研究的是跨境电信网络诈骗,因此选取法院判决书的罪由为诈骗罪。信息完整性即选取对个人接触、参与并持续实施跨境电信网络诈骗行为的过程有较为详细描述的案例进行分析。具体地:①对个人如何接触跨境诈骗信息并同意参与境外诈骗团伙的过程有详细描述;②对新到境外诈骗窝点的个人如何开始实施跨境电信网络诈骗的过程有详细描述;③对境外诈骗团伙中的个人如何持续保持其诈骗行为有详细描述。而案例代表性即选择比较能集中反映跨境电信网络诈骗涉案金额高、危害范围大等特征的代表性案例,以提高案例研究的效度。具体案例收集步骤如下:

(1)从无讼案例和中国裁判文书网上,基于诈骗罪案由,并通过输入"境外、电信诈骗/网络诈骗"等关键词,初步检索抽取跨境电信网络诈骗相关法院判决书共 234 篇。

(2)从百度网页、央视及地方台中,基于"跨境电信网络诈骗"等主题检索,补充收集相关新闻报道 68 篇。

(3)对以上共 302 篇跨境电信网络诈骗相关法院判决书和新闻报道进行逐篇通读,并基于信息完整性和案例代表性,剔除掉与本文研究对象无关、有效信息缺失严重以及重复案例 83 篇,最终得到 219 篇跨境电信网络诈骗相关案例作为编码原始文本。其中,有效法院判决书 175 篇;有效新闻报道 44 篇。

部分参与编码的案例信息如表 1 和表 2 所示。

表 1　部分参与编码判决书信息

编号	起始时间	持续时间	诈骗窝点	团伙规模	诈骗金额（万元）	诈骗手法	平台
1	2017.2	2 个月	缅甸	11 人	13.268 5	微信红包赌博	微信、博彩网站
2	2016.3	3 个月	柬埔寨	8 人	69.793 2	打电话(冒充运营商和快递公司)	skype 网络通信软件、互联网、电信
3	2015.8	10 个月	柬埔寨	33 人	952.058 3	打电话(冒充司法机关工作人员)	互联网、通信工具
4	2015.6	10 个月	肯尼亚	33 人	2 300	打电话	语音包
5	2015.3	2 个月	印度尼西亚	29 人	119.576 7	打电话(冒充顺丰快递等工作人员)	电子通信
6	2015.3	15 个月	印尼、老挝	11 人	244.888 8	打电话	VOIP 运营支撑系统、VOS 话务平台
7	2014.9	13 个月	印度尼西亚	29 人	193.311 4	打电话(冒充电商客服和银行工作人员)	电信、网络
8	2014.7	21 个月	肯尼亚	35 人	650	打电话	语音包
9	2014.3	24 个月	埃及、印度尼西亚	38 人	逾 940	打电话(仿冒公检法工作人员)	电信、网络
10	2013.3	3 个月	马来西亚	26 人	510	打电话(冒充公检法工作人员)	互联网、通信工具
11	2014.4	4 个月	菲律宾	18 人	241.520 0	打电话	电信、网络
12	2013.7	23 个月	老挝	24 人	846.350 0	打电话	电子通信
13	2016.1	1 个月	马来西亚	21 人	91.419 9	打电话	互联网、通信工具
14	2015.4	6 个月	印度尼西亚	15 人	200	打电话	电信、网络
15	2014.7	15 个月	印度尼西亚	13 人	148.939 0	打电话	电子通信

表 2　部分参与编码新闻报道信息

编号	报道日期	报道来源	报道名称	原文关键字词
1	2016.11	上海卫视-新闻透视	新闻透视:跨境清扫电信诈骗窝点	印尼、柬埔寨,窝点隐藏在富人区,避开当地警方注意,戒备森严,24 小时监控,包吃住;共 200 多名犯罪嫌疑人,来自中国台湾、广东、广西等地;国内统一招聘、统一办证,组团前往;原先说是卖产品,可以出国旅游,像打工一样;抵达印尼别墅后,便与外界隔离,身无分文,语言不通,哪都去不了;护照被收走,早上 8 点起床一直打电话到下午 5 点,晚上开会
2	2017.10	CCTV13-新闻直播间	山东破获特大跨境电信网络诈骗案 74 名犯罪嫌疑人被押解回国	柬埔寨;74 名犯罪嫌疑人,涉案 700 多万元;诈骗分子多次出入柬埔寨,一同前往的有老乡,其中一些人有网络诈骗犯罪前科;诈骗团伙业务量巨大,组织严密;购买大量银行卡、虚假的理财网站

编号	报道日期	报道来源	报道名称	原文关键字词
3	2016.5	CCTV2-经济半小时	防骗进行时:电信诈骗骗术大揭秘	泰国;14 名犯罪嫌疑人,大都来自广西,夫妻,年纪轻轻;受诈骗团伙高薪出境务工的引诱;可以出国,可以旅游,有工资拿;一线,冒充客服,按稿子念;在异国他乡人生地不熟,语言也不通;底薪,提成,手机、护照被收掉,身上没有钱
4	2015.11	广东卫视-拍案	跨境抓捕国际电信诈骗集团	印度尼西亚豪华别墅;39 名犯罪嫌疑人,其中 32 男 7 女,30 岁以下的 33 人,30 岁以上 6 人,其中年龄最小的 16 岁,最大的 49 岁,初中毕业 20 人,总的来说年龄小,学历程度不高;国内安排专人负责组织招募,酒吧,中国台湾籍男子介绍工作;包吃住,国外工作轻松,高薪资,可以旅游;护照手机被没收;迫于生活压力;一线、二线;诈骗剧本;诈骗团伙管理严厉
5	2014.9	北京卫视-北京您早	北京:特大跨国电信诈骗案开庭审理	马来西亚;26 人诈骗团伙仿冒公安机关、检察机关、电力局工作人员,通过网络拨打电话,2 个月内骗取 80 余人 508 余万元;26 名犯罪嫌疑人年龄在 20 至 36 岁间,15 男 11 女,大部分来自福建,同村老乡,无固定工作,文化程度很低;通过姐夫介绍;原本说去做工程项目,但之后发现是从事电信诈骗;诈骗团伙选在东南亚作案,是因为马来西亚等国的房租较便宜,签证也好办;分工明确:一线、二线、三线

2.2.2　案例关键词提取

针对筛选出的案例,本文首先对每个案例文本进行内容分析,具体做法是①文本标签化:对案例文本进行逐字逐句分析,用最贴合原文语句的简单的词或句在任何一个与研究主题相关的信息可提炼处进行概括标注,生成标签,如原文语句"被告人赵某平,男,汉族,初中文化,户籍地湖南省衡东县"可以标注为"男性、初中文化"这两个标签。②关键词提取。在对原始案例材料进行初步分析,并生成大量标签后,将重复出现或相关联的多个标签进行同义词合并和简约,归类至关键词下面,如将标签节点"初中文化""小学文化"归类为"文化程度低"这一关键词下面。按照上述步骤分析,本文从 219 篇跨境电信网络诈骗相关案例中提取出了 38 个关键词。由于文章篇幅限制,仅列举部分文本分析过程,如表 3 所示。

表 3　部分关键词提取过程表

原文本	标签	概念化
被告人赵某平,男,汉族,初中文化,户籍地湖南省衡东县	男性	男性
	初中文化	文化程度低
被告人姚某彬,男,1985 年 12 月 8 日出生,汉族,无业,住福建省闽侯县	男性	男性
	85 后	年青
	无业	职业经济水平低

续 表

原文本	标签	概念化
戴某是 25 岁的中国台湾女大学生。去年毕业后,出于好奇,在朋友的介绍下来到柬埔寨	25 岁	年轻
	女	男性
	大学文化	文化程度低
	朋友介绍	亲友关系
	出于好奇	好奇心理
毛某叫我跟他一起去印尼做工,我知道就是拨打电话冒充公安人员骗取对方现金,为了多赚钱,我也从事了这个诈骗工作	诈骗赚钱多	趋利心理
被告人余某根明知其所参与的组织为电信诈骗组织仍积极参与	知法犯法	冒险心理
其不想接电话,但是旁边有人看着,不让出去,老板还有枪,其害怕,就接电话了	出于害怕	恐惧心理
唐某证言:其经妹妹唐某介绍,于 2014 年 3 月至 4 月间,与妹妹唐某及蔡某良、唐某海、另一唐某等人到肯尼亚参与一个诈骗团伙的电信诈骗活动	经妹妹介绍	亲友关系
被告人傅某利的供述,供认 2015 年 8 月,经同乡黄某法介绍出境至柬埔寨务工	经同乡介绍	亲友关系
被告人陈某峰的供述,供称 2015 年 11 月,其在"58 同城"网看到波音公司招聘淘宝客服的广告	"58 同城"网招聘广告	招聘信息
2013 年 3 月,被告人冯某和朋友去柬埔寨旅游时在报纸上看到了招聘信息,然后就去应聘了	报纸招聘信息	招聘信息
	去应聘	正常求职需求
被告人李某文等人到达马来西亚后便开始接受集中培训,按刘某的安排,背诵讲稿及剧本,练习拨打诈骗电话	接受集中培训	诈骗学习
其在知道是干诈骗后,提出想回家,老板不让走,并拿其家人的安全对其进行威胁	威胁家人安全	威胁人身安全
培训时知道是电话骗人的把戏后,冯某原想退出不干,结果被对方威胁"不干要罚款 2 万元",于是就妥协了	威胁罚款	威胁经济安全
我们这个窝点按北京时间作息,我统一保管所有人员的护照和手机,所有人员不能外出,不能与外界发生联系	不准外出	控制人身自由
参加诈骗的人都有包吃包住,这些花销也是从诈骗来的钱里面支出的	包吃住	经济保障
我们每月基本工资 2 000 元左右,做成一笔会有不菲的提成	工资提成	固定薪资制度
每天晚上 7 点开总结会,骗到钱的人讲经验,没有骗到钱的要检讨,会被罚背剧本、甚至被骂	开总结会	定期交流总结
透传是该业务的吸引点,且国外监管环境比较宽松,主要客户是"TTTYY"和"阿宽",其与妻子范某颖知道客户利用网络电话透传功能,冒充"110"的 公安电话进行电信诈骗	国外监管环境宽松	境外电信监管宽松
……	……	38 个关键词

所有关键词如表 4 所示。

表 4　关键词列表

序号	概念节点	序号	概念节点	序号	概念节点
1	性别	14	正常求职需求	27	精神诱导
2	年龄	15	迫切经济需求	28	控制人身自由
3	文化程度	16	分工明确	29	威胁人身安全
4	职业	17	组织严密	30	控制通信自由
5	趋利心理	18	严格考勤考绩	31	威胁经济安全
6	无辜心理	19	窝点隐蔽适宜	32	诈骗学习
7	冒险心理	20	固定薪资制度	33	出境便利
8	无奈心理	21	定期交流总结	34	风险规避措施
9	个人认同	22	完善晋升体系	35	黑色产业链支撑
10	侥幸心理	23	亲友关系	36	境外生活环境
11	趋同心理	24	招聘信息	37	境外电信监管宽松
12	恐惧心理	25	经济保障	38	感知容易
13	好奇心理	26	高回报诱惑		

2.2.3　构建影响因素关键词的共现矩阵

通过将表 4 中的 38 个关键词分别在 219 篇跨境电信网络诈骗相关案例中出现的频次进行两两共现的统计梳理,构建共现矩阵。具体过程如下:在 38 个关键词中,一旦其中任意两个关键词出现在同一篇案例中时,便将这两个关键词的共现次数累计一次,在对收集的 219 篇案例遍历完成之后,将共现关系记入一个二维数组,这样就会得到一个 38×38 的对称矩阵,并将这个矩阵写入数据表,从而导出分析所需的 Excel 表格,即为关键词共现矩阵。部分影响因素关键词共现矩阵如表 5 所示。

表 5　部分影响因素关键词共现矩阵

	性别	年龄	职业	文化程度	趋利心理	趋同心理	冒险心理
性别	141	138	88	120	74	1	13
年龄	138	170	100	136	77	2	15
职业	88	100	113	94	55	1	13
文化程度	120	136	94	140	71	2	12
趋利心理	74	77	55	71	91	2	14
趋同心理	1	2	1	2	2	2	1
冒险心理	13	15	13	12	14	1	18

2.2.4　影响因素关键词的共词聚类分析

首先,使用 Ochiia 系数将影响因素关键词共现矩阵转化为相似矩阵。具体地,用表 5 共现矩阵中的每一个数字除以与之相关的两个关键词词频的乘积的开方,计算公式为

$$\text{Ochiia 系数} = \frac{\text{关键词 } X \text{、} Y \text{ 同时出现的频次}}{\sqrt{\text{关键词 } X \text{ 出现的总频次} * \text{关键词 } Y \text{ 出现的总频次}}} \tag{2.1}$$

由公式(2.1)计算,即可得到影响因素关键词相似矩阵。相似矩阵中的数值越大,表示两个关键词的距离越近、相似度越好;反之,则表明两个关键词的距离越远、相似度越差。部分影响因素关键词相似矩阵如表 6 所示。

表 6　部分影响因素关键词相似矩阵

	性别	年龄	职业	文化程度	趋利心理	趋同心理	冒险心理
性别	1	0.891 343	0.697 162	0.854 098	0.653 283	0.059 549	0.258 046
年龄	0.891 343	1	0.721 5	0.881 557	0.619 078	0.108 465	0.271 163
职业	0.697 162	0.721 5	1	0.747 351	0.542 379	0.066 519	0.288 249
文化程度	0.854 098	0.881 557	0.747 351	1	0.629 033	0.119 523	0.239 046
趋利心理	0.653 283	0.619 078	0.542 379	0.629 033	1	0.148 25	0.345 916
趋同心理	0.059 549	0.108 465	0.066 519	0.119 523	0.148 25	1	0.166 667
冒险心理	0.258 046	0.271 163	0.288 249	0.239 046	0.345 916	0.166 667	1

其次,为了减小误差,方便进一步分析,用 1 与相似矩阵中的每个数字相减,得到表示两个关键词相异程度的相异矩阵。与相似矩阵相反,相异矩阵中的数值越大表示两个关键词的距离越远、相似度越差,而数值越小,则表示距离越近、相似度越好。部分影响因素关键词相异矩阵如表 7 所示。

表 7　部分影响因素关键词相异矩阵

	性别	年龄	职业	文化程度	趋利心理	趋同心理	冒险心理
性别	0	0.108 657	0.302 838	0.145 902	0.346 717	0.940 451	0.741 954
年龄	0.108 657	0	0.278 5	0.118 443	0.380 922	0.891 535	0.728 837
职业	0.302 838	0.278 5	0	0.252 649	0.457 621	0.933 481	0.711 751
文化程度	0.145 902	0.118 443	0.252 649	0	0.370 967	0.880 477	0.760 954
趋利心理	0.346 717	0.380 922	0.457 621	0.370 967	0	0.851 75	0.654 084
趋同心理	0.940 451	0.891 535	0.933 481	0.880 477	0.851 75	0	0.833 333
冒险心理	0.741 954	0.728 837	0.711 751	0.760 954	0.654 084	0.833 333	0

最后,把表 7 所示的相异矩阵输入 SPSS Statistics 20.0 进行系统聚类分析。具体过程如下:采用余弦间距控制变量,然后对关键词进行了组间连接聚类、最短距离聚类和 ward 聚类,通过对不同聚类方法得到结果的比较,发现使用组间连接聚类方法得出的影响因素聚类效果最为理想,并由此得出相应的系统聚类分析树状图,如图 1 所示。

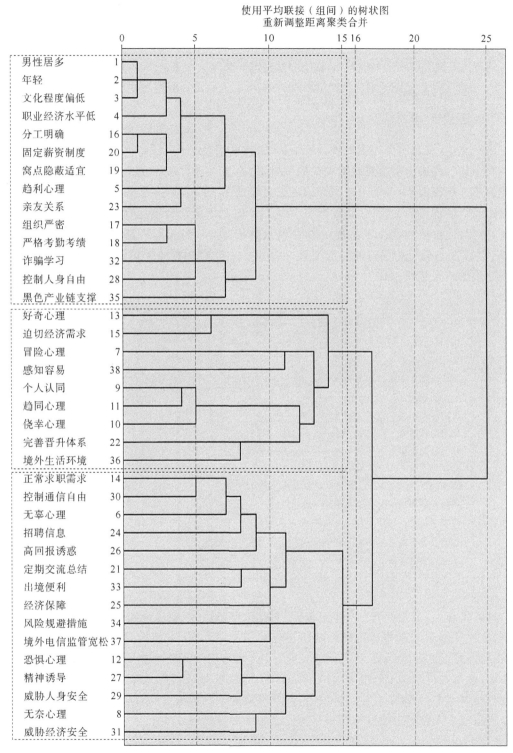

图 1 影响因素关键词的共词聚类树状图

3. 数据分析与结果

通过图1聚类树状图可以看出,影响因素关键词被分为很多类。现在将阈值选为16进行划分,可以将影响因素关键词划分为经济因素诱惑、个别人格特征驱使和外部环境刺激三大类别。

3.1 经济因素诱惑

第一类中,有表示个人人口统计特征的关键词"男性居多""年轻""文化程度偏低""职业经济水平低",代表出境信息获取渠道的关键词"亲友关系",以及个人心理因素"趋利心理"等诈骗信息获得因素;有表示跨境诈骗入行门槛低的"诈骗学习"这一诈骗行为诱发因素;有代表组织严格管控的关键词"组织严密""分工明确""固定薪资制度""严格考勤考绩""控制人身自由",代表境外监管环境的关键词"窝点隐蔽适宜",表示网络安全环境的"黑色产业链支撑"等涉及诈骗行为保持的关键因素。综合第一类中所有的关键词,发现该类别可以用经济因素诱惑来解释,如图2所示。

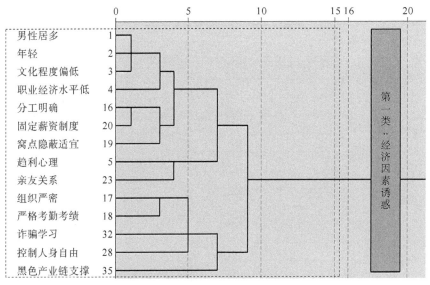

图2 "经济因素诱惑"类别

具体表现为:个人由于自身年纪较轻、文化程度不高、职业经济水平较低,因此在亲友介绍下,产生了对追求基本稳定的经济生活保障的趋利心理,进而接受团伙培训学习诈骗技能,在境外宽松的监管环境、不良网络安全环境、境外组织严格管控的社会环境和组织环境作用下,参与并持续实施跨境电信网络诈骗,从而获取非法收益。因此,可以从大力提升社会经济发展水平,尤其是乡村经济发展,以及保障处于社会边缘的青少年弱势群体的就业方面提出防范个人跨境电信网络诈骗行为形成的针对性策略。

3.2 个别人格特征驱使

第二类中,有"好奇心理""迫切经济需求""冒险心理",即个人出于好奇心理,或是由于迫切经济需求产生冒险心理,从而获得出境信息的代表诈骗信息获得的关键词;有"境外生活环境""趋同心理""侥幸心理""感知容易",表示个人到达境外窝点后,处于陌生的境外生活环境中,孤立无援、缺乏帮助,更容易依赖所熟识的人,并在其劝说下产生趋同心理和侥幸心理,同时,个人通过进行诈骗学习,对跨境诈骗产生感知容易心理,从而参与并实施跨境电信网络诈骗的诈骗行为诱发因素的关键词;有"完善晋升体系""个人认同",即境外诈骗组织制定的完善晋升体系,容易使诈骗团伙中的个人对其违法诈骗行为产生不合常规的个人认同的诈骗行为保持的关键词。纵观第二类中的所有关键词,发现该类别主要涉及个别反社会人格因素的驱使,即个别人格特征驱使,如图 3 所示。

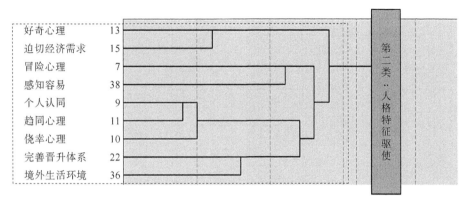

图 3 "个别人格特征驱使"类别

具体地,个别人出于好奇心理,或是由于迫切经济需求产生的冒险心理,从而积极获取信息、加入团伙;而个人到达陌生境外窝点后,被进一步同化产生趋同心理和侥幸心理,同时,个人通过进行诈骗学习,对跨境诈骗产生感知容易心理,从而参与并实施跨境电信网络诈骗;最后境外诈骗组织制定的完善晋升体系,容易使诈骗团伙中的个人对其违法诈骗行为产生不合常规的个人认同,从而持续实施跨境电信网络诈骗。因此,针对该类别中负面的人格特征因素,应该从加大违法犯罪后果宣传,加强对个人的普法宣传教育,震慑其不利心理因素及违法行为的产生。

3.3 外部环境刺激

第三类中,有表示个人需求的关键词"正常求职需求"、表示出境信息获取渠道的关键词"招聘信息"以及涉及个人心理的"无辜心理"的信息获得因素关键词;有表示跨境诈骗入行门槛低的关键词"出境便利"、表示境外诈骗组织威逼利诱手段的关键词"威胁人身安全""威胁经济安全""高回报诱惑""经济保障""精神诱导"以及相应的个人心理因素如"恐惧心理""无奈心理"等行为诱发因素关键词;有表示境外诈骗组织严格管控的关键词"定期交流总结""控制通信自由""风险规避措施"以及表示宽松境外环境的关键词"境外电信监管宽松"的诈骗行为保持关键词。通览第三类中的所有关键词,发现该类着重组织环境和社会环境等外部因素对个人参与并实施跨境电信网络诈骗的影响,即外部环境刺激,如图 4 所示。

具体表现为:首先,个人出于正常求职需求,在虚假招聘信息的影响下被高薪招募至诈骗团伙,具有在不知情情况下加入跨境电信网络诈骗团伙的无辜心理;其次,个人在诈骗团伙提供的多重便利出境服务下,顺利前往境外,而个人处于境外诈骗窝点中,在境外诈骗组织实施的系列经济保障措施、高回报诱惑以及人身安全威胁、经济安全威胁下,产生恐惧心

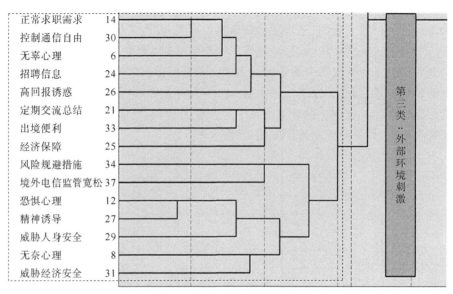

图 4 "外部环境刺激"类别

理和无奈心理,从而参与实施跨境电信网络诈骗;最后,境外宽松的电信监管环境为诈骗实施提供了有利的社会环境,而境外诈骗团伙定期召开诈骗经验交流总结会议,帮助个人提升诈骗技能,有助于其诈骗行为的成功开展,境外诈骗团伙采取的控制通信自由以及诸如监视组内成员、使用代号等风险规避措施,会加强对诈骗成员的规范管理,保障境外诈骗团伙的稳定性,从而使得个人持续实施跨境电信网络诈骗。因此,应从净化求职环境,加强境内境外相关部门监管力度方面预防和阻断跨境电信网络诈骗。

4. 跨境电信网络诈骗行为的防范策略

4.1 防范策略思维框架的提出

通过聚类分析,将影响跨境电信网络诈骗行为形成的 38 个具体因素横向划分为三大类别,分别是:经济因素诱惑、个别人格特征驱使和外部环境刺激。其中,这些因素又可以从个人接触、参与并持续实施跨境电信网络诈骗的纵向上划分为信息获得因素、行为诱发因素和行为保持因素。由此,可以得到包含纵横两个维度、共 9 个象限的影响因素划分表,如表 8 所示。

表 8 具体影响因素划分表

	经济因素诱惑	个别人格特征驱使	外部环境刺激
信息获得因素	人口统计特征:性别(男性居多)、年轻、文化程度低、职业经济水平低 出境信息获取渠道:亲友关系 心理因素:趋利心理	个人需求:迫切经济需求 心理因素:好奇心理、冒险心理	个人需求:正常求职需求 出境信息获取渠道:招聘信息 心理因素:无辜心理

	经济因素诱惑	个别人格特征驱使	外部环境刺激
行为诱发因素	跨境诈骗入行门槛低:诈骗学习	境外环境:境外生活环境 心理因素:趋同心理、侥幸心理、感知容易	跨境诈骗入行门槛低:出境便利 境外组织威逼利诱:高回报诱惑、经济保障、精神诱导、威胁人身安全、威胁经济安全 心理因素:恐惧心理、无奈心理
行为保持因素	境外组织严格管控:组织严密、分工明确、固定薪资制度、严格考勤考绩、控制人身自由 境外监管环境:窝点隐蔽适宜 网络安全环境:黑色产业链支撑	境外组织严格管控:完善晋升体系 心理因素:个人认同	境外组织严格管控:定期交流总结、风险规避措施、控制通信自由 境外监管环境:境外电信监管宽松

分析上表9个象限中所列示的跨境电信网络诈骗行为形成的具体影响因素,本文尝试对每一个象限都提出针对性策略,从而形成跨境电信网络诈骗行为的防范策略思维框架。该框架包括两个维度:一是纵向行为过程因素维度,二是横向关键影响因素维度,共分为9个象限,如表9所示。

表9 防范策略思维框架

	经济因素诱惑	个别人格特征驱使	外部环境刺激
信息获得因素	如:持续发展社会经济,扶贫济困,保障青少年弱势群体的教育和正当就业	如:加大对诈骗违法犯罪后果宣传,加强对个人的普法宣传教育,坚定信念	如:政府部门和招聘平台等多方齐抓共管,着重净化网络求职招聘环境
行为诱发因素	如:加大对专门组织诈骗培训头目的打击力度,撤销网络资源中充斥的可供诈骗成员学习的资料和教程等	如:中国驻外使领馆应当加强对出境中国公民的监管和保护	如:相关部门应当加强对代办签证、代办护照等业务的监管和整顿,对出境公民信息进行严格审查以及必要的调查
行为保持因素	如:加强境内外相关部门的联合监管,挤压跨境电信网络诈骗犯罪的生存空间	如:进一步完善国际警务合作机制,共同打击跨境电信网络诈骗	如:电信、银行等有关部门加强对外业务的监管

从表9防范策略思维框架出发,跨境电信网络诈骗行为的防范策略可以有三大出发点和三个落脚点。

三大出发点是:①大力发展社会经济,扶贫济困,保障青少年弱势群体教育和就业;②加强诈骗违法犯罪宣传教育,强化传统社会规则、价值观念及道德法制观念,坚定个人信念;③净化求职招聘环境,加强对出境中国公民的监管和保护,推动境内境外相关各方联合监管,严厉打击黑色产业链条。

三个落脚点是:①防范个人出境信息获得;②阻断个人诈骗行为诱发;③打击团伙诈骗行为保持。

4.2 防范跨境电信网络诈骗行为的策略建议

基于防范策略思维框架,从跨境电信网络诈骗行为形成的三大出发点和三个落脚点着手,提出如下防范跨境电信网络诈骗行为的针对性策略建议。

1. 扶贫济困,保障教育和就业,防范出境信息获得

处于经济窘迫、生活拮据状态中的青少年弱势群体,往往处于社会阶层中的低端位置,更多地去追求自身生理和安全方面的需求,而无暇顾及个人自我发展和提升,使得这类人群很难有效地参与社会活动。此外,长期贫困容易促使青少年在不利外界影响下,形成错误的人生观念和价值取向,甚至产生仇恨社会的逆反心理,极易引发违法诈骗犯罪行为。

因此,应当持续发展社会经济,全面整合社会资源,扶贫济困,保障青少年弱势群体的就业水平,防范出境信息获得,减少其加入跨境电信网络诈骗团伙的机会和可能性。一方面,政府部门应当不断提升社会经济发展质量,特别是要加快推进乡村经济振兴,改善贫困乡村的社会环境,扶贫济困,积极创造乡村就业条件以及搭建有效活动平台,保障当地青少年弱势群体安居乐业;另一方面,政府部门应当重点扶持农村义务教育,同时积极推进入职前教育和培训,帮助青少年弱势群体更好地适应社会需求并积极投入到社会活动中去。此外,青少年弱势群体应当努力接受义务教育,学习科学文化知识,坚信"知识改变命运";主动参加职业教育和培训活动,不断丰富自身技能,努力提升个人综合实力,树立远大志向,敢吃苦、肯拼搏;积极就业,在专注于个人工作和生活的同时,积极参与社会事务,实现个人价值。

2. 扩大普法宣传教育,坚定法制观念,阻断诈骗行为产生

个人由于年轻、文化程度较低、职业经济水平不高、法律意识相对薄弱,对违法诈骗行为缺乏正确的判断和拒绝的能力,容易在诈骗来钱快、挣钱轻松等利益驱使下,产生不利的心理因素,如趋同心理、冒险心理、侥幸心理等,从而在负面人格特征驱使下参与并实施违法诈骗犯罪。

因此,应从提升公民个人的社会道德和法律意识入手,加强对公民个人的诈骗犯罪违法教育和宣传,坚定其对传统社会规则、价值观念及道德法制观念的信念,遏制其不利心理因素及违法诈骗犯罪行为的产生。具体地,政府相关部门应当通过电视、网络等媒体报道宣传和社区(乡镇)、学校、家庭等基层组织宣传教育相结合的方式,在全社会将跨境电信网络诈骗的犯罪性质、危害、量刑以及国家对此的高压严打态势等落到实处,使得公民个人树立正确的价值观和道德观,震慑其不利心理因素及违法诈骗行为的产生,营造知法、守法、畏法的社会氛围;个人应当积极参加社区街道、学校等开展的普法宣传活动,认真学习相关法律知识,坚定树立理想信念,提高个人防范和识别跨境电信网络诈骗的能力,并自觉远离、抵制和揭发跨境电信网络诈骗等违法犯罪行为。

3. 加强行业监管力度,挤压诈骗团伙生存空间,打击诈骗行为保持

线上58同城招聘、QQ兼职群、手机百度招聘以及线下报纸招聘等虚假招聘信息的散布传播,诱使个人在不知情情况下前往境外诈骗窝点,而境外宽松的监管环境以及境内外不利的网络安全环境使得跨境电信网络诈骗持续蔓延。因此,可以从净化求职招聘环境、加强对出境中国公民的监管保护、推动境内境外相关各方的联合监管以及严厉打击黑色产业链四个方面预防和阻断跨境电信网络诈骗。

(1)净化网络求职招聘环境。散布虚假招聘信息是诈骗团伙头目招募成员的重要方式,又由于招聘网站是当前年轻人求职的主要途径,因此网络招聘中的虚假信息泛滥成灾,诱使个人误入境外诈骗窝点,不得已从事跨境电信网络诈骗。因此,需要加快实施净化网络求职招聘环境的举措,防范不良出境信息获得,阻断诈骗集团的成员招募。具体地,政府相关管理部门要积极主动作为,加快推进《关于进一步加强招聘信息管理的通知》中整治虚假招聘的五项措施,完善招聘信息管理制度、强化招聘各方责任、严厉打击信息发布违法违规行为等;网络招聘平台要加强自身管理,切实履行对合作单位招聘信息发布的审核义务,对不实招聘单位和虚假招聘信息予以删除和举报,营造良好健康的网络求职招聘环境。

(2)加强对出境中国公民的监管保护,在境内、境外为杜绝个人加入境外诈骗团伙设置多重保护屏障。第一,相关部门应当加强对代办签证、代办护照等业务的市场监管和治理整顿;第二,各省公安厅出入境管理局应当依据出入境管理法律、法规,对以"出境旅游""出国务工"为名义前往境外的中国公民信息进行严格审查以及必要的调查,确保其出境活动的正当性与合法性,阻断其加入境外诈骗团伙的可能性;第三,中国驻外使领馆应当依法开展领事保护与协助工作,加强对出境中国公民的监管和保护,特别是对文化程度偏低、年纪较轻、无业等个人或群体,应予以特别关注,定期与其保持联系,避免其陷入境外诈骗窝点,沦为跨境电信网络诈骗犯罪集团的一份子。

(3)推动境内境外相关各方的联合监管,进一步完善对共同打击跨境电信网络诈骗犯罪的国际警务合作机制。跨境电信网络诈骗犯罪的犯罪嫌疑人、受害人以及非法所得等往往涉及多个不同的国家或地区,仅靠一个国家独立执行打击治理必然会出现些许漏洞,导致某些犯罪分子不能被绳之以法。因此,应该增强境内境外相关各方对打击治理跨境电信网络诈骗实施国际警务合作的共识,建立多国国际警务合作的信任机制、出入境衔接机制、合作侦查打击机制等,协同相关各方共同开展专项打击治理行动,全面狙击跨境电信网络诈骗犯罪集团。

(4)联动"围剿",严厉打击黑色产业链条,肃清网络安全环境。相关监管部门从根源上防治和阻断跨境电信网络诈骗行为,需要做到以下三点:一是电信部门应该加强对外通信线路的规范管理,定期巡查,同时加强对伪基站、改号软件等电信服务器租用的监管,利用人工智能和大数据等高科技手段提前发现并拦截境外发出的有害通信信息;二是银行部门应加强对客户账号的监管,及时发现境内外可疑汇款、收款、转账账户,设立大额汇款提示机制以及被骗资金快速止付机制,减少人们的财产损失;三是公安机关应紧盯为跨境电信网络诈骗提供"服务"的上下游环节,严厉打击非法出售或购买公民信息、系统平台、洗钱等系列违法犯罪行为,全面挤压诈骗犯罪集团的生存空间,从而阻断诈骗团伙跨境电信网络诈骗犯罪行为的持续实施。

5. 结论与展望

5.1 结论

本文收集了219篇跨境电信网络诈骗相关案例数据,对这些案例数据进行了内容分析和聚类分析,提取了38个诈骗者行为关键影响因素,通过对这些关键因素的词频共现矩阵进行聚类分析,将影响跨境电信网络诈骗行为形成的38个关键因素进一步划分为经济因素诱惑、个别人格特征驱使和外部环境刺激三大类别。

然后基于聚类分析结果,形成跨境电信网络诈骗行为的防范策略思维框架,指出跨境电信网络诈骗行为的防范包括三大出发点和三个落脚点,进而提出针对性的防范策略建议,分别是:扶贫济困,保障教育和就业,防范出境信息获得;扩大普法宣传教育,坚定法制观念,阻断诈骗行为产生;加强行业监管力度,挤压诈骗团伙生存空间,打击诈骗行为保持。

5.2 展望

跨境电信网络诈骗潜滋暗长,严重危害了人民群众的财产安全,造成了社会秩序的紊乱,成为社会各界共同关注、亟待解决的突出犯罪问题。而本文响应国家加强源头治理的号召,从跨境电信网络诈骗产生的根源入手,基于诈骗者微观行为视角,探究影响其跨境电信网络诈骗行为形成的关键因素,并基于影响因素分析,为防范跨境电信网络诈骗行为的形成提供可资借鉴的针对性策略。但本研究尚存在以下不足。

(1)研究对象上,由于从中国裁判文书网、无讼案例中搜集的法院判决书主要是针对个人前往境外诈骗窝点,参与实施诈骗后被捕的判决裁定,而且收集的辅助新闻报道多是描述中国警方赴境外追踪打击对我国大陆居民实施诈骗犯罪的跨境电信网络诈骗团伙的事实。因此,受到现有收集案例约束,本文主要对影响个人前往境外诈骗窝点,参与并实施对我国大陆居民的跨境电信网络诈骗这一行为过程的关键因素及防范策略进行了深入研究。而对其他类型的跨境电信网络诈骗参与者,诸如个人在境内为境外诈骗团伙提取赃款、提供所需诈骗支撑、个人在我国大陆地区设置诈骗窝点对境外公民实施诈骗等的研究较少。后续可以增加多渠道案例来源,扩大多类型跨境电信网络诈骗相关案例的收集,进一步完善现有研究。

(2)研究方法上,本文主要通过内容分析和聚类分析进行研究。但是由于案例缺乏,本文仅对收集的219篇案例进行了量化研究,未来如有更多案例支撑,可以引入深度学习和自然语言处理技术,实现对跨境电信网络诈骗行为形成影响因素的自动识别,从而进行更丰富的定量研究。

参考文献

[1]胡向阳,刘祥伟,彭魏. 电信诈骗犯罪防控对策研究[J]. 中国人民公安大学学报(社会科学版),2010,26(05):90-98.

[2]曾海燕. 打击电信网络诈骗犯罪需要全社会各行各业共同参与[J]. 中国信息安全,2016(12):88.

[3]360互联网安全中心.2018年网络诈骗趋势研究报告[EB/OL].（2019-01-15）[2019-02-20].http://zt.360.cn/1101061855.php?dtid=1101062366&did=610070297.

[4]Holt T J,Bossler A M. An Assessment of the Current State of Cybercrime Scholarship[J]. Deviant Behavior,2014,35(1):20-40.

[5]夏凯.论打击跨境电信诈骗犯罪的国际刑事司法合作——以"9.27"跨境电信诈骗案为例[D].华中师范大学,2017.

[6]湖南省公安厅.公安机关打击跨境电信网络诈骗犯罪再添新战果104名电信网络诈骗犯罪嫌疑人从老挝被押解回国[EB/OL].（2018-01-15）[2018-3-30].http://www.hnga.gov.cn/articles/20/2018-1/58832.html.

[7]中国法院网.北京市高级人民法院依法对从肯尼亚押解回国人员特大跨境电信诈骗案二审宣判[EB/OL].（2018-03-28）[2018-11-19].https://www.chinacourt.org/article/detail/2018/03/id/3251201.shtml.

[8]中华人民共和国中央人民政府.赵克志:严厉打击全面治理电信网络新型违法犯罪[EB/OL].（2018-11-29）[2018-12-03].http://www.gov.cn/guowuyuan/2018-11/29/content_5344576.htm.

[9]张育勤.中国-东盟合作打击跨境电信诈骗犯罪的探讨[J].犯罪研究,2017(01):106-112.

[10]刘彤.浅议跨境电信诈骗犯罪中的法律问题——以2016年两起大型涉台跨境电信诈骗案为例[J].山东青年政治学院学报,2016,32(03):98-103.

[11]Lin L S F,Nomikos J. Cybercrime in East and Southeast Asia:The Case of Taiwan[M]// Asia-Pacific Security Challenges. 2018.

[12]Etges R,Sutcliffe E. An overview of transnational organized cyber crime[J]. Journal of Digital Forensic Practice,2010,3(2-4):106-114.

[13]王世卿,杨富云.新技术条件下我国跨境有组织经济犯罪研究——以电信诈骗和银行卡犯罪为视角[J].中国人民公安大学学报（社会科学版）,2012,28(04):70-76.

[14]王大为,温道军.预防与打击两岸电信诈骗犯罪问题研究[J].中国人民公安大学学报（社会科学版）,2012,28(02):19-25.

[15]吴洪帅.海峡两岸跨境电信诈骗犯罪法律对策研究[D].北京交通大学,2017.

[16]Zhang J,Ko M. Current State of the Digital Deception Studies in IS[J]. AMCIS 2013.

[17]宋平.电信网络诈骗的心理解析及其防控[J].广西警官高等专科学校学报,2017,(01):121-125.

[18]吴鲁平,简臻锐.农村青年电信诈骗行为的产生、延续与断裂——基于东南沿海某村6名诈骗者的质的研究[J].青年研究,2014,(01):22-30＋94-95.

[19]Mitnick,K. D. and W. L. Simon,The art of deception:controlling the human element of security. 2002,Indianapolis,Ind.:Wiley Publishing,Inc.

[20]Allen M,Currie L M,Bakken S,et al. Heuristic evaluation of paper-based Web pages:a simplified inspection usability methodology[J]. Journal of biomedical informatics,2006,39(4):412-423.

[21]He B Z,Chen C M,Su Y P,et al. A defence scheme against identity theft attack based on multiple social networks[J]. Expert Systems with Applications,2014,41(5):2345-2352.

[22]陈思祁,杨梦丽,塞洁,张枥尹,高岩.电信网络团伙诈骗行为与对策研究[J].图书馆学研究,2018(09):90-101.

[23]塞洁,刘鑫鑫,陈思祁.网络交易诈骗行为运行模式研究[J].中国人民公安大学学报（社会科学版）,2017,33(06):27-35.

[24]倪春乐.跨境电信诈骗案件侦查取证问题研究[J].贵州警官职业学院学报,2014,26(04):53-60＋68.

[25]Mon W T. Cross-border Crime Fighting and Law Enforcement Cooperation between Taiwan and China[J]. 犯罪学期刊,2014,17(1):41-62.

[26]Ge Y. International Police Cooperation in Fighting Telecommunication Fraud Crimes between China and ASEAN Countries[C]//Proceedings of International Symposium on Policing Diplomacy and the Belt & Road Initiative. 2016: 178.

[27]Geng Y C. Research on How to Deal with the Dilemma of Global Cooperative Governance of Cross-Border Telecom Network Fraud in China[J]. Scientific Research, 2017.

[28]熊安邦,吕杨.海峡两岸跨境电信诈骗犯罪的打击与防范[J].湖北警官学院学报,2012,25(02):53-56.

[29]杜航.跨境电信诈骗犯罪特点、侦查难点及措施[J].四川警察学院学报,2016,28(01):21-27.

[30]何灏东,周衍.浅议当前打击跨境电信诈骗犯罪的难点与对策——以"2·7"特大跨境电信诈骗案为例[J].上海公安高等专科学校学报,2016,26(03):29-34.

[31]刘彤.浅议跨境电信诈骗犯罪中的法律问题——以2016年两起大型涉台跨境电信诈骗案为例[J].山东青年政治学院学报,2016,32(03):98-103.

[32]毛基业,李晓燕.理论在案例研究中的作用——中国企业管理案例论坛(2009)综述与范文分析[J].管理世界,2010(02):106-113+140.

第四部分

数字经济素养教育

论智能革命新时代数字经济教育体系建设

张彬*　隋雨佳　彭书桢　金知烨

＊作者：张彬博士

北京邮电大学经济管理学院教授

摘　要： 本文首先针对智能革命新时代对数字人才需求的迫切性进行分析，接着结合国际先进国家数字人才培养国家战略的对比研究和智能革命新时代数字人才需求结构变化趋势研究，进而提出中国推进"智能＋"社会数字经济教育体系建设的基本路径，针对全民数字素养终生教育、培养以德为先综合数字人才和促进产学研资源聚合等方面提出具体政策建议。

关键词： 智能社会　数字经济　教育体系　数字素养　终生教育　数字人才　国际比较　以德为先　产学研合作　综合教育

　　继工业革命后人类迎来了网络革命，现在正在跨入智能革命新时代。人工智能等新兴数字技术来势汹涌，人们对其发展寄予很高期望。以大数据、人工智能、物联网和云计算（简称"大智物云"）等高新数字技术为支撑的数字经济为各国带来巨大发展机遇的同时，新的挑战不断涌现，突出表现在全球竞争日趋激烈，高新数字技术创新与应用已成为智能革命新时代提高国际竞争力的关键要素之一，而引领其创新与应用方向并保证实施到位的根本在于高水平人才。智能革命时代的竞争不仅表现在资金充足和产能雄厚层面，更表现在技术水平和人才质量层面。然而，现行教育体系是工业革命的产物，不是为智能革命准备的，无法适应未来"智能＋"社会的需求。习近平同志在全国网络安全和信息化工作会议上的讲话强调，要研究制定网络与信息安全领域人才发展整体规划，推动人才发展体制机制改革，让人才的创造活力竞相迸发、聪明才智充分涌流。由此，我们有必要研究人工智能等高新数字技术革命对教育的冲击，研究面向未来"智能＋"社会的数字经济教育体系建设，为中国在未来智能革命新时代具备全球领先的竞争实力作好准备。

1. 数字经济教育体系建设的必要性

　　数字经济突出特征是依靠信息资源和信息技术开发利用推动经济发展和社会进步[1,2]。当前，以"大智物云"等关键数字技术作为重要赋能的数字经济正在全球蓬勃发展，所创造价值在世界生产总值中举足轻重，且有日益攀升趋势[1,3]，引领全社会逐渐由工业时代进入数字经济时代，并向智能时代迈进[1,2]。中国在这次特殊的时代变革中将走向哪里？人才决定未来，教育成就梦想。为此，有必要对目前中国教育现状进行梳理，探究其制度、体系和机制是否满足未来几十年的人才需求，是否适应数字经济和"智能＋"社会的发展。

1.1　现有教育体系下人才知识结构与未来要求相去甚远

　　"智能＋"社会以大数据、并行计算和深度学习为三大核心技术驱动力[4]，需要联合社会各界乃至全球力量共同发展,最终实现人人皆享人工智能[5]。相应的,"智能＋"社会的人才知识结构呈现偏重数字技术及数据分析的特征。人工智能人人皆享是"智能＋"社会的发展特征之一,如微软实时语音翻译、微软小娜等智能助手提供的个性化服务正逐渐被私人控制并使用。因此,在每个人都将操控人工智能的未来人人都须拥有基本数字技能。智能化正逐步渗透于各类社会生产活动,传统劳务密集型行业终将转向知识密集型行业,与此同时数据技术密集型行业将成为"智能＋"社会主导经济发展的产业。而目前的教育体系主要培养传统劳务型人才,对专业数字人才的培养速度远低于需求增长速度。

通过需求带动相关学科建设是解决短期人才缺口的有效方式,但若想从长期解决劳动力供需矛盾,培养出全球顶尖级综合型数字人才,还需要更合理的顶层设计。商业格局变迁意味着"智能＋"社会人才知识结构将发生变化,近几年全国高校本科新增的若干最"热门"专业均与数字经济相关[6,7],说明未来数字技术快速更新换代对数字人才培养计划提出了更高要求。人才知识结构与教育体系顶层设计息息相关,重新建设适用于"智能＋"社会的数字经济教育体系,形成完善的人才生态结构,是发展数字经济的必然要求。

1.2 具备数字经济相关专业知识的人才出现短缺现象

在信息化时代来临之初,世界先进国家已提前意识到专业人才的重要性,进而针对未来信息化进程调整其教育体系,大力培养计算机人才。但在数字经济快速渗透各传统行业的当下,单纯通识计算机的人才已无法适应如芯片设计、人工智能算法、大数据分析、无人机设计、量子计算、网络空间治理与网络安全保障等新技术背景下的应用,人才市场供需平衡再次被打破,各国数字经济发展面临着巨大人才缺口,而中国面临的挑战尤为突出。截至2017年,美国人工智能人才总量是中国的2倍,在AI基础研究领域美国人才储量(大约17 900人)更是中国(仅有1 300人左右)的13.8倍,中国处于明显劣势。[8] 显然,在"大智物云"等高新数字技术飞速发展的今天,我国相关专业人才数量与美国相比差距巨大。不仅如此,据纽约时报称,在人工智能深度学习领域,只有不到25 000人可被视为真正的专家,量子计算相关人才更加稀缺,只有不足1 000人[9]。此领域人才短缺将直接影响数字经济时代极为重要的国家网络安全,于是是否拥有量子、智能人才则关乎国家命运,这将导致更加激烈的世界范围内的人才争夺战。

1.3 数字经济相关专业人才流失严重

人才流失是导致中国高水平人才匮乏的重要原因之一。人才流动受到薪酬机制、发展空间、创新环境、认同感等多方面因素影响[10,11],仅靠提高待遇等方式引入人才只作杯水车薪而难以从根本上改善人才短缺问题,在职培训虽可强化企业人力资本却不易于培养出创新性人才。旧金山人工智能初创公司在《2018年机器学习人才调查报告》中[12]指出,中国在机器学习人才培养上成绩斐然,仅次于美国,但在产出人才最多的四所一流高校中,62％的学生毕业后选择赴美深造或工作,仅31％留在国内。在国内各省市间,数字技术人才流向北京、上海、深圳等数字经济发展较好的城市已成为显著趋势[13]。适用于工业时代的人才链在数字经济冲击下已然断裂,我国数字技术人才未来或将出现青黄不接的局面。人才重新聚集需要放眼全局、从长计议,只有建立完善的数字经济教育体系,方能使我国具备高质量人力资本以适应未来智能革命时代的发展需求。

1.4 高新数字技术发展将促成更尖锐的全球等级差异

未来,在数字经济发展的带动下,大量代替脑力劳动的机器将席卷而来,大量工作岗位将由自动化设备取而代之,大规模失业将表现尤为严重,而失业者多为受教育程度不高、数字技能贫乏者[14,15],若他们不能及时接受数字素养教育,将在智能化发展浪潮中被边缘化[16]。进而,人工智能等高新数字技术发展将使财富分配更为不平等,拥有人工智能的阶层或国家掌握社会大部分财富,形成更尖锐的全球等级差异[17,18,19]。富者越来越富,穷者越来越穷。中国的强国之梦与人工智能等高新数字技术发展息息相关,世界科技强国均力图在该领域形成竞争实力,在占有销售市场、拥有知识产权和引进高端人才等方面积极行动,国际竞争形势严峻[20,21]。因此,中国有必要利用自身制度优势,把握人工智能发展契机,培养自有人才,攻克量子、智能等技术难题,成为拥有高新数字技术使能财富的国家。而实现此目标的前提条件是建设数字经济教育体系,进行面向未来"智能+"社会的教育改革,以教育带动科技强国。

2. 数字经济教育体系建设的国际经验

美国、英国、德国、法国和日本等发达国家在数字经济发展和教育体系建设方面积累了较为丰富的经验,相关政策也比较成熟,它们的国家战略和实践经验值得我国学习和借鉴。

2.1 美国

美国各州或学区主管部门针对基础教育阶段(K12)积极推进在线教育[22],制定相应的法规和标准,如规定毕业前必须完成一定数量的在线课程。为此,政府提供项目资金用以支持购置硬件设施和实现宽带连接,重点支持在农村地区尽量增加人们能负担得起的高速连接的宽带数量。

美国联邦通信委员会在《2010 年国家宽带计划》[23]中明确了数字人才的重要地位,并将数字素养教育纳入国家宽带计划。2016 年奥巴马在电视讲话中提出"全民学习计算机"倡议,号召从娃娃抓起,从幼儿园到高中无缝隙地持续地学习计算机,为培养具有计算思维的复合型人才夯实基础[24]。数字经济发展对科学、技术、工程以及数学(STEM)等方面的知识和技能提出更高要求。为保证高等教育体系符合时代要求,美国政府不断加大对STEM 等学科的投资,并于 2016 年发布了《STEM2026:STEM 教育创新愿景》[25]报告,从实践社区、学习活动、教育经验、学习空间、学习措施以及社会文化环境等方面提出有效措施促进 STEM 教育的发展。[26]特朗普总统上任后不久,即 2017 年 9 月,签署了一份关于让更多人接受高质量 STEM 教育的总统备忘录,对于政府致力于促进和激励全美学生获得高质量的包括计算机科学在内的 STEM 教育给予肯定。具体而言,该总统备忘录设定了一个目标,即每年在教育部内至少投入 2 亿美元用于推进这项工作。[27]

在顶尖数字人才培养层面,美国格外重视人工智能、网络安全、量子计算等高新技术人才的针对性培养。2018 年 5 月,美国国土安全部(DHS)发布《网络安全战略》[28],该战略在促进美国繁荣的措施中提到"培养优秀的网络安全人才"。同年 9 月美国政府召开量子信息科学峰会,峰会强调将"科学优先"作为国家战略,重点在于解决未来十年量子科学面临的各种重大科学挑战,其中包括在初中和高中教育中引入量子力学[29]。2019年2月,特朗普政府启动首份国家人工智能计划,采取多种方式加强美国在人工智能领域的国家领导力,五个重点领域之一就是"培养人工智能劳动力"。该倡议指出:为了培育具有人工智能新时代发展所需技能的劳动力,美国需要行动起来帮助美国劳动力获得 AI 相关技能,在包括学徒制、技能培训项目、奖学金计划和计算机科学和其他新兴 STEM 教育计划中优先考虑设置奖学金机制和在职培训机制。[30]

2.2　英国

英国正致力于发挥政府、企业、高校等社会各界的协同作用提高各个年龄段及各个阶层民众的数字素养。英国在其政策性文件《数字化战略(2017)》中提出,将数字技能嵌入到素质教育,在国家课程中引入计算机学习;面向十六七岁的年轻人提供国民公民服务以帮助培养在工作和生活中所需的数字技能为迎接未来做好准备;推行终身学习,帮助成年人在离开正规教育后也有机会继续提高数字技能;通过教育体系改革为个人所需数字知识及技能制定标准和实施措施;对工人培训进行数字扫盲;鼓励私营部门和教育机构提供支持,提升与电脑科技相关毕业生的就业率并缩短学徒期。此外,还投入 2 000 万英镑建立一个旨在提高数字技能教育质量的研究机构[31]。鉴于英国有许多人因缺乏基本数字技能而不能或不能独立使用数字政府服务,政府数字服务(GDS)在商业、创新和技能部(BIS)的支持下,寻求能够提供数字培训和数字支持服务的供应商,为每个人提供所需的数字技能,通过消除由于访问、技能、弱势和动机等方面带来的障碍,弥合数字技能鸿沟[32]。2017年11月英国成立了数字技能合作关系委员会,旨在将公共部门、私有企业和慈善组织等汇集到一起,保持数字技能提供的一致性,促进开展数字技能培训项目,普遍提高公民数字技能以达到世界领先水平[33]。为了更好地吸引和留住高新技术人才,英国政府投资了 4 亿英镑用于数学、数字技术方面的教育,以解决 STEM 技能短缺问题,并加强政府、大学和行业之间的合作以大大提高数字技能人才的供应。[31]

2.3　德国

德国尤其重视数字基础教育,意在有效提高民众数字素养。在《数字化行动议程(2014—2017)》关于"数字化社会生活"的论述中,德国强调各阶层都应有平等的途径获取信息和服务[34]。德国联邦经济能源部发布《数字化战略 2025》,针对数字经济素养提出"实现各年龄阶段数字化教学全覆盖"的战略目标,着眼于中小学教育,并关注数字化世界所有层面的教学,包括企业数字技能培训[35]。2016年10月,德国政府推出《数字型知识社会的教育战略》作为全面促进德国数字化教育的行动框架,包括数字化教育培训、数字化设施、法律框架、教育组织和机构的数字化战略、国际化等五个重点行动领域,各领域的战略目标统称为"数字化教育世界 2030"。[36]而 2018 年新一届政府又提出将通过"Digitalpakt♯D"(德国数码协议)计划拨款 35 亿欧元以在全德国中小学和大学实现互联网接入。[37]

2.4　法国

法国近年来出台了"学校数字教育计划"等一系列有关数字化教育的政策[38],着重推进学校基础设施数字化建设。法国已经意识到未来社会对人工智能人才的需求将与日俱增,而基于法国当前的数字教育资源,将无法满足发展人工智能的人才需要[39]。因此,法国总统马科龙宣布了《法国人工智能战略》,提出解决法国人工智能人才紧缺问题的一系列举措。具体包括,在科研与人才培养方面,由法国信息与自动化研究所牵头制定一项国家人工智能计划;遴选若干研究机构组建法国人工智能研究网络;制定一项人才计划以吸引全球的一流科研人员;把人工智能的学生人数增加一倍;简化科研人员成立初创企业的程序,加速科研项目的审批;鼓励科研人员在公共机构和企业间的流动,科研人员用在企业的工作时间可以达到 50%(目前是 20%)。[40]

2.5　日本

日本同样采取了一系列措施培养前沿数字技术人才和提高全民数字素养。日本于2017 年 3 月提出了"互联工业"的概念,即通过人、物、系统、设备等在企业之间互联创造新型附加价值,"人"在其中起关键作用,需要积极培养精通前沿数字技术的高技能人才[41]。同年 7 月,日本经济贸易工业部(METI)发布《"互联工业"东京倡议》,确立了无人驾驶/移动服务、生产制造/机器人、生物/材料、工厂/基础设施安保和智慧生活等五个重点发展领域,并强调研究开发、人才培养以及网络安全等方面的建设[42]。编程已成为中小学必修课,教育重点是形成"编程思维",培养学生用计算机逻辑实现交流的能力,而不仅仅是学会写代码[43]。日本 NHK 电视台称,2020 年 4 月以后,将在所有日本小学教科书上印刷二维码,以利于学生使用移动终端读取二维码,观看教学视频、学习英语发音等[44]。数字化教学内容将带来学习方式重大改变,极大地促进了学生通过自主学习、在线学习等方式获得更高质量教育。

2.6　澳大利亚

澳大利亚通过加强数字教育基础设施的投入促进公平教育[45]。其数字经济发展战略的目标之一便是为培训机构、大学和专业教育机构提供网络连接,通过协调合作提供新型的灵活教育方式,并将在线学习资源扩展到家庭、工作场所和公共设施,为无法通过传统学习方式学习课程的受教育者提供在线学习机会。具体事项包括公私合作开发数字课程、开设虚拟课堂、推动数字教育等[46]。在教学内容设置上,STEM 教育被强制纳入小学课程,培养幼儿创新性、批判性、逻辑性思维能力也成为学前教育的教学主旨[47]。

2.7　俄罗斯

在俄罗斯推动传统产业数字化转型而采取的一系列措施中数字教育是其中的重要方面。在 2017 年 7 月出台的《俄罗斯联邦数字经济规划》中[48],掌握大数据、人工智能、量子计算等高新数字技术被列为 2025 年数字经济发展规划的预期目标。此外,还特别制定了量化规划目标,如 ICT 领域高校毕业生人数达到每年 12 万人以及掌握数字技术的人口比例达到 40%等。俄罗斯不仅在培养计划中不断增加数字人才数量,还增开网络安全和系统开发、大数据管理、人工智能和机器人技术等相关课程[49],同时还建设高新技术产业园区以提供更多高新技术人才就业岗位[50]。

3. 智能革命新时代数字人才需求结构变化

活跃于数字世界的数字技术推动着物理世界生产力水平不断提高,而在满足当下需求之后物理世界反过来将对数字世界的技术创新提出更高要求。数字人才作为连接数字世界与物理世界的桥梁,拥有的知识结构与传统型人才不尽相同。

数字技术原理与数学和物理有着紧密联系,从概率论、线性代数和矩阵分析等数学知识衍生出来的贝叶斯网等技术是人工智能的基础,而物理学则是研究量子科学的必备知识。由此可见,数字经济时代数字人才需具备高水平数学和物理知识。高新数字技术发展需建立在计算机基础网络架构之上,因此计算机科学与技术的基本原理和方法等基础知识同样应为数字经济时代数字人才知识结构的组成部分,其中包括计算机程序设计常用的各项编程语言和数据库技术等基本数据处理技能的掌握。

智能革命时代的代表性技术包括大数据、人工智能、物联网、云计算等。大数据与人工智能密切相关。大数据产生海量数据资源,从海量数据中提取有用信息的关键技术是数据挖掘,相应的数据处理则对网络安全提出了新的要求,因此大数据人才应当掌握数据安全技术等专业知识。人工智能核心技术方面,机器学习技术用计算机模拟或实现人类学习行为,包含监督学习、非监督学习和强化学习等,深度学习是机器学习中基于神经网络的一个新领域,目的在于模仿人脑进行数据处理,因此除了具备机器学习的科学理论知识外,行为科学、哲学、逻辑学和语言学等人为素养也至关重要。物联网体系架构分为感知层、网络层和应用层,这三层均涉及计算机、电子信息和通信等各学科知识,物联网人才需熟练掌握传感器与检测技术、物联网控制技术、物联网通信技术、大数据与云计算技术以及各类基于 Web 或移动端的开发技术等。云计算涉及宽带网络技术、数据中心技术、虚拟机技术、分布式存储与计算技术、软件开发技术和云安全技术,这些则是云计算人才所需掌握的重要知识。

数字经济的发展体现于数字技术在各领域的应用,因此数字人才的知识储备不应局限于单个专业领域。比如大数据应用领域甚广,只有明晰特定领域的数据处理需求和业务逻辑才可深度运用大数据技术,故大数据人才还需具备跨专业跨领域产业知识。而人工智能又是一门包含数门学科精华如数学、哲学、经济学、神经科学、心理学、生物学、历史学和语言学等的学科,其研究需与多学科尖端人才紧密合作。这些均对数字人才知识储备提出了更高层面要求。

由以上分析可见,数字经济时代数字人才知识结构纷繁复杂,绝非传统人才所能及。因此根据知识面掌握程度可将数字人才划分为基础数字人才、专业数字人才和综合数字人才等三种,如图 1 所示。基础数字人才具备通用数字技能,掌握数学、物理与计算机科学基本知识,了解各项数字技术基本逻辑和应用场景,有一定编程、软件开发、数据分析和维护网络安全的能力,能够迅速适应各项社会生产活动数字化需求并熟练使用各类数字服务,可适应企业基础数字业务发展需求,构成数字人才基础;专业数字人才熟悉数据分析、数据挖掘、机器学习、传感技术、虚拟机技术和网络安全等涉及人工智能的专业技术知识,能够灵活运用前沿数字技术,并具有极强的数据处理能力以及学习能力,能够迅速顺应数字技术发展的需求而不断提升自身技术水平,此类人才包括大型企业、科研院所和高等院校等机构中的高级研究人员,是推动国家数字经济发展的中坚力量;综合数字人才精通数学、物理学、生物学、哲学和语言学等跨学科文理知识,了解跨领域业务流程,可在深度使用前沿数字技术的基础上融会贯通,洞悉各行业发展趋势,具有极强的创新能力、管理能力和开创新技术或新商业模式的潜力,具备较高的人文素养和伦理道德意识,此类人才主要指在数字经济产业领域的领军人物,是引领"智能+"社会发展的精英阶层。

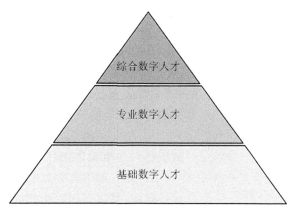

图1 "智能+"时代数字人才结构

正如图1所示,在数字人才结构中,基础数字人才数量较多,当前供给差距缩小,但尚未饱和,仍旧是数字人才培养的重点之一;专业数字人才培养的速度无法适应数字经济发展的速度,供给双方差距不断拉大,需从改革教育体系入手以应对挑战;综合数字人才则是最为稀缺的顶尖人才,目前人才市场竞争非常激烈。

4. 推进"智能+"社会数字经济教育体系建设的基本路径

中国《国家网络空间安全战略》九项原则中包括"实施网络安全人才工程"。在当今"智能+"社会,中国有必要在此基础上建立数字素养教育计划,以应对人工智能和量子计算等新兴技术发展带来的量子、智能人才短缺的挑战[51]。

4.1 完善学校教育系统做好全民数字素养终生教育

现阶段学校教育系统整体上分为普通基础教育、普通高等教育和职业教育等[52]。各个阶段如何紧密结合起来,根据社会发展如何调整投入力度,在培养基础数字人才、专业数字人才和综合数字人才等层面如何合理分配资源,类似诸多问题都是教育改革顶层设计急需应对并加以解决的。

(1)普通基础教育阶段

普通基础教育(学前教育、初等教育、中等教育)主要培养基础数字人才。数字经济时代90%以上的工作需要具备一定数字素养的人来完成[53]。计算机科学将与语文阅读写作和数理化一样成为人们的基本技能之一。

在学前教育阶段,应引入适合幼儿获得计算机知识的编程游戏,寓教于乐。游戏一直以来都是幼儿教育的主要方式,好的游戏可以激发幼儿自身创新精神,小时候给洋娃娃做衣服的人最终成为了裁缝就是许多真实故事的典范[54]。本着政府过紧日子让人民过好日子的宗旨,"先天下之忧而忧,后天下之乐而乐",政府要重视学前教育,将免费教育范围扩展到幼儿园,国家统一制定幼儿园管理规范,将计算机教育融入幼儿教学大纲。鉴于人工智能人才必须懂得伦理、道德、法律才能保证未来机器人学到正确的规范,而具备这种品德必须从娃娃抓起,使之获得遵纪守法、讲文明道德、识别真善美的正确价值观,因此有必要为幼儿配备专业思想政治教育辅导员。

在初等教育阶段,要注重培养小学生通过上网自主搜索信息进而解决问题的能力。提供信息传播和信息处理的机器如电脑、电视等,改变了过去人们由于信息沟通不畅而需要通过课本死记硬背必备知识的状况,目前人工智能主导的搜索引擎使得人们仅仅需要确定关键词即可获得全方位知识,他们需要做的就是对大量获取信息进行甄别、整理和提炼,因此过去需要几年时间积累的解决某个问题的知识现在可能只需几个小时即可融会贯通。尤其是高年级小学生应掌握基本的编程技能,学会使用计算机语言解决一般科学问题。此外,在数字经济时代,学生不缺知识,缺的是对知识所包含道德取向和价值观的正确态度,如热爱祖国、社会责任、尊老爱幼等。未来 40 年人工智能发展给人类带来更多福祉的同时,也会产生一些连带效应,如团队工作常态、频繁改换职业、贫富更加悬殊、因失业而无所事事等。该预期给我们敲响了警钟,人类需要从小训练具有高人文素养、优秀道德水准、平衡心态、应变能力和合作精神,将其融入现代小学教育非常重要。在此期间,思政、历史、常识、数学、语文、课外兴趣等的学习时间安排需要重新设计,以把握好道德伦理教育最佳时机。

在中等教育阶段,应培养中学生灵活运用必备软件的能力(如 Office 办公软件等),尤其是高中生应掌握高级编程技能,培养编程思维,也可以通过选修课的方式完成目前大学生数字教育内容的学习。中学生还需要更多地了解社会结构、价值取向、伦理道德、社会心理等,获得更多实践经验。随着对社会结构和专业分工的了解,中学生可以根据兴趣建立自己专业爱好和就业取向,为大学学习专业知识做好心理准备。但文理科划分不应太细,因为真正未来需要的高级人才都是综合型人才,未来人工智能将依托于综合性学科寻求发展。

在整个基础教育阶段,应注重培养数字化意识。信息技术已经被浙江、北京、山东等教育发达地区纳入高考体系,北京、广州等地也将计算机编程纳入中考甚至小升初考试,数字技术相关学科已逐渐进入中小学课堂[55,56]。可以看出,在普通基础教育阶段,重视数字人才培养首先从数字经济发达的北京、上海等地区开始,这将进一步加大地区间教育差异进而带来更大数字鸿沟。因此政府应重点扶持边远地区加强数字素养教育培养数字人才,借势数字经济发展走出特色之路从而实现弯道超车。

(2)普通高等教育阶段

普通高等教育(本专科及研究生教育)应在进一步加强基础数字技能培养的同时重点塑造专业数字人才。可对照本文第四部分所述数字人才需求结构精细设计对应的课程体系,确保每一位本、专科学生熟练掌握相关知识,学会将重复问题标准化、复杂问题简单化。计算科学和人工智能相关专业的学生更应全面掌握前沿数字技术,灵活应用,做到重复问题自动化、复杂问题智能化。

培养专业数字人才关键要提高学生运用新知识和新方法解决新问题的能力。在信息资源"爆炸"的当下,通过搜索现有资源能够得到解决的大多数问题不需要重复研究,如何减少低效率和资源浪费是目前高等教育面临的挑战。本科、硕士研究生教育应以就业为导向,而博士研究生教育则应以培养优秀创新型科研人才为主要目标。目前我国年度博士学位授予量仅为美国的30%,每百万人口中的年度新增博士仅为美国的7%[57]。显然,中国博士培养力度需要加强。以人工智能为例,专业人才供小于求,人工智能应届博士毕业生年薪居高不下[58],此高薪可从上游拉动更多人才投身人工智能事业。试想,如果将高额薪酬时间提前,建立健全数字经济领域前沿学科的博士生奖学金制度,将从下游吸引更多学生参与进来,更有利于培养优秀创新型人才,进而提高专业数字人才的教育质量。

此外,将思想政治教育作为必修课,将伦理、道德、法律上升到理论层面传授给学生,如果能将道德法律与专业教育融为一体,将激起学生更大热情参与其中。20岁左右的年轻人极易受不良思潮的影响,有可能出现信仰理念上的动摇,而这时候从家国情怀的高度,让学生对社会主义道德信仰坚信不疑,将造就社会中坚力量,成为普法守法楷模,并将受益终生。而且,这是培养顶尖级综合数字人才的必由之路,有助于培养未来智能革命新时代的新生代,造就一批既具有专业知识又具有道德修养的国家栋梁之材。

(3)职业及其他教育

传统产业从业人员转变为满足数字经济发展需求的数字人才需要转换思维。各企业在岗前、在岗、转岗培训中都应将数字素养教育纳入培训计划,成人教育应在教材中加入大数据、物联网、云计算、人工智能等相关知识,并逐渐采取计算机考试代替部分课程的试卷考试,旨在提醒各行各业在岗人员与时俱进,将数字思维落实在日常工作与生活中,以避免在数字经济发展浪潮中落伍。

随着人工智能的发展,未来大量代替脑力劳动的机器将不约而至,大规模失业将表现尤为严重,这将要求人们对于失业的心理承受能力不断加强,同时还要有不断进取的精神,因为没有失业只有不具备对口技能而暂时失去工作,在职培训或将是伴随人们一生的重要事项。根据未来40年人工智能发展预期,技能再培训将不再是一劳永逸的事情,社会保障机制将更加注重保障民生而不是保护工作。成年人在经常接受职业培训的同时,还要进一步接受普法教育和道德教育,因为在中国很有可能他们将负责下一代的陪伴及教育,可以在成年人最喜欢看的新闻联播等节目中每天划出特定时间进行专题伦理道德和法律法规普及教育,让中国"忠实诚信,仁慈善良"的传统美德发扬光大。

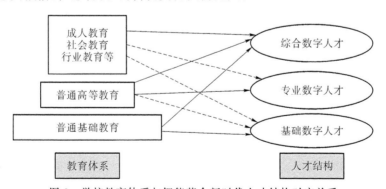

图2　学校教育体系与智能革命新时代人才结构对应关系

综合数字人才的培养是以上三阶段教育综合作用的结果,如图2所示。除此之外,普通基础教育阶段重点培养基础数字人才;普通高等教育重点培养专业数字人才;成人教育、社会教育和行业教育等则根据实际需求为学校教育提供补充,兼顾对缺乏基础数字技能的民众进行"数字扫盲"。

4.2　培养以德为先的综合型数字人才

"大智物云"是数字经济时代技术进步的典型代表,量子计算将能够进行超高速计算,完成目前超级计算机需要数十亿年才能完成的计算,新技术的发展将产生利好社会效应,带来更多美好体验,进而提高人民福祉。

但是,高新数字技术也是一把"双刃剑",在缺乏数据治理规范的情况下,也有可能被别有用心之人利用损害公共利益[59]。如:作为数据共享平台的云端,对用户信息缺乏物理上的隔离,更容易导致技术性非人为数据隐私泄露。人工智能技术在传播领域不适当的应用,如人工智能语音电话传销等,则会提高不良信息的传播效率。大数据、人工智能等技术的不法应用导致更多的网络诈骗,具有隐蔽性强、精确性高、诈骗面广等特点。显然,人工智能等高新技术如果不被综合素质高的人员控制,最终伤害的人可能会多于它帮助的人。

（1）专业数字人才道德教育

如何使数据管理能力适应技术的发展,增强预见性,未雨绸缪,在问题出现之前提前防范,而不是在事后补救,不走"先污染后治理"的老路?构筑个人信息泄露、不良信息传播、网络诈骗犯罪的事前预防完整体系,是网络综合治理重点关注的问题之一,而给予掌握专业技术的数字人才全面道德、伦理、法律教育则是其重中之重。

在指导人工智能研发的总体方案设计中,必须考虑道德、法律、社会、安全等内在因素的作用。"天下大事,必作于细",道德文明素养教育要从国家高度制定实施战略,包括制定全国道德规范和实施计划细则,在措施上考虑周密,精准设计规则和制度。

（2）全民道德修养教育

通过加强幼儿园、小学、中学、大学、成人的道德、伦理、法律等方面的终生教育,防微杜渐,堵塞漏洞,与时俱进更新教育思维。

解放军坚持三大纪律八项注意,赢得民心,取得胜利,今天将道德思想融入诗歌,朗朗上口,可起到同样效果。可以通过设定道德教育评价指标体系,测算道德教育指数得分,依此排名,表扬先进,鞭策落后。如果出现重大道德败坏事件,不仅将大大影响教育责任单位道德教育排名,更应追究教育机构责任,付出教育不到位的代价。道德、伦理、法律等科目可成为小学、中学、大学入学考试和成人入职考试的必考环节。

（3）培养综合型数字人才

在具备优秀道德水准的前提下,综合型数字人才不仅应掌握基础知识、精通专业知识,还应了解神经科学、生物学、经济学、哲学等多学科综合知识。

美国麻省理工学院（MIT）2018年10月宣布成立计算学院研究人工智能,共创造50个新的教职岗位,其中一半专注于先进计算机科学,另外一半则由该学院与MIT的其他院系共同任命,以确保MIT培养的毕业生在成为领导者之后不仅为世界提供先进技术成果,更要具备人性的智慧,包括文化、道德以及为大众利益使用技术的本能意识。[60]美国斯坦福大学于2019年3月宣布成立以人为本人工智能学院,计划与其他学院和部门合作,从人文、工程、医学、艺术或基础科学等领域招聘20名新教师,重点招聘对交叉学科工作特别感兴趣的人才。[61]日本倡导在中小学引入新课程,即在编程教育之外还融入数学、技术、课外兴趣和综合知识等多学科学习活动[43]。

综合数字人才其综合素质的培养需要循序渐进从娃娃抓起贯穿于教育始终。比编程更重要的是编程思维的培养,而比编程思维更重要的是人格、能力以及人文底蕴的培养,文理兼顾已经是公认的智能革命新时代的必然要求。

4.3 统筹协调促进产学研资源聚合

近年来,在互联网发展方面我国正积极追赶发达国家。在 2017 年,我国以互联网为主要组成部分和拉动力量的数字经济的体量高达 26.70 万亿元人民币,占 GDP 比重达到 32.38%[62]。同时,中美两国在全球 300 多家独角兽企业中占据绝对主导地位,两国企业数量之和占全球 80% 以上[63]。但在高新数字技术领域美国独占鳌头,有着明显优势,中国远不及美国。此外,美国在人工智能各层级(基础层、技术层、应用层)领域的企业数均领先于中国,中国仅占美国企业数的 40% 到 60%。[8] 目前我国科技成果转化率仅达到 20% 左右,远低于发达国家约 40% 的平均水平,与转化率高达 80% 到 90% 的美国相比更是不甚理想[64,65],这极大地制约着我国数字经济的发展进程。

因此,在完善数字经济时代人才培养结构的基础上,如何更好地提高数字经济教育质量,如何为信息社会提供领军型综合数字人才,以及如何更高效地将科学技术转化为生产力促进数字产业发展,是目前亟待解决的重要问题。

(1)建立产学研合作机制

为解决低转化率这一问题,发达国家都在积极推进产学研合作以促进科研成果高效转化,而我国产学研合作尚未形成一定规模,也未建立产学研合作机制。产学研合作主要包含高校(人才培养)、企业(技术成果产业化)和研究机构(技术研发)三个主体,是一种多元主体共同参与的合作形式。在图 3 所示产学研合作机制中,以研究中心和科技园区为合作平台,以高校、研究机构和企业为合作主体,人才、资金、技术和信息在三者之间有效流动,从而实现高效地将科学技术转化为生产力促进产业发展的目的。

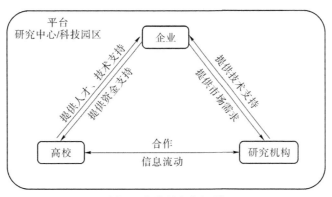

图 3　产学研合作机制

首先,就高校而言,以人才培养为目标,以市场需求为导向,旨在培养"大智物云"专业数字人才,满足企业用人要求。就创新性研究而言,高校研究力量和社会研究机构是合作关系。2018 年年底,工信部人才交流中心与"科大讯飞"等国内人工智能知名企业联合签署了《人工智能产业人才培育标准合作备忘录》,制定企业与研究机构合作体系与标准,标志着政企合作加强对人工智能人才培养的开始。在高校,更应鼓励企业和科研机构参与制定针对"大智物云"等高新数字技术的本科及硕士和博士研究生各专业的培养计划和课程设置,平衡教学与科研比重并强化两者之间的衔接,构建相对完善的教研体系。

其次,企业可通过委托或资助的方式更有针对性地从高校与研究机构获得相应的技术支持,共同孵化技术型企业,实现高效率技术成果转化。企业与高校应采用联合教学方式将教育、研究与行业发展紧密结合起来,促进学生理论联系实践,培养高质量人才以满足市场需求。美国波士顿咨询公司报告显示,中国已成为发展人工智能技术最积极的国家。鉴于此,我国更应加强"大智物云"及量子计算等技术的产学研合作开发以促进数字产业发展。

(2)建立产学研合作配套机制

美国量子技术发展主要依靠高科技公司,而这些公司经常与美国一流大学合作开展项目,大学提供以"量子"作为主修或辅修专业的博士或硕士学生参与研究,美国能源部、基金委(NSF)和标准化研究所(NIST)等部门则给学生提供充足的资金支持,这种合作经常以跨学科方式进行,目前项目数量正持续增长[66,67]。美国硅谷最大的优势便是有斯坦福大学等研究型大学和科研院所作为依托,提供强大的支持以引导产业发展。

在产品迭代极为快速的今天,学习硅谷发展模式的同时,我国更应精准定位,针对"智能+"高新数字技术产业,更好地促进企业、高校及研究机构的融合,强化行业内信息资源深度整合,使三者信息更有效地流通,发挥协同效应,达到$1+1+1>3$的效果,促进高新数字技术科技成果转化。同时,建立人工智能行业协会等专业机构,用以协调三方合作,支撑并有效地促进人工智能等行业的发展。

在我国经济转型的背景下,产学研三方仅在促使技术、资金及人才相互流动的层面上合作是不够的。《中国制造2025》中已提到制造业创新中心的建设问题[68],而对于数字经济的发展也需要我国积极部署研究中心、科技园区等平台的建设。

调查研究发现,英美等发达国家技术成果转化率高与其高校和研究机构的转化对象大多是科技型中小企业有关[69]。因此,我国政府在重视科研成果转化的同时,需重点关注中小企业带来的创新活力,在科技型中小企业创新方面起到支持与引导作用。我国目前已出台一些鼓励行业发展和促进科技成果转化的相关政策和法律,今后有待进一步出台支持与促进产学研合作的相对完善的规章制度及法律法规,使整个产学研协同机制更加规范化,以帮助国家振兴教育,使科研成果高效转化,促进数字经济发展。

5. 结语

分析我国人才现状不难发现,随着人工智能、大数据、云计算、物联网等高新技术的发展,适用于工业社会的"学好数理化,走遍天下都不怕"的教育理念已经不再适用于智能革命新时代,目前中国数字人才培养速度跟不上全球数字经济发展速度。美国、英国等发达国家数字经济发展和数字人才培养均处于世界领先地位,中国有必要借鉴先进国家数字经济教育体系建设的成功经验,精细设计数字人才结构,系统地、前瞻性地提出促进数字经济教育体系建设的基本路径,为迎接"智能+"社会新挑战做好充分准备。教育体系改革不在一朝一夕,提高全民数字素养需要打好旷日持久的攻坚战,相信经过全民的不懈努力中国最终将率先走向智能革命新时代。

参考文献

[1]严若森,钱向阳.数字经济时代下中国运营商数字化转型的战略分析[J].中国软科学,2018,(04):172-182.

[2]王伟玲,王晶. 我国数字经济发展的趋势与推动政策研究[J]. 经济纵横 2019,(01):69-75.

[3]裴长洪,倪江飞,李越. 数字经济的政治经济学分析[J]. 财贸经济,2018,39(09):7-24.

[4]梁迎丽,刘陈. 人工智能教育应用的现状分析、典型特征与发展趋势[J]. 中国电化教育,2018.

[5]微软认知服务:人工智能人人皆享[EB/OL]. 微软亚洲研究院(2017.02.08)[2019-04-23]. http://www. sohu. com/a/125772861_133098.

[6]中华人民共和国教育部. 教育部关于公布 2018 年度普通高等学校本科专业备案和审批结果的通知[EB/OL]. (2019-03-21)[2019-04-06]. http://www. moe. gov. cn/srcsite/A08/moe_1034/s4930/201903/t20190329_376012. html.

[7]中华人民共和国教育部. 教育部关于公布 2017 年度普通高等学校本科专业备案和审批结果的通知[EB/OL]. (2018-03-15)[2019-04-06]. http://www. moe. gov. cn/srcsite/A08/moe_1034/s4930/201803/t20180321_330874. html.

[8]中美两国人工智能产业发展全面解读[R]. 腾讯研究院,2017.7.26.

[9]Card Metz. The next tech talent shortage:quantum computing researchers[N]. New York Times,2018.10.28.

[10]万文海,安静. 基于心理契约视角的企业创新型人才流失问题研究[J]. 甘肃社会科学,2014(4):237-240.

[11]宋晶晶. 探求企业人才流失的原因和对策[J]. 人口与经济,2012(s1):26-27.

[12]Diffbot State of Machine Learning Report-2018[R]. Diffbot,2018.

[13]陈煜波,马晔风. 中国经济的数字化转型:人才与就业[R]. 清华经管学院互联网发展与治理研究中心 & LinkedIn,2017. 11.

[14]David B. Computer technology and probable job destructions in Japan:An evaluation [J]. Journal of the Japanese and International Economies,2017,43(01):77-87.

[15]Richard Berriman,John Hawksworth. Will robots steal our jobs? The potential impact of automation on the UK and other major economies [R]. UK Economic Outlook,March 2017.

[16]段海英,郭元元. 人工智能的就业效应述评[J]. 经济体制改革,2018,210(03):187-193.

[17]曹静,周亚林. 人工智能对经济的影响研究进展[J]. 经济学动态,2018(01):103-115.

[18]闫坤如,马少卿. 人工智能伦理问题及其规约之径[J]. 东北大学学报(社会科学版),2018,20(4):331-336.

[19]Wolf R. D. The potential impact of quantum computers on society[J]. Ethics and Information Technology,2017,19(04):271-276.

[20]孙永杰. 中兴、华为设备遭禁 中国"芯"产业在行动[J]. 通信世界,2018(11):11-11.

[21]倪俊. 美议案拟禁政府采购华为等产品和服务[J]. 信息安全与通信保密,2018(2):7-7.

[22]孔燕. 美国 K12 在线学习发展研究[D]. 曲阜师范大学,2010.

[23]Federal Communications Commission. Connecting America:The National Broadband Plan [EB/OL]. [2019-04-10]. https://www. fcc. gov/general/national-broadband-plan.

[24]Communications of the ACM. Obama Announces Computer-Science-For-All Initiative [EB/OL]. (2016-04-15)[2019-04-10]. https://cacm. acm. org/news/201196-obama-announces-computer-science-for-all-initiative/fulltext.

[25]STEM 2026:A Vision for Innovation in STEM Education[R]. U. S. Department of Education & American Institutes for Research (AIR). 2016. 09. 14.

[26]金慧,胡盈滢. 以 STEM 教育创新引领教育未来——美国《STEM 2026:STEM 教育创新愿景》报告的解读与启示[J]. 远程教育杂志,2017,35(1):17-25.

[27]The White House. President Trump Signs Presidential Memo to Increase Access to STEM and Com-

puter Science Education［EB/OL］.（2017-09-25）［2019-04-10］. https://www. whitehouse. gov/articles/president-trump-signs-presidential-memo-increase-access-stem-computer-science-education/.

［28］DHS Cybersecurity Strategy［EB/OL］. United States Department of Homeland Security.（2018-05-15）［2019-04-10］. https://www. dhs. gov/publication/dhs-cybersecurity-strategy.

［29］Giles，M. Quantum research in the US was just handed a ＄250 million boost［EB/OL］. MIT Technology Review，（2018-09-26）［2019-04-10］ https://www. technologyreview. com/the-download/612199/quantum-research-in-the-us-was-just-handed-a-250-million-boost/.

［30］The White House. Accelerating America's Leadership in Artificial Intelligence［EB/OL］.（2019-02-11）［2019-04-10］. https://www. whitehouse. gov/articles/accelerating-americas-leadership-in-artificial-intelligence/.

［31］Department for Digital，Culture，Media & Sport. UK Digital Strategy［EB/OL］.（2017-03-01）.［2019-04-10］. https://www. gov. uk/government/publications/uk-digital-strategy/uk-digital-strategy ♯ digital-skills-and-inclusion-giving-everyone-access-to-the-digital-skills-they-need.

［32］Digital Training and Support［EB/OL］. UK Government（2016-04）［2019-04-14］. https://www. contractsfinder. service. gov. uk/Notice/c887d39a-626d-43a4-982a-e39bf5de6048.

［33］Margot James MP，and The Rt Hon Jeremy Wright MP. The Digital Skills Partnership Board and Terms of Reference［EB/OL］. Department for Digital，Culture，Media & Sport（2017-11-20）［2019-04-14］. https://www. gov. uk/government/publications/the-digital-skills-partnership.

［34］The Federal Government. Digital Agenda 2014-2017.［EB/OL］.（2014-08-20）［2019-04-10］.

［35］沈忠浩，饶博. 德国布局数字化工业新战略［J］. 半月谈，2016(8)：83-85.

［36］田园. 德国力推数字化教育战略［N］. 光明日报，2017，03，01(第 15 版).

［37］搜狐新闻. 德国新政府的"数字化战略目标"［EB/OL］.（2018-03-10）［2019-04-10］. http://www. sohu. com/a/225245018_257305.

［38］纪俊男. 法国推动实施学校数字教育计划［J］. 世界教育信息，2016(10).

［39］中国组织人事报. 法国加快人工智能领域人才培养［EB/OL］.［2019-04-10］. http://www. hxqdj. gov. cn/tszs/gg/10257. shtml.

［40］科普中国. 目标 AI 强国 法国总统马克龙宣布法国人工智能战略［EB/OL］.（2018-05-09）［2019-04-10］. http://www. kepuchina. cn/tech/ligent/201805/t20180509_627327. shtml.

［41］Ministry of Economy，Trade and Industry. METI Released a Policy Concept Titled "Connected Industries" as a Goal that Japanese Industries Should Aim for［EB/OL］.（2017-03-20）［2010-04-17］. http://www. meti. go. jp/english/press/2017/0320_001. html.

［42］Ministry of Economy，Trade and Industry. Connected Industries［EB/OL］.（2017-10-02）［2019-04-17］. https://www. meti. go. jp/english/policy/mono_info_service/connected_industries/index. html

［43］罗朝猛. "编程教育"：日本中小学的必修课［J］. 教书育人：校长参考，2018.

［44］屈腾飞. 日本小学教科书将印刷二维码 发展数字教育［EB/OL］. 环球网（2019-03-29）［2019-04-17］. https://3w. huanqiu. com/a/c36dc8/7LqOS8psKl2?agt＝11.

［45］刘健. 澳大利亚加强数字教育投入 促进教育公平［J］. 世界教育信息，2015(16)：76-77.

［46］金江军. 澳大利亚数字经济战略及其启示［J］. 信息化建设，2012(10)：57-59.

［47］首新，胡卫平. 为了一个更好的澳大利亚——澳大利亚中小学 STEM 教育项目评述［J］. 外国教育研究，2017(10)：100-114.

［48］Об утверждении программы《Цифровая экономика Россиискои Федерации》［EB/OL］. Правительство России（2017-05-31）［2019-04-18］. http://government. ru/docs/28653/.

［49］Университет Иннополис.［EB/OL］.［2019-04-18］. https://university. innopolis. ru.

［50］Годовая расширенная коллегия［EB/OL］. Министерство цифрового развития，связи и массовой коммуникации Российской Федерации （2017-05-03） ［2019-04-18］. http://minsvyaz. ru/ru/events/36827/.

[51]国家互联网信息办公室. 国家网络空间安全战略[EB/OL].（2016-12-27）［2019-04-11］. http://www. cac. gov. cn/2016-12/27/c_1120195926. htm.

[52]陈飞虎. 成人教育教师的素质要求[J]. 职教论坛，2002(11)：40-40.

[53]Skills Funding Agency. Review of publicly funded digital skills qualifications. [EB/OL].（2016-02）. ［2019-04-10］. https://www. gov. uk/government/publications/review-of-publicly-funded-digital-skills-qualifications.

[54]阿尔弗雷德·阿德勒. 洞察人性[M]. 张晓晨，译. 上海：上海三联书店，2016.08：77-78.

[55]张进宝，姬凌岩. 中小学信息技术教育定位的嬗变[J]. 电化教育研究，2018(5).

[56]毛澄洁，覃芳，唐亮，等. 一次问卷引发的思考——谈面向人工智能时代的编程教育[J]. 中小学信息技术教育，2017(12)：33-36.

[57]熊丙奇. 舆论质疑博士教育不能只凭印象[N]. 中国教育报，2019.03.12(002).

[58]易冰. 拒绝人才掣肘培养与引进相结合[J]. 中国商界，2017(8)：64-67.

[59]李伦，孙保学. 给人工智能一颗"良芯（良心）"——人工智能伦理研究的四个维度[J]. 教学与研究，2018(08)：72-79.

[60]MIT News Office. MIT reshapes itself to shape the future [EB/OL].（2018-10-15）［2019-04-11］. http://news. mit. edu/2018/mit-reshapes-itself-stephen-schwarzman-college-of-computing-1015.

[61]Stanford News. Stanford University launches the Institute for Human-Centered Artificial Intelligence [EB/OL].（2019-03-18）［2019-04-11］. https://news. stanford. edu/2019/03/18/stanford_university_launches_human-centered_ai/.

[62]腾讯研究院. 中国"互联网＋"指数报告(2018)[R]. 腾讯研究院，2017

[63]CB Insights. The Global Unicorn Club [EB/OL].（2019-01）［2019-04-11］. https://www. cbinsights. com/research-unicorn-companies.

[64]盛朝迅. 让"新""旧"要素共同作用[N]. 中国改革报，2018-11-29(002).

[65]迟福林. 形成创新驱动新格局的三个着力点[N]. 经济日报，2018-02-08(014).

[66]Department of Physics，Harvard University. A Quantum Science Initiative at Harvard. [EB/OL].（2018-11-04）［2019-04-11］. https://www. physics. harvard. edu/node/902.

[67]NIST News-Events. NIST Launches Consortium to Support Development of Quantum Industry. [EB/OL]. National Institute of Standards and Technology （2018-09-28）［2019-04-11］. https://www. nist. gov/news-events/news/2018/09/nist-launches-consortium-support-development-quantum-industry.

[68]国务院. 国务院关于印发《中国制造2025》的通知[EB/OL].（2015-05-19）［2019-04-11］. http://www. gov. cn/zhengce/content/2015-05/19/content_9784. htm.

[69]周国林，李耀尧，周建波. 中小企业、科技管理与创新经济发展——基于中国国家高新区科技型中小企业成长的经验分析[J]. 管理世界，2018，34(11)：194-195.